装配式
建筑构件

制作与安装

（初级）

廊坊市中科建筑产业化创新
研究中心　组织编写

主　编　应惠清　肖明和
副主编　王志勇　谭新明
　　　　张　蓓　张国帅

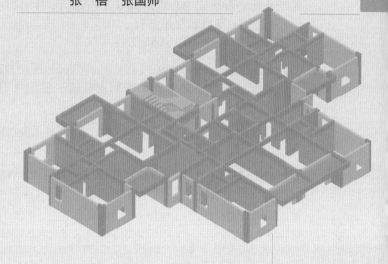

U0213288

中国教育出版传媒集团
高等教育出版社·北京

内容提要

本书围绕"项目＋任务"进行编写，内容包括4个项目，即基础知识与职业素养、构件制作、主体结构施工、围护墙和内隔墙施工。每个项目又分为若干个任务，即项目1包括装配式建筑发展历程、装配式建筑基本概念、装配式建筑结构体系、装配式建筑的建材特性与施工要求、与装配式建筑有关的规范要求、装配式建筑图纸识读、装配式建筑职业道德与素养7个任务；项目2包括模具准备与安装、钢筋与预埋件施工、构件浇筑、构件养护与脱模、构件存放与防护5个任务；项目3包括施工准备、竖向构件安装、水平构件安装、套筒灌浆连接、后浇混凝土施工5个任务；项目4包括外挂围护墙安装、内隔墙安装、接缝防水施工3个任务。本书结合职业教育的特点，立足基本概念的阐述，按照构件制作、主体结构施工、围护墙和内隔墙施工等全工艺流程组织教材内容的编写，把"案例教学法""做中学、做中教"的思想贯穿于整个教材的编写过程中，具有实用性、系统性和先进性的特色。

本书可作为应用型本科、职业院校土木工程、建筑工程技术、工程造价、建设工程管理等专业的教学用书，"1＋X"装配式建筑构件制作与安装职业技能等级考核培训用书，也可作为培训机构及土建类工程技术人员的参考用书。

图书在版编目（ＣＩＰ）数据

装配式建筑构件制作与安装：初级／廊坊市中科建筑产业化创新研究中心组织编写；应惠清，肖明和主编. －－北京：高等教育出版社，2023.8
ISBN 978－7－04－056425－9

Ⅰ．①装… Ⅱ．①廊… ②应… ③肖… Ⅲ．①建筑工程－装配式构件－建筑安装－职业技能－鉴定－教材 Ⅳ．①TU7

中国版本图书馆 CIP 数据核字（2021）第 129934 号

ZHUANGPEISHI JIANZHU GOUJIAN ZHIZUO YU ANZHUANG（CHU JI）

| 策划编辑 | 刘东良 | 责任编辑 | 刘东良 | 封面设计 | 赵　阳 | 版式设计 | 于　婕 |
| 插图绘制 | 于　博 | 责任校对 | 胡美萍 | 责任印制 | 韩　刚 | | |

出版发行	高等教育出版社	网　址	http://www.hep.edu.cn
社　址	北京市西城区德外大街 4 号		http://www.hep.com.cn
邮政编码	100120	网上订购	http://www.hepmall.com.cn
印　刷	涿州市星河印刷有限公司		http://www.hepmall.com
开　本	787mm×1092mm　1/16		http://www.hepmall.cn
印　张	18.5		
字　数	450 千字	版　次	2023 年 8 月第 1 版
购书热线	010－58581118	印　次	2023 年 8 月第 1 次印刷
咨询电话	400－810－0598	定　价	49.40 元

序

"学历证书+若干职业技能等级证书"（"1+X"证书）制度作为国务院在新时代背景下提出"职教20条"的重要改革部署,试点工作按照高质量发展的要求,坚持以学生为中心,力求深化复合型技术技能人才培养培训模式和评价模式改革,注重提高人才培养质量,畅通技术技能人才成长通道,拓展就业创业本领。由廊坊市中科建筑产业化创新研究中心组织编写的"1+X"装配式建筑构件制作与安装职业技能等级证书配套系列教材,以"提升职业教育水准,带动高素质技能型人才的培养,满足不断发展的社会需求"为宗旨,响应了相关职业教育对建筑产业转型升级的要求。

证书制度的有效实施,取决于职业技能等级标准对综合能力的切实反映,取决于证书考核评价的信度和效度,以及证书的社会认可度。在落实职业技能培训与考核要求的基础上,有针对性地开发"1+X"装配式建筑构件制作与安装职业技能等级证书配套教材,不仅可以优化职业技能培训考核体系与资源,同时还能够激发职业教育培训的活力。

著名心理学家麦克利兰提出的冰山模型理论,将人员个体素质的不同表现划分为表面的"冰山以上部分"和深藏的"冰山以下部分"。"冰山以上部分"包括基本知识、基本技能,是外在表现,容易了解与测量,相对而言也比较容易通过培训来改变和发展。而"冰山以下部分"包括角色定位、自我认知、品质和动机,是人内在的、难以测量的部分,它们不太容易通过外界的影响改变,但却对人员的行为与成长起着关键性的作用。本系列教材以职业活动为载体,旨在对职业综合能力进行培养及评价,按要求和职业本身的内容特点分为基础知识与职业素养、设计、制作、施工及项目管理5大模块,基于知识、技能的呈现,并突出职业素养的内在需求。同时,本系列教材以职业能力要求为训练目标,将工作领域的内容转化为学习项目,以完成工作任务为主线组织学习过程,让学习者在完成工作的过程中掌握相关知识和技能,从而实现能力的培养。

建筑工业化、数字化、智能化是建筑业转型升级的突破口,而职业教育又承担着中国教育改革的排头兵的作用,"1+X"应该是催化剂,推动产教在资源、技术、管理和文化等方面全方位融合。当前,在国家建立城市为节点、行业为支点、企业为重点的改革推进机制中,职业教育作为支点上的着力点,能够有效衔接教育链、人才链、产业链与创新链,相信在本系列教材编写组专家和职业人才培养同仁们的共同努力下,通过"1+X"装配式建筑构件制作与安装证书考核培训工作的开展,一定可以为加快培育新时代建筑产业工人队伍贡献力量。

中国建设教育协会理事长　刘杰

2023 年 3 月

前　言

随着我国职业教育事业快速发展,体系建设稳步推进,国家对职业教育越来越重视。同时,随着建筑业的转型升级,"产业转型、人才先行",国家陆续印发了《关于大力发展装配式建筑的指导意见》(国办发〔2016〕71号)、《住房和城乡建设部等部门关于推动智能建造与建筑工业化协同发展的指导意见》(建市〔2020〕60号)、《住房和城乡建设部关于印发"十四五"建筑业发展规划的通知》(建市〔2022〕11号)等文件,文件中提及要大力发展装配式建筑、加快建筑机器人研发和应用、推广绿色建造方式、培育建筑产业工人队伍等。因此,为适应建筑职业教育新形势的需求,编写组深入企业一线,结合企业需求及装配式建筑发展趋势,重新调整了建筑工程技术、装配式建筑工程技术等专业的人才培养定位,使岗位标准与培养目标、生产过程与教学过程、工作内容与教学项目对接,实现"近距离顶岗、零距离上岗"的培养目标。

本书编写组深入学习了党的二十大报告,深入推进党的二十大精神进教材、进课堂、进头脑。二十大报告提出"青年强,则国家强。""广大青年要坚定不移听党话、跟党走,怀抱梦想又脚踏实地,敢想敢为又善作善成,立志做有理想、敢担当、能吃苦、肯奋斗的新时代好青年,让青春在全面建设社会主义现代化国家的火热实践中绽放绚丽之花。"要充分发挥教材在提升学生政治素养、职业道德、精益求精、工匠精神的引领作用,创新教材呈现形式,实现"三全育人"。一是坚持正确政治导向,弘扬劳动工匠风尚。教材以施工员所需的构件生产、装配施工能力为主线,培养学生能够适应工程建设艰苦行业和一线技术岗位,融入劳动光荣、精益求精理念和工匠精神的培育。二是实现"岗课赛证"融通,推进"三教"改革。结合施工员岗位技能,"课岗对接",教材内容对接施工员岗位标准;"课赛融合",将装配式建筑技能大赛内容融入教材,以赛促教、以赛促学;"课证融通",将"1+X"装配式建筑构件制作与安装职业技能等级证书内容融入教材,促进课证互嵌共生、互动共长。

本书由同济大学应惠清和济南工程职业技术学院肖明和任主编,重庆工商职业学院王志勇、长沙远大住宅工业集团股份有限公司谭新明、济南工程职业技术学院张蓓和廊坊市中科建筑产业化创新研究中心张国帅任副主编,具体编写分工为:项目1由广西建设职业技术学院刘学军,中国建筑第八工程局王启玲,广西建设职业技术学院刘学军、詹雷颖和班志鹏,湖南城建职业技术学院王勇龙,长沙建筑工程学校李宁宁编写;项目 2 由长沙远大住宅工业集团股份有限公司谭新明和李融峰,济南工程职业技术学院张蓓和肖明和,江苏城乡建设职业学院张永强,重庆工商职业学院王志勇编写;项目 3 由浙江广厦建设职业技术大学王春福编写;项目 4 由浙江工业职业技术学院单豪良,浙江省建工集团有限公司金睿,宁波职业技术学院郑东编写。

本书由山东新之筑信息科技有限公司提供软件技术支持,他们对本书提出了很多建设性的宝贵意见,在此深表感谢。本书在编写过程中参考了国内外同类教材和相关的资料,在此一并向原作者表示感谢!并对为本书付出辛勤劳动的编辑表示衷心的感谢!由于编者水平有限,教材中难免有不足之处,敬请专家、读者批评指正。

编 者

2023 年 3 月

目　录

项目 1　基础知识与职业素养

🏅 学习目标

本项目包括装配式建筑发展历程、装配式建筑基本概念、装配式建筑结构体系、装配式建筑的建材特性与施工要求、与装配式建筑有关的规范要求、装配式建筑图纸识读、装配式建筑职业道德与素养七个任务,通过七个任务的学习,学习者应达到以下知识目标:

目标 任务	了解知识	熟悉和掌握知识
装配式建筑发展历程	1. 装配式建筑中外发展历程。 2. 装配式建筑在行业发展中的作用和地位	
装配式建筑基本概念	装配式建筑、装配式建筑的构件系统、装配率、装配式建筑评价、建筑信息模型、工程总承包等整体性概念	熟悉预埋件、部品、部件等局部性概念
装配式建筑结构体系	1. 装配整体式框架结构的框架柱、梁、楼板、外挂板和楼梯等构件的设计方法、工艺原理和基本连接方式。 2. 装配整体式框架 – 现浇剪力墙结构的结构设计要点,包括关键构件、节点及连接设计方法及技术手段。 3. 装配整体式剪力墙结构技术要点、结构设计的一般规定以及预制构件的设计和连接技术。 4. 装配整体式框架结构的概念及特点,熟悉结构设计的相关规定。 5. 装配整体式框架 – 现浇剪力墙结构的基本结构形式及特点,相比于单一框架结构或剪力墙结构的性能优劣。 6. 装配整体式剪力墙结构的基本概念、特点、优势及应用场景	

目标 任务	了解知识	熟悉和掌握知识
装配式建筑的建材特性与施工要求		1. 掌握装配式建筑的建材特性,包括混凝土、钢筋、预埋件、保温连接件的质量要求及影响因素。 2. 掌握装配式建筑建材施工要求,如预制构件用混凝土与现浇混凝土的区别,装配式预制混凝土构件中的预埋件有起吊件、安装件等,对于有特殊要求的比如裸露的埋件,需进行热镀锌处理等
与装配式建筑有关的规范要求	1. 与装配式建筑有关的设计规范、施工规范、质量验收规范。 2. 装配式建筑设计规范的基本术语和要求	1. 熟悉装配式建筑质量验收规范的基本术语和要求。 2. 掌握装配式建筑施工规范的基本术语和要求
装配式建筑图纸识读		1. 掌握构件制作与生产图纸识读,能识读常见的构件加工图和模具加工图,确定构件编号、模具编号以及尺寸参数等。 2. 掌握主体结构施工图纸识读。 3. 掌握围护墙与内隔墙施工图纸识读
装配式建筑职业道德与素养	1. 建筑领域职业道德。 2. 装配式建筑领域的职业态度、协同与组织能力。 3. 装配式建筑领域的法律、伦理与质量责任。 4. 装配式建筑领域的学习能力与岗位技能要求	

项目概述（重难点）

项目围绕"1＋X"装配式建筑构件制作与安装应具备的基础知识和职业素养,对装配式建筑的发展历程、装配式建筑基本概念、装配式建筑结构体系、装配式建筑的建材特性与施工要求、与装配式建筑有关的规范要求、装配式建筑图纸识读、装配式建筑职业道德与素养进行了较为全面的阐述。

重点:装配式建筑基本概念,装配式建筑的建材特性与施工要求,装配式建筑职业道德与素养。

难点:装配式建筑结构体系,装配式建筑图纸识读。

任务 1.1　装配式建筑发展历程

1.1.1　装配式建筑中外发展历程

1. 装配式建筑国外发展历程

装配式建筑在西方发达国家已有超过半个世纪的发展历史,形成了各有特色的产业和技术。发达国家装配式建筑发展主要经历以下三个阶段:一是初级阶段,满足工业化、城市化及战后复苏带来的基建及住宅需求;二是发展阶段,出台相关政策确立行业标准、规范行业发展,保证住宅质量与功能,以舒适化为目标推进产业化生产;三是成熟阶段,行业规模化程度高,技术先进,追求高品质与低能耗。

(1)美国装配式建筑。美国在 20 世纪 70 年代能源危机期间开始实施配件化施工和机械化生产。1976 年美国国会通过了国家工业化住宅建造及安全法案,出台了一系列严格的行业标准规范,一直沿用至今,并与后来的美国建筑体系逐步融合。美国城市住宅的结构类型以混凝土装配式和钢结构装配式为主,城镇多以轻钢结构、木结构住宅体系为主。住宅构件和部件的标准化、系列化、专业化、商品化、集成化程度较高,提高了通用性,降低了建设成本。

(2)欧洲装配式建筑。欧洲是第二次世界大战的主要战场之一,战争造成大量房屋损坏,战后欧洲各国出现了"房荒"现象。为了解决居住问题,欧洲各国开始采用工业化的生产方式建造预制装配式住宅,并形成了一套完整的住宅建筑体系。

法国预制混凝土结构(PC)的使用迄今已有 130 年的历史,是世界上推行装配式建筑最早的国家之一。法国建筑工业化以混凝土体系为主,钢、木结构体系为辅,多采用框架或板柱体系,并逐步向大跨度发展。近年来,法国建筑工业化呈现的特点是:焊接连接等干法作业流行;结构构件与设备、装修工程分开,减少预埋,使得生产和施工质量提高;主要采用预应力混凝土装配式框架结构体系,装配率达到 80%,脚手架用量减少 50%,节能可达到 70%。

德国的装配式住宅主要采取叠合板、混凝土剪力墙结构体系,剪力墙板、梁、柱、楼板、内隔墙板、外挂板、阳台板等构件采用构件预制与混凝土现浇的建造方式,耐久性较好。众所周知,德国是世界上建筑能耗降低幅度发展最快的国家,直至近几年提出零能耗的被动式建筑。从大幅度的节能到被动式建筑,德国都采取了装配式住宅来实施,这就需要装配式住宅与节能标准相互之间充分融合。

瑞典和丹麦早在 20 世纪 50 年代开始就已有大量企业开发了混凝土、板墙装配的部件。目前,新建住宅中通用部件占到了 80%,既满足多样性的需求,又达到了 50% 以上的节能率,这种新建建筑比传统建筑的能耗有大幅度的下降。丹麦是一个将模数法制化应用在装配式住宅的国家,国际标准化组织 ISO 模数协调标准即以丹麦的标准为蓝本编制。故丹麦推行建筑工程化的途径实际上是以产品目录设计为标准的体系,使部件达到标准化,然后在此基础上,实现多元化的需求。

欧洲共同体委员会 1975 年决定在土建领域实施一个联合行动项目,目的是消除对贸易的技术障碍,协调各国的技术规范。在该联合行动项目中,委员会采取一系列措施来建立一套协调的用于土建工程设计的技术规范,最终将取代国家规范。1980 年产生了第一代欧洲规范,包括 EN 1990—EN 1999(欧洲规范0—欧洲规范9)等。1989 年,委员会将欧洲规范的出版交予欧洲标准化委员会,使之与欧洲标准具有同等地位。其中 EN 1992 - 1 - 1(欧洲规范2)的第一部分为混凝土结构设计的一般规则和对建筑结构的规则,是由代表处设在英国标准化协会的欧洲规范技术委员会编制的,另外还有预制构件质量控制相关的标准,如《预制混凝土构件质量统一标准》(EN 13369)等。

(3)日本装配式建筑。20 世纪 50 年代以来,日本借助保障性住房大规模发展契机,长期坚持多途径、多方式、多措施推进建筑工业化,发展装配式建筑。日本采用部件化、工厂化生产方式,生产效率高,住宅内部结构可变,适应多样化的需求。日本从一开始就追求中高层住宅的配件化生产体系,这种生产体系能满足日本人口比较密集的住宅市场的需求,更重要的是,日本通过立法来保证混凝土构件的质量,在装配式住宅方面制定了一系列的方针政策和标准,同时也形成了统一的模数标准,解决了标准化、大批量生产和多样化需求这三者之间的矛盾。

日本的标准包括建筑标准法、建筑标准法实施令、国土交通省告示及通令、协会(学会)标准、企业标准等,涵盖了设计、施工等内容,其中包括由日本建筑学会(AIJ)制定的装配式结构相关技术标准和指南。1963 年成立的日本预制建筑协会在推进日本预制技术的发展方面做出了巨大贡献,该协会先后建立 PC 工法焊接技术资格认证制度、预制装配住宅装潢设计师资格认证制度、PC 构件质量认证制度、PC 结构审查制度等,编写了《预制建筑技术集成》丛书,包括剪力墙预制混凝土(W - PC)、剪力墙式框架预制钢筋混凝土(WR - PC)及现浇同等型框架预制钢筋混凝土(R - PC)等。

(4)新加坡装配式建筑。新加坡装配式建筑以剪力墙结构为主。该国 80% 的住宅由政府建造,组屋项目强制装配化,装配率达到 70%,大部分为塔式或板式混凝土多高层建筑,装配式施工技术主要应用于组屋建设。

新加坡的组屋一般为 15~30 层的单元式高层住宅,自 20 世纪 90 年代初开始尝试采用预制装配式建设,现已发展较为成熟,预制构件包括梁、柱、剪力墙、楼板(叠合板)、楼梯、内隔墙、外墙(含窗户)、走廊、女儿墙、设备管井等,预制化率达到 70% 以上。

2. 装配式建筑国内发展历程

我国建筑工业化模式应用始于 20 世纪 50 年代,借鉴苏联的经验,在全国建筑生产企业推行标准化、工厂化和机械化,发展预制构件和预制装配建筑。从 20 世纪 60 年代初至 80 年代中期,预制混凝土构件生产经历了研究、快速发展、使用、发展停滞等阶段。20 世纪 80 年代初期,建筑业曾经开发了一系列新工艺,如大板体系、南斯拉夫 IMS 体系、预制装配式框架体系等,但在进行了这些实践之后,均未得到大规模推广。到 20 世纪 90 年代后期,建筑工业化迈向了一个新的阶段,国家相继出台了诸多重要的法规政策,并通过各种必要的机制和措施,推动了建筑领域的生产方式的转变。近年来,在国家政策的引导下,一大批施工工法、质量验收体系陆续在工程中实践应用,装配式建筑的施工技术越来越成熟。

国务院办公厅于 2016 年 9 月 27 日印发了《关于大力发展装配式建筑的指导意见》,要以京津冀、长三角、珠三角三大城市群为重点推进地区,常住人口超过 300 万的其他城市为积极推进地区,其余城市为鼓励推进地区,因地制宜发展装配式混凝土结构、钢结构和现代木结构等装配式建筑。当前,全国各级建设主管部门和相关建设企业正在全面认真贯彻落实中央城镇化工作会议与中央城市工作会议的各项部署。大力发展装配式建筑是绿色、循环与低碳发展的行业趋势,是提高绿色建筑和节能建筑建造水平的重要手段,不但体现了"创新、协调、绿色、开放、共享"的发展理念,更是大力推进建设领域供给侧结构性改革,培育新兴产业,实现我国新型城镇化建设模式转型的重要途径。当前的建筑业正在进行顶层设计,标准规范正在健全,各种技术体系正在完善,业主开发积极性正在提高。新型装配式建筑是建筑业的一场革命,是生产方式的变革,必然会带来生产力和生产关系的变革。

装配式混凝土建筑的建造方式符合国内建筑业的发展趋势,随着建筑工业化和产业化进程的推进,装配施工工艺越来越成熟,但是装配式混凝土建筑还应进一步提高生产技术、施工工艺、吊装技术、施工集成管理等,形成装配式混凝土建筑的成套技术措施和工艺,为装配式混凝土建筑的发展提供技术支撑。在施工实践中,装配式混凝土建筑的设计技术、构件拆分与模数协调、节点构造与连接处理、吊装与安装、灌浆工艺及质量评定、预制构件标准化及集成化技术、模具及构件生产、BIM 技术的应用等还存在标准、规程的不完善或技术实践空白等问题,在这方面尚需要进一步加大产学研的合作,促进装配式建筑的发展。

建筑业将逐步以现代化技术和管理替代传统的劳动密集型的生产方式,必将走新型工业化道路,也必然带来工程设计、技术标准、施工方法、工程监理、管理验收、管理体制、实施机制、责任主体等的改变。建筑产业现代化将提升建筑工程的质量、性能、安全、效益、节能、环保、低碳等的水平,是实现房屋建设过程中建筑设计、部品生产、施工建造、维护管理之间的相互协同的有效途径,也是降低当前建筑业劳动力成本,改善作业环境的有效手段。

1.1.2 装配式建筑在行业发展中的作用和地位

1. 装配式建筑在行业发展中的作用

装配式建筑是建造方式的重大变革,发展装配式建筑是牢固树立和贯彻落实创新、协调、绿色、开放、共享五大发展理念,按照适用、经济、安全、绿色、美观要求推动建造方式创新的重要体现,在推进建筑业转型升级过程中发挥举足轻重的作用。

(1)在经济效益方面。发展装配式建筑有助于改善当前建筑物生产成本、使用成本和维护成本过高的局面。装配式建筑成熟的工业化模式,将引导建筑业由劳动密集型向技术集成型转变,管理方式由粗放型向集约型转变,有效减少建造成本。

(2)在环境保护方面。发展装配式建筑能有效推进建筑业由高能耗向绿色可持续转变,装配式建筑节水、节材、节时和环保的效益,有助于解决传统建造方式下资源浪费严重、能源消耗过多、环境污染加剧的局面,有效推动绿色建造。

(3)在技术革新方面。发展装配式建筑将加快实现建筑产业化,运用 BIM 信息化技术,实现设计标准化、生产工厂化、施工装配化、装修一体化、管理信息化的建造方式,有效解决建筑产业化面临的技术问题,推动行业技术革新。

(4)在行业素质方面。发展装配式建筑能刺激提升建筑业从业人员整体素质,装配式建筑"流水线"式的工业化生产方式、精细化生产与施工管理,对从业人员的专业素质及管理能力有更新更高的要求,将促使中低素质施工人员向高素质产业工人转型,有效提升行业整体素质。

2. 装配式建筑在行业发展中的地位

（1）发展装配式建筑是落实党中央、国务院决策部署的重要举措。2020年国家发展改革委发布《2020年新型城镇化建设和城乡融合发展重点任务》，明确了城镇化作为国家发展重点任务，建筑行业将作为实现这一任务目标的重要手段，而装配式建筑充分发挥现代化、信息化和工业化优势，顺应现代城市绿色、低碳发展新理念和新趋势，将引领建筑行业产生根本性变革。多年来，各级领导都高度重视装配式建筑的发展，在国家战略导向下，住建部和各地方政府相关激励政策陆续出台，全面系统指明了推进装配式建筑的目标、任务和措施，积极助力实现"新型城镇化"。

（2）发展装配式建筑是促进建设领域节能减排降耗的有力抓手。当前，我国建筑业粗放建造方式带来的资源能源过度消耗和浪费极大地制约着中国经济社会的可持续发展。装配式建筑在节能、节材和减排方面的成效已在实际项目中得到证明。在资源能源消耗和污染排放方面，根据住房和城乡建设部科技与产业化发展中心对13个装配式混凝土建筑项目的跟踪调研和统计分析，装配式建筑相比现浇建筑，建造阶段可以大幅减少木材模板、保温材料、抹灰水泥砂浆、施工用水、施工用电的消耗，并减少80%以上的建筑垃圾排放，减少碳排放和对环境带来的扬尘和噪声污染，有利于改善城市环境、提高建筑综合质量和性能、推进生态文明建设。

（3）发展装配式建筑是促进当前经济稳定增长的重要措施。在建筑行业面临全国经济增速放缓的大环境下，发展装配式建筑，将拉动部品生产、专用设备制造、物流、信息等产业的市场需求，带动大量社会资本投资建厂，促进建筑产品更新换代，刺激消费增长，凭着引入"一批企业"，建设"一批项目"，带动"一片区域"，形成"一系列新经济增长点"，有效促进区域经济快速增长。

（4）发展装配式建筑是带动技术进步、提高生产效率的有效途径。对比传统现浇建筑，装配式建筑能更好地依托物联网、大数据、AI（人工智能）、云计算、5G通信等现代化信息技术，推动建筑行业向智能化、数字化转型，带动行业技术革新，同时，发展装配式建筑，会颠覆传统建筑行业低效率、高消耗的粗放建造模式，"倒逼"建筑行业依靠科技进步，提高劳动者素质，创新管理模式，走内涵式、集约式的发展道路，依靠工业化、自动化生产模式有效提高劳动生产效率。

（5）发展装配式建筑是实现"一带一路"发展目标的重要路径。"一带一路"倡议要实现人类命运共同体的目标。在全球工业化大背景下，发展装配式建筑，有利于建筑行业与国际接轨，刺激国内建筑企业从生产方式、管理模式、人员素质等多方面走向工业化。在巩固国内市场份额的同时，主动"走出去"参与全球分工，在更大范围、更多领域、更高层次上参与国际合作，推进全球工业化协作进程，推动"一带一路"建设。

（6）发展装配式建筑是全面提升住房质量和品质的必由之路。目前建筑行业落后的生产方式直接导致施工过程随意性大，工程质量无法得到保证。采用装配式建造，部品部件以工厂化预制为主，便于开展质量控制，质量责任追溯明确；现场施工采用装配化作业方式取代大量手工作业，有效避免人为因素，保证工程质量；装配式建筑集成化、一体化的生产建造方式，能系统解决质量通病，减少后期维护费用，延长建筑寿命。发展装配式建筑，能够全面提升住房品质和性能，让人民群众共享科技进步和供给侧改革带来的发展成果，并以此带动居民住房消费，在不断的更新换代中，走向中国住宅梦的发展道路。

1.1.3 装配式建筑产业基地建设和预制构件工厂规划建设

1. 全国装配式建筑产业基地建设简介

2017 年 11 月,住房和城乡建设部公布了首批 30 个装配式建筑示范城市和 195 个产业基地名单。2019 年 10 月,住房和城乡建设部又启动了第二批装配式建筑示范城市和产业基地申报工作。两年多时间里,各地认真贯彻落实国家及住房和城乡建设部有关工作部署,出台了各类相关指导意见和鼓励政策,推动了装配式建筑不断向前发展。

2. 预制构件工厂规划建设

预制构件工厂的设计应由具有国家相应资质的单位承担,满足各项审批文件。工厂的建(构)筑物、电气系统、给排水、暖通等工程应符合国家相关标准的规定。按照《绿色工业建筑评价标准》(GB/T 50878—2013)要求,做到合理用能、节能降耗。按照能耗评估和审批的原则,提出明确的能耗评估结论和建议。标准化产业基地设计范围包括厂区内配置的一切单项工程的完整设计,一般厂区划分为生产区(构件厂房、构件堆场、展示区等)、附属用房区(锅炉房、配电房、水泵房等)、生活区(宿舍、食堂、活动场地、门卫室等)、办公区(研究中心办公楼、实验室等)、其他区域(厂区绿化区、人行道路、行车道路、停车位等)。

(1)基地厂址选择。厂址选择应综合考虑工厂的服务区域、地理位置、水文地质、气象条件、交通条件、土地利用现状、基础设施状况、运输距离、企业协作条件及公众意见等因素,经多方案比选后确定。应有满足生产所需的原材料、燃料来源。应有满足生产所需的水源和电源。与厂址之间的管线连接应尽量短捷。

厂址选择应有便利和经济的交通运输条件,与厂外公路的连接应便捷。临近江、河、湖、海的厂址,通航条件满足运输要求时,应尽量利用水运,桥涵、隧道、车辆、码头等外部运输条件及运输方式,应符合运输大件或超大件设备的要求。且厂址宜靠近适合建设码头的地段,以便兴建便利的砂石码头,降低砂石的购置成本。

厂址选择应符合城市总体规划及国家有关标准的要求,应符合当地的大气污染防治、水资源保护和自然生态保护要求,并通过环境影响评价。厂址应远离居住区、学校、医院、风景游览区和自然保护区等,并符合相关文件技术要求,且应位于全年最大频率风向的下风侧。工厂不应建在受洪水、潮水或内涝威胁的地区。

(2)基地生产功能区域总体设计原则。生产主要功能区域包括生产区、办公区、住宿区、构件堆放区。其中生产区又包括原材料储存、混凝土配料及搅拌、钢筋加工、构件生产、试验检测等。在总平面设计上,应做到合理衔接并符合生产流程要求,所以应以构件生产车间等主要设施为主进行布置。构件流水线生产车间宜条形布置,应根据工厂生产规模布置相适应的构件成品堆场。

(3)基地总平面设计。基地总平面设计,应贯彻节约利用土地的规定,并应严格执行国家及地方规定的土地使用审批程序。工厂的总平面设计应根据厂址所在地区的自然条件,结合生产、运输、环境保护、职业卫生与劳动安全、职工生活,以及电力、通信、热力、给排水、防洪和排涝等设施,经多方案综合比较后确定。

① 容积率:生产性建筑部分(研发、宿舍楼部分不参与指标平衡)容积率宜大于 0.7。

② 建筑密度:单层不宜小于 40%,多层不宜小于 35%。

③ 绿地率:不小于 7%。

④ 行政办公及生活服务设施建筑面积不得超过总建筑面积的 10%。

（4）厂区概述。标准化构件厂区总占地面积不宜小于 10 公顷,厂区划分为 PC 构件厂房、构件堆场、研发办公楼、展示区、实验室、宿舍、食堂、门卫室、活动场地、附属用房(锅炉房、配电房、水泵房等)及其他区(厂内绿化区、行车道路、人行道路、停车位)等。

标准 PC 构件厂房的长、宽需要结合生产工艺要求、现场条件、符合建筑模数等因素综合确定。一般设置流水线、钢筋生产线(当厂区规模较少时可以不设)、固定模台生产线(含混凝土搅拌站)。流水线的跨度一般为 27 m,钢筋生产线及固定模台生产线的跨度一般为24 m,标准构件厂典型产品包括预制外墙板、内墙板和叠合楼板,这三种产品都可以采用流水式作业,在自动化生产线上生产;异型构件(如楼梯、阳台、空调板、框架梁柱等)由于产品几何形状的不规则及配套数小,在固定台模上进行生产不影响供应效率,同时在经济效益上更加合理。标准构件厂结合场地及其他要求,设计年产能为 20 万立方米,预制率达 60% 情况下,可满足建筑面积 100 万平方米需求。

（5）生产配套设施规划布局。

① 混凝土拌合区域。混凝土搅拌站应遵循原材料一次上料,不转料的原则。原材料存储满足 3～7 天的存量。为方便砂石原材料的运输进场,减少大型运输车辆对整个厂区的影响,可以将搅拌站规划为车间的一角与固定模台生产线放在一跨厂房内,并且在车间的端头,面积为 24 m×67.5 m。

② 库房与维修区域等辅助功能区域的规划参见相关工艺设计。

任务 1.2 装配式建筑基本概念

1.2.1 装配式建筑的整体性概念

1. 装配式建筑

装配式建筑是以构件工厂预制化生产,现场装配式安装为模式,以标准化设计、工厂化生产、装配化施工、一体化装修和信息化管理为特征,整合研发设计、生产制造、现场装配等各个业务领域,实现建筑产品节能、环保、全周期价值最大化的可持续发展的新型建筑生产方式。

装配式建筑目前一般指装配整体式建筑,即用预制和现浇相结合的方法建造的钢筋混凝土建筑。这类建筑中的主要承重构件可分别采用预制或现浇的方法制作。主要的类型有现浇墙体或柱和预制楼板相结合的建筑等。这类建筑兼具装配和现浇建筑两个方面的优点。为保证其具有足够的刚度和整体性,应注意各预制构件和现浇部分的节点处的连接。与全装配式建筑相比较,它具有较好的整体性,但却增加了大量的湿作业。

2. 装配式建筑的构件系统

装配式建筑的预制构件按照组成建筑的构件特征和性能划分,主要包括以下几类:

（1）预制楼板:包括预制实心楼板、预制空心楼板、预制叠合板、预制阳台板等。

（2）预制梁:包括预制实心梁、预制叠合梁、预制 U 形梁等。

（3）预制墙:包括预制实心剪力墙、预制空心墙、预制叠合式剪力墙、预制内隔墙等。

（4）预制柱:包括预制实心柱、预制空心柱等。

（5）预制楼梯：包括预制楼梯段、预制休息平台。

（6）其他复杂异形构件：包括预制飘窗、预制带飘窗外墙、预制转角外墙、预制整体厨房和卫生间、预制空调板等。

根据工艺特征不同，还可以进一步细分，预制叠合楼板包括预制预应力叠合楼板、预制桁架钢筋叠合楼板、预制带肋预应力叠合楼板（PK 板）等；预制实心剪力墙包括预制钢筋套筒剪力墙、预制约束浆锚剪力墙、预制浆锚孔洞间接搭接剪力墙等；预制外墙从构造上又可分为预制普通外墙、预制夹心三明治保温外墙等。总之，预制构件的表现形式是多样的，可以根据项目特点和要求灵活采用。这里展示几个常见的预制构件图片，预制叠合楼板、预制剪力墙、预制楼梯、预制空调板如图 1-1~图 1-4 所示。

图 1-1 预制叠合楼板

图 1-2 预制剪力墙

图 1-3 预制楼梯

图 1-4 预制空调板

3. 装配率

装配率是评价装配式建筑的重要指标，2017 年 12 月 12 日，住房和城乡建设部发布《装配式建筑评价标准》（GB/T 51129—2017），将装配率作为装配化程度的唯一评价标准，并给出了装配率的定义，同时，明确了计算公式。装配率是指单体建筑室外地坪以上的主体结构、围护墙和内隔墙、装修和设备管线等采用预制部品部件的综合比例。装配率应根据表 1-1 中评价项分值按下式计算：

$$P = \frac{Q_1 + Q_2 + Q_3}{100 - Q_4} \times 100\% \tag{1-1}$$

式中　P——装配率；

　　　Q_1——主体结构指标实际得分值；

　　　Q_2——围护墙和内隔墙指标实际得分值；

Q_3——装修和设备管线指标实际得分值；

Q_4——评价项目中缺少的评价项分值总和。

表 1 - 1 装配式建筑评分表

评价项		评价要求	评价分值	最低分值
主体结构 (50分)	柱、支撑、承重墙、延性墙板等竖向构件	35%≤比例≤80%	20～30*	20
	梁、板、楼梯、阳台、空调板等构件	70%≤比例≤80%	10～20*	
围护墙和 内隔墙 (20分)	非承重围护墙非砌筑	比例≥80%	5	10
	围护墙与保温、隔热、装饰一体化	50%≤比例≤80%	2～5*	
	内隔墙非砌筑	比例≥50%	5	
	内隔墙与管线、装修一体化	50%≤比例≤80%	2～5*	
装修和 设备管线 (30分)	全装修	—	6	6
	干式工法楼面、地面	比例≥70%	6	—
	集成厨房	70%≤比例≤90%	3～6*	
	集成卫生间	70%≤比例≤90%	3～6*	
	管线分离	50%≤比例≤70	5～6*	

注：标准"＊"项的分值采用"内插法"计算，计算结果取小数点后 1 位。

4. 装配式建筑评价

当装配式建筑同时满足下列要求：主体结构部分的评价分值不低于 20 分，围护墙和内隔墙部分的评价分值不低于 10 分，采用全装修，装配率不低于 50%，且主体结构竖向构件中预制部品部件的应用比例不低于 35% 时，可进行装配式建筑等级评价。

装配式建筑评价等级应划分为 A 级、AA 级、AAA 级，并应符合下列规定：

（1）装配率为 60%～75% 时，评价为 A 级装配式建筑；

（2）装配率为 76%～90% 时，评价为 AA 级装配式建筑；

（3）装配率为 91% 及以上时，评价为 AAA 级装配式建筑。

5. 建筑信息模型

建筑信息模型（BIM）是以三维数字技术为基础，集成了建筑工程项目各种相关信息的工程数据模型。BIM 技术最大的特色在于建筑模型内所携带的大量信息，透过参数化的建模过程，将这些几何信息构成参数组件，如墙、柱、梁、板等，而这些参数组件造就了 BIM 技术应用于装配式建筑领域内的多种可能性。装配式建筑在设计阶段的多专业整合，构件碰撞检查，生产阶段的二次深化设计，自动化生产，施工阶段的装配施工模拟，都可以通过 BIM 技术进行优化，缩短周期、节约成本、保证质量，提高项目管理水平。BIM 技术与装配式建筑的结合，是建筑行业信息化与工业化二化融合的具体表现。

6. 工程总承包

工程总承包模式即 EPC 总承包模式，是指受业主委托，按照合同约定对工程建设项目的设计、采购、施工、试运行等实行全过程或若干阶段的承包模式。EPC 与装配式建筑的结合，就是由承包商对装配式建筑的设计、生产、施工全过程进行全面承包。

由于装配式建筑在设计上有其独特性，尤其是不同的供应商的设计生产施工体系都各不相同,需要从设计阶段、生产阶段和施工阶段开始紧密配合,所以与传统的设计、制造、施工分离的承包模式不同,采用 EPC 总承包模式能发挥更好的效率。

▶ 1.2.2　装配式建筑的局部性概念

1. 预埋件

预先安装在预制构件中起到保温、减重、吊装、连接、定位、锚固、通水通电通气、便于作业、防雷防水以及装饰等作用的事物,都叫做预埋件。常用预埋件按用途分类如下:

(1)结构连接件:连接构件与构件(钢筋与钢筋),或起到锚固作用的预埋件;

(2)支模吊装件:便于现场支模、支撑、吊装的预埋件;

(3)填充物:起到保温、减重,或填充预留缺口的预理件;

(4)水电暖通等功能件:通水、通电、通气或连接外部互动部件的预埋件;

(5)其他功能件:利于防水、防雷、定位、安装等的预理件。

2. 部品与部件

部品是由工厂生产构成外围护系统、设备与管线系统、内装系统的建筑单一产品或复合产品组装而成的功能单元的统称;部件是在工厂或现场预先生产制作完成,构成建筑结构系统的结构构件及其他构件的统称。部品与部件的概念是相对的,对于不同的划分层级,部品与部件所指的对象也不同,对于整个装配式建筑单体来说,某个装配式房间可称为整个建筑单体的装配式部品,如整体厨房、整体卫浴等,组成这个房间的预制楼板、预制墙板等则为这个房间的装配式部件;而对于这个装配式房间来说,预制楼板则作为装配式部品,其中的某个预埋件或某块预制品则称为装配式部件。

任务 1.3　装配式建筑结构体系

▶ 1.3.1　装配整体式框架结构

1. 概念及特点

由预制柱、预制叠合梁组成主体受力框架,再由预制叠合楼板、预制阳台、预制楼梯、预制隔墙等辅助部件组成房屋。该结构体系的特点是工业化程度高,预制比例可达 80%,内部空间自由度好,室内梁柱外露,施工难度较高,成本较高。适用高度为 50 m 以下(抗震设防烈度 7 度),主要用于需要开敞大空间的厂房、仓库、商场、停车场、办公楼、教学楼、医务楼、商务楼等建筑,近年来也逐渐应用于居民住宅等民用建筑。

2. 结构设计的相关规定

这里主要介绍结构设计的重要注意事项。《装配式混凝土结构技术规程》(JGJ 1—2014)的"7.1.1"条规定:除本规程另有规定外,装配整体式框架结构可按现浇混凝土框架结构进行设计。

在装配式框架结构设计方法上,该规范明确了装配式框架结构等同于现浇混凝土框架结构,不是说连接、构造等做法都等同于现浇混凝土框架结构,而是指性能上等同于现浇混凝土框架结构,节点满足现浇结构要求。

3. 框架柱、楼盖等构件的设计方法

在《装配式混凝土结构技术规程》的"6.1.8"条对装配整体式框架结构设计的规定为：框架结构的首层柱宜采用现浇混凝土，顶层宜采用现浇楼盖结构；高层装配整体式结构的框架结构宜设置地下室，地下室顶板不宜采用装配式，宜采用现浇混凝土。需要特别注意，装配整体式框架结构中预制柱水平接缝处不宜出现拉力，这种情况下不能采用装配式。

带转换层的装配整体式结构，"6.1.9"条规定：当采用部分框支剪力墙结构时，底部框支层不宜超过2层，且框支层及相邻上一层应采用现浇结构；部分框支剪力墙以外的结构中，转换梁、转换柱宜现浇。

装配整体式框架结构的楼盖，"6.6.1"条规定：宜采用叠合楼盖，结构转换层、平面复杂或开洞较大的楼层、作为上部结构嵌固部位的地下室楼层宜采用现浇楼盖。

装配整体式框架结构楼盖的布置形式有单向板和双向板两种，布置形式会影响主体结构的设计。布置时需要考虑三个因素：构件的生产、构件的运输和吊装、构件的连接，这三个问题都是装配式结构区别于现浇混凝土结构的要点，如图1-5所示。

(a) 单向叠合板　　　　(b) 带接缝的双向叠合板　　　　(c) 无接缝双向叠合板

图1-5　叠合楼盖的预制板布置形式示意

1—预制板；2—梁或墙；3—板侧分离式接缝；4—板侧整体式接缝

4. 工艺原理和基本连接方式

装配式建筑建设过程中因为包括构件生产的环节，必然会增加构件加工图设计，就是通常所说的构件深化设计。根据装配式建筑的特点，主体结构施工需要与内装设计同步进行。除此以外，装配式建筑建造技术含量较高、容错性很差，如果设计阶段发生错误就会造成很大损失。所以，在装配式建设流程前期中还增加了技术策划这个阶段，而这个阶段又往往被忽视。一方面设计单位接触这个内容比较少，另一方面开发商的装配式建筑项目比较少，所以都没有注重技术策划阶段。装配式建筑设计与传统设计较大的差异就是有贯穿始终的协同设计过程，从技术策划直到主体施工、内装施工，都要与业主、设计各专业、施工单位协同、协作。

装配式框架结构连接设计，最重要的部分是连接方式与现浇混凝土结构不同。接缝的截面承载力应符合现行国家标准《混凝土结构设计规范》(GB 50010—2010)的规定，接缝的受剪承载力应验算并符合持久设计和抗震设计状况，一般情况下连接部分的承载力都不会小于杆件，所以接缝的正截面受压、受拉及受弯承载力可不必计算，只需验算抗剪承载力。

（1）预制柱连接方式。预制柱的纵向钢筋连接能选用的方式不是很多，应符合《装配式混凝土结构技术规程》的"7.1.2"条规定：当房屋高度不大于12 m或层数不超过3层时，可采用套筒灌浆、浆锚搭接、焊接等连接方式；当房屋高度大于12 m或层数超过3层时，宜采用套筒灌浆连接。

（2）叠合梁连接方式。叠合梁连接方式如图 1-6、图 1-7 所示。

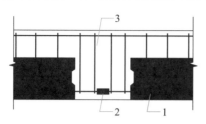

图 1-6 叠合梁连接节点示意

图 1-7 现场工程实例

1—预制梁；2—钢筋连接接头；3—后浇段

（3）主次梁连接方式。主次梁连接方式如图 1-8、图 1-9 所示。

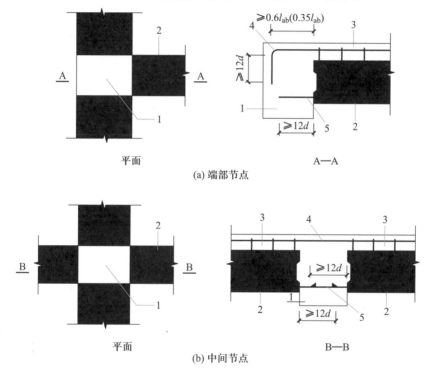

图 1-8 主次梁连接节点构造示意

1—主梁后浇段；2—次梁；3—后浇混凝土叠合层；4—次梁上部纵向钢筋；5—次梁下部纵向钢筋

图 1-9 主次梁连接节点现场施工实例

1.3.2 装配整体式框架－现浇剪力墙结构

1. 基本结构形式及特点

当前国内的装配式框架剪力墙结构主要为装配整体式框架－现浇剪力墙结构,其形式及特点为:主体结构框架预制、主体结构剪力墙现浇、楼板采用叠合楼板,楼梯、雨篷、阳台等结构预制。该体系工业化程度高,施工难度高,成本较高,室内柱外露,内部空间自由度较好。适用高度为高层、超高层;适用建筑为商品房、保障房等。

2. 结构设计要点

框架梁、板采用部分预制加叠合层,框架柱采用预制柱,剪力墙采用现浇,通过必要的构造措施,保证连接节点在满足抗震延性需求条件下,采用等同现浇框架剪力墙结构设计理念,因此,在建筑使用高度、抗震构造措施上,规范并未对其进行严格的限制。《装配式框架及框架－剪力墙结构设计规程》(DB11/1310—2015)规定水平地震作用下应对现浇剪力墙的墙肢弯矩、剪力分别乘以1.1和1.2的增大系数,因此,必要的连接节点(缝)的验算,成为装配式框架剪力墙结构的计算要点;《装配式混凝土结构技术规程》规定了预制梁端竖向接缝及柱底水平接缝的受剪承载力计算公式。

3. 关键构件、节点与连接设计方法及技术手段

应充分优化结构平面布置,使剪力墙充分发挥其可提供较大抗侧刚度的作用,对于高烈度地区,高预制率要求下,框架－剪力墙结构宜选择"一字形"或"回字形"平面布置,不宜选择"L形"平面布置。

具有良好承载力及延性的梁柱节点,是保证框架梁柱大震作用下变形的前提,在当前等同现浇设计的理念下,必须采取充分的节点构造及现场质量监管,控制好预制构件之间结合面的处理,检验好预制构件钢筋之间的连接,以确保连接节点可以满足"强节点、强锚固"的设计需求。

预制柱之间的连接通常采用湿式连接,湿式连接控制的要点为纵向钢筋的连接及灌浆料的灌注,宜适当优化钢筋间距,优先采用"大直径、少根数",减少钢筋的连接数量,灌浆孔预留得当可靠是保证注浆质量的关键所在。位于结构外围的预制柱宜预留耳板,以减少现场模板作业,为保证结构整体刚度,预制框梁与框柱、预制框梁与框梁之间的连接,通常采用湿式连接,与现浇混凝土之间连接的梁端预留键槽,若有需要可设置必要的抗剪钢筋,梁纵向钢筋可采用机械连接。

1.3.3 装配整体式剪力墙结构

1. 基本概念与特点

剪力墙、梁等主要受力构件部分或全部由预制混凝土构件组成,再与叠合楼板、楼梯、内隔墙等预制部件构成装配整体式混凝土结构。该体系特点是工业化程度高,房间空间完整,无梁柱外露,施工难度高,成本较高、可选择局部或全部预制,空间灵活度一般。装配式剪力墙结构体系是目前研究最多、应用最多的结构体系。适用高度为高层、超高层;适用建筑为商品房、保障房等。

2. 设计技术要点与一般规定

为了提高装配整体式剪力墙结构的整体性,增强关键部位的延性,《装配式混凝土建筑技术标准》（GB/T 51231—2016）、《装配式混凝土结构技术规程》和《装配式剪力墙结构设计规程》（DB11/1003—2013）规定了建筑结构不适合采用预制而适合采用现浇的区域：高层装配整体式剪力墙结构设置地下室时，宜采用现浇混凝土；底部加强部位宜采用现浇混凝土；结构转换层和作为上部结构嵌固部位的楼层宜采用现浇楼盖；屋面层和平面受力复杂的楼层宜采用现浇楼盖。楼梯平台板和梯梁宜采用现浇结构。预制构件实施范围的选取既要满足相应的预制率要求，又要结合工程实际考虑设计和构件制作的难度，在合适、合理的部位实施，不能把装配式建筑做成"强行拆分"，这不符合装配式建筑实施的初衷。

（1）拆分设计一般规定。方案设计应与结构拆分设计结合，避免复杂的外立面线条、大进深的凹廊等。构件拆分成果应保证工厂生产和现场施工的可行性，并尽可能地方便现场施工。构件拆分设计必须解决节点钢筋的锚固问题，避免钢筋冲突和锚固长度不足。设计功能务必完善，插座、开关、电器预留接口、安装预留洞口高度、数量、位置要合理。各专业使用功能无冲突。

（2）后浇段"节点"设计一般规定。后浇段尽量选用规范要求和图集推荐的"一字形"、"L形"、"T形"节点。当预制墙体过长分为两片墙体时，或在单片预制墙体端部，采用"一字形"节点连接。两墙垂直相交时采用"L形"节点连接。三墙相交时采用"T形"节点。相邻预制墙片之间应设置后浇段，宽度应同墙厚；后浇段的长度，当预制剪力墙的长度不大于1500 mm 时不宜小于 150 mm，大于 1500 mm 时不宜小于 200 mm；后浇段内应设置竖向钢筋和水平环箍，竖向钢筋配筋率不小于墙体竖向分布筋配筋率，水平环箍配筋率不小于墙体水平钢筋配筋率；预制剪力墙的水平钢筋应在后浇段内锚固，或者与后浇段内水平钢筋焊接或搭接连接。

3. 预制构件的设计和连接技术

（1）外墙和内墙。当外墙采用预制墙板时，建议采用预制混凝土夹心保温剪力墙板。当采用复合夹心保温外墙时，构造要满足墙体的保温隔热要求。采用夹心外墙板时，穿透保温材料的连接件，宜采用非金属材料。当采用金属构件连接内外两层混凝土板时，应避免连接钢筋的热桥部位外露。开洞的预制墙洞口两侧设计成边缘构件以利于钢筋锚固。外窗洞口上方应避免设计单独的预制梁以防止出现直缝导致渗漏。预制外墙的大小要考虑工程的合理性、经济性、运输的可能性和现场的吊装能力。

预制内墙的构造做法及连接节点与预制外墙基本类似，其实施部位更加灵活，有更多的选择余地，根据具体工程中的户型布置和墙段长度，结合机电、装修可以深化集成的部位进行分段，通过调整后浇段长度，使预制构件的尺寸达到标准化。根据项目经验，宜尽可能地在无洞口范围内采用预制内墙，可以使预制率得到提高，构件的生产制作也相对容易。

（2）梁。现浇结构之间的梁宜根据需要采用现浇梁或现浇连梁，且梁纵向钢筋宜采用直锚。内墙当采用全预制梁时，为方便施工，梁纵向钢筋宜直锚入后浇段，此时后浇段尺寸应满足钢筋锚固长度要求。

（3）叠合板。叠合板连接方式宜采用"后浇带"式以防止接缝处出现裂缝。当采用"双向板"时，为方便安装，应至少一个方向是无梁支座。厨房、卫生间等预埋管道多的部位不建议设计叠合楼板。

（4）楼梯。混凝土预制楼梯，特别能体现出工厂化预制的便捷、高效、优质、节约的特点。住宅楼梯包括两跑楼梯和单跑剪刀楼梯，可采用的预制构件包括梯板、梯梁、平台板和防火分隔板等。预制楼梯宜采用清水混凝土饰面,采取措施加强成品保护。楼梯踏面的防滑构造应在工厂预制时一次成型,节约人工、材料和便于后期维护,节能增效。采用统一的住宅层高,实现预制楼梯的模数化、标准化。

 任务 1.4　装配式建筑的建材特性与施工要求

1.4.1　装配式建筑的建材特性

装配式混凝土预制构件所使用的材料主要包括混凝土、钢筋、连接件、预埋件以及保温材料等,材料的质量应符合国家及行业相关标准的规定,并按规定进行复检,经检验合格后方可使用。不得使用国家及地方政府明令禁止的材料。

1. 预制混凝土构件所用材料的质量要求

(1)混凝土。预制构件生产企业可以外购商品混凝土,也可以在工厂建设混凝土搅拌站进行自拌,应准备的混凝土生产原材料包括水泥、骨料、外加剂、掺和料等。

混凝土的主要性能包括拌合物的工作性能与硬化后的力学性能和耐久性能。预制构件用混凝土的工作性能取决于构件浇捣时的生产、施工工艺要求,力学性能和耐久性能应满足设计文件和国家相关标准的要求。对于预制构件生产,为了提高模具和货柜周转率,混凝土除满足设计强度等级的要求外,还应考虑构件特定的养护环境和龄期下达到脱模和出场所需强度的要求,预应力混凝土构件还要考虑预应力张拉强度的要求。

相对于普通的商品混凝土,预制构件用混凝土一般具有以下特点:

① 要求有较快的早期强度发展速度。

② 对坍落度损失的控制时间较短,由于厂区内的混凝土运输距离短,一般混凝土从出机到浇捣完成在 30 min 内即可完成,坍落度保持时间过长,反而会影响构件的后处理,并对早期强度的发展不利。

③ 同一强度等级的混凝土,一般需要对不同类型的构件、养护环境和龄期设计不同的配合比。

④ 普通预制混凝土构件的强度等级不应低于同楼层、同类型现浇混凝土强度且不应低于 C30。预应力混凝土构件的强度等级不应低于同楼层、同类型现浇混凝土强度且不宜低于 C40,预应力筋放张时,混凝土强度应符合设计要求,且同条件养护的混凝土立方体抗压强度不低于设计混凝土强度等级值的 75%。

(2)钢筋。

① 预制构件采用的钢筋和钢材应符合现行国家标准《混凝土结构设计规范》(GB 50010)的规定并符合设计要求。

② 热轧带肋钢筋和热轧光圆钢筋应分别符合现行国家标准《钢筋混凝土用钢　第 2 部分　热轧带肋钢筋》(GB 1499.2)和《钢筋混凝土用钢　第 1 部分　热轧光圆钢筋》(GB 1499.1)的规定。

③ 预应力钢筋应符合现行国家标准《预应力混凝土用螺纹钢筋》(GB/T 20065)、《预应力混凝土用钢丝》(GB/T 5223)和《预应力混凝土用钢绞线》(GB/T 5224)等的要求。

④ 钢筋焊接网片应符合现行国家标准《钢筋混凝土用钢　第 3 部分　钢筋焊接网》

（GB 1499.3）及现行行业标准《钢筋焊接网混凝土结构技术规程》（JGJ 114）的要求。

⑤ 钢筋桁架应符合现行行业标准《钢筋混凝土用钢筋桁架》（YB/T 4262）的要求。

⑥ 钢材宜采用 Q235、Q345、Q390、Q420 钢；当有可靠依据时，也可采用其他型号钢材。

⑦ 吊环应采用未经冷加工的 HPB300 钢筋制作。吊装用内埋式螺母、吊杆及配套吊具，应根据相应的产品标准和设计规定选用。

（3）预埋件。预埋件应满足下列要求：

① 预埋件的材料、品种、规格、型号应符合国家相关标准规定和设计要求。

② PVC 线盒、线管和配件质量应符合现行国家和行业标准《建筑排水用硬聚氯乙烯（PVC－U）管材》（GB/T 5836.1）、《建筑排水用硬聚氯乙烯（PVC－U）管件》（GB/T 5836.2）、《给水用硬聚氯乙烯（PVC－U）管材》（GB/T 10002）、《建筑用绝缘电工套管及配件》（JG 3050）等的相关要求。

③ KBG/JDG 线盒、线管和配件质量应符合国家现行标准《电气安装用导管系统　第 1 部分：通用要求》（GB/T 20041.1）和《电缆管理用导管系统　第 21 部分：刚性导管系统的特殊要求》（GB 20041.21）等的相关规定。

④ 预埋件及管线的防腐防锈应满足现行国家标准《工业建筑防腐蚀设计规范》（GB 50046）和《涂覆涂料前钢材表面处理　表面清洁度的目视评定》（GB/T 8923.1~4）的规定。

⑤ 预埋件锚板用钢材宜采用 Q235 钢、Q345 钢，钢材等级不应低于 B 级；其质量应符合现行国家标准《碳素结构钢》（GB/T 700）和《低合金高强度结构钢》（GB/T 1591）的规定，当采用其他牌号的钢材时，尚应符合相应有关标准的规定和要求；预埋件的锚筋应采用未经冷加工的热扎钢筋制作。

（4）保温连接件。在夹心保温外墙板中设置的用于连接保温层和两侧预制混凝土层的连接件（图 1－10）应满足下列要求：

图 1－10　保温连接件

① 连接件受力材料应满足现行国家及行业标准的技术要求。

② 连接件应具有足够的抗拉承载力、抗剪承载力和抗扭承载力以及与混凝土的锚固力，还应具有良好的变形能力和耐久性能。

③ 连接件的规格型号应满足设计文件的要求。

（5）保温材料。预制混凝土夹心保温外墙板宜采用挤塑聚苯板或聚氨酯保温板作为保温材料,保温材料除应符合设计要求外,尚应符合现行国家和地方标准要求。

挤塑聚苯板主要性能指标应符合表1-2的要求,其他性能指标应符合现行国家标准《绝热用模塑聚苯乙烯泡沫塑料》(GB/T 10801.1)的要求。

表1-2 挤塑聚苯板性能指标要求

项目	单位	性能指标	试验方法
密度	kg/m³	30~35	GB/T 6364
导热系数	W/(m·k)	≤0.03	GB/T 10294
压缩强度	MPa	≥0.2	GB/T 8813
燃烧性能	级	不低于 B_2 级	GB 8624
尺寸稳定性	%	≤2.0	GB/T 8811
吸水率(体积分数)	%	≤1.5	GB/T 8810

聚氨酯保温板主要性能指标应符合表1-3的要求,其他性能指标应符合现行行业标准《聚氨酯硬泡复合保温板》(JG/T 314)的要求。

表1-3 聚氨酯保温板性能指标要求

项目	单位	性能指标	试验方法
表观密度	kg/m³	≥32	GB/T 6343
导热系数	W/(m·k)	≤0.024	GB/T 10294
压缩强度	MPa	≥0.15	GB/T 8813
拉伸强度	MPa	≥0.15	GB/T 9641
吸水率(体积分数)	%	≤3	GB/T 8810
燃烧性能	级	不低于 B_2 级	GB 8624
尺寸稳定性	%	80℃ 48h≤1.0	GB/T 8811
		-30℃ 48h≤1.0	

2. 预制构件用混凝土质量的影响因素

混凝土的质量影响因素主要包括原材料的选用、水灰比、养护条件、环境等,而预制构件所用混凝土可购买商品混凝土,也可在工厂自设搅拌站,由于建筑业与工业化的深度融合,预制构件所用混凝土的质量主要影响因素为原材料的选用,应符合下列要求:

(1)水泥宜采用不低于42.5级硅酸盐、普通硅酸盐水泥,质量应符合现行国家标准《通用硅酸盐水泥》(GB 175)的规定。水泥应与所使用的外加剂具有良好的适应性,宜优先选用早期强度高、凝结时间较短的普通硅酸盐水泥。

(2)砂质量应符合现行行业标准《普通混凝土用砂、石质量及检验方法标准》(JGJ 52)的规定,宜选用Ⅱ区中砂,根据当地砂的来源情况选用河砂、机制砂或者其他砂种。

(3)石质量应符合现行行业标准《普通混凝土用砂、石质量及检验方法标准》(JGJ 52)的规定,最大公称粒径应符合现行国家标准《混凝土质量控制标准》(GB 50164)的有关规定,宜选用5~20 mm连续级配的碎石。

(4)外加剂宜选用高性能减水剂HPWR,其质量应符合现行国家标准《混凝土外加剂》

（GB 8076）的规定,并满足工厂混凝土缓凝、早强等要求,外加剂的掺量应经试验确定。

（5）粉煤灰及其他矿物掺合料应符合现行国家标准《用于水泥和混凝土中粉煤灰》（GB/T 1596）等国家及行业相关标准规定,宜选用Ⅱ级或优于Ⅱ级的粉煤灰。

（6）拌合用水应符合现行行业标准《混凝土拌合用水标准》（JGJ 63）的规定。

▷ 1.4.2 装配式建筑建材施工要求

1. 预制构件用混凝土与现浇混凝土的区别

在工厂中预制混凝土构件,最大的优越性是有利于质量控制,而在现浇混凝土时,由于条件的限制,很多方面是难以做到的。这种优越性主要体现在以下几个方面:

（1）便于预应力钢筋或钢丝的张拉。在楼板、桁架等建筑构件中,常配有预应力钢筋,这些钢筋不同于普通钢筋,它们在浇筑混凝土前预先加上一个外力,将其张拉。钢筋的张拉应力值对所制备构件的力学性质有相当大的影响,必须严格加以控制。在现场张拉钢筋常受到施工条件的限制,即便可以张拉,也可能由于锚固不好,或者模板松动等原因,使张拉应力松弛而达不到设计的要求。而在预制构件厂中,由于有专门的场地,专用的模具和锚固件,以及专用的钢筋张拉设备,因而能比较好地控制钢筋的张拉应力。

（2）便于混凝土的质量控制。预制构件厂一般是一些专业性的企业,其对所生产的构件具有一定的专业知识和较丰富的经验,对混凝土的制备控制比较严格,由于不受场地的限制,成型、振捣都比较容易。因此,比较容易控制混凝土的质量。

（3）便于养护。混凝土的养护对混凝土预制构件的质量来说是一个十分重要的环节。在施工现场,由于受到条件的限制,一般只能采取自然养护,受环境影响较大。而在预制厂中生产预制构件,由于它是一个独立的构件,相对于建筑物而言,体积要小得多,因而可以采取较灵活的养护方式,如室内养护、蒸汽养护等。

2. 预制混凝土构件中的预埋件要求

预制混凝土构件中的预埋件用钢材及焊条的性能应符合实际要求,其加工偏差应符合表 1－4 的规定。

表 1－4 预埋件加工允许偏差

项次	检验项目		允许偏差/mm	检验方法
1	预埋件锚板的边长		0, −5	钢尺量测
2	预埋件锚板的平整度		1	直尺和塞尺量测
3	锚筋	长度	10, −5	钢尺量测
		间距偏差	±10	钢尺量测

3. 对于有特殊要求的如裸露的埋件的热镀锌处理

镀锌是指在金属、合金或者其他材料的表面镀一层锌以起美观、防锈等作用的表面处理技术。主要采用的方法是热镀锌。

锌易溶于酸,也能溶于碱,故称它为两性金属。锌在干燥的空气中几乎不发生变化。在潮湿的空气中,锌表面会生成致密的碱式碳酸锌膜。在含二氧化硫、硫化氢以及海洋性气氛中,锌的耐蚀性较差,尤其在高温高湿含有机酸的气氛里,锌镀层极易被腐蚀。锌的标准电极电位为 −0.76 V,对钢铁基体来说,锌镀层属于阳极性镀层,它主要用于防止钢铁的腐蚀,其防护性能的优劣与镀层厚度关系甚大。锌镀层经钝化处理、染色或涂覆护光剂后,能显著提高其防护性和装饰性。

热镀锌的生产工序主要包括:材料准备→镀前处理→热浸镀→镀后处理→成品检验等。按照习惯,往往根据镀前处理方法的不同,把热镀锌工艺分为线外退火和线内退火两大类。在装配式混凝土预制构件中(图 1 - 11),各类构件均有裸露的钢筋和预埋件,必要时需考虑采取热镀锌处理。

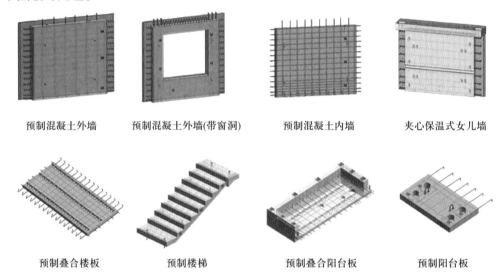

| 预制混凝土外墙 | 预制混凝土外墙(带窗洞) | 预制混凝土内墙 | 夹心保温式女儿墙 |

| 预制叠合楼板 | 预制楼梯 | 预制叠合阳台板 | 预制阳台板 |

图 1 - 11　常见装配式混凝土预制构件

 任务 1.5　与装配式建筑有关的规范要求

1.5.1　《装配式住宅建筑设计标准》简介

1. 概述

2018 年 6 月 1 日起开始实施的《装配式住宅建筑设计标准》(JGJ/T 398—2017)是国内首部面向全国的关于装配式住宅建筑设计类的指导文件,其从建筑设计源头建立装配式住宅的建设标准体系、明确技术要点,引导、促进和规范装配式住宅的建设,改变各地建设水平参差不齐的现状,对于引导促进建筑产业现代化可持续性发展具有重要意义。该标准主要包括以下 8 部分内容:1. 总则;2. 术语;3. 基本规定;4. 建筑设计;5. 建筑结构体与主体部件;6. 建筑内装体与内装部品;7. 围护结构;8. 设备及管线。适用于采用装配式建筑结构体与建筑内装体集成化建造的新建、改建和扩建住宅建筑设计。

2. 基本规定

(1)装配式住宅的安全性能、适用性能、耐久性能、环境性能、经济性能和适老性能等应符合国家现行标准的相关规定。

(2)装配式住宅应在建筑方案设计阶段进行整体技术策划,对技术选型、技术经济可行性和可建造性进行评估,科学合理地确定建造目标与技术实施方案。整体技术策划应包括下列内容:概念方案和结构选型的确定;生产部件部品工厂的技术水平和生产能力的评定;

部件部品运输的可行性与经济性分析;施工组织设计及技术路线的制定;工程造价及经济性的评估。

（3）装配式住宅建筑设计宜采用住宅建筑通用体系,以集成化建造为目标实现部件部品的通用化、设备及管线的规格化。

（4）装配式住宅建筑应符合建筑结构体和建筑内装体的一体化设计要求,其一体化技术集成应包括下列内容:建筑结构体的系统及技术集成、建筑内装体的系统及技术集成、围护结构的系统及技术集成、设备及管线的系统及技术集成。

（5）装配式住宅建筑设计宜将建筑结构体与建筑内装体、设备管线分离。

（6）装配式住宅设计应满足标准化与多样化要求,以少规格多组合的原则进行设计,应包括下列内容:建造集成体系通用化、建筑参数模数化和规格化;套型标准化和系列化;部件部品定型化和通用化。

（7）装配式住宅建筑设计应遵循模数协调原则,并应符合现行国家标准《建筑模数协调标准》(GB/T 50002)的有关规定。

（8）装配式住宅设计除应满足建筑结构体的耐久性要求,还应满足建筑内装体的可变性和适应性要求。

（9）装配式住宅建筑设计选择结构体系类型及部件部品种类时,应综合考虑使用功能、生产、施工、运输和经济性等因素。

（10）装配式住宅主体部件的设计应满足通用性和安全可靠要求。

（11）装配式住宅内装部品应具有通用性和互换性,满足易维护的要求。

（12）装配式住宅建筑设计应满足部件生产、运输、存放、吊装施工等生产与施工组织设计的要求。

（13）装配式住宅应满足建筑全寿命期要求,应采用节能环保的新技术、新工艺、新材料和新设备。

▶ 1.5.2　《装配式混凝土结构技术规程》简介

1. 概述

《装配式混凝土结构技术规程》(JGJ 1—2014)在原《装配式大板居住建筑设计和施工规程》(JGJ 1—1991)基础上修订完成,在原规程的基础上扩大了适用范围,加强了装配式结构整体性的设计要求,实现等同现浇的要求。包含了装配式框架结构、剪力墙结构等几种主要的结构形式,除了结构设计的内容外,还补充、强化了建筑设计、加工制作、安装、工程验收等环节,着重强调钢筋的连接以及预制构件与后浇混凝土或拼缝材料之间的连接,突出整体性要求,以保证结构的抗震性能和整体稳固性。该规程主要包括以下 13 部分内容:1. 总则;2. 术语和符号;3. 基本规定;4. 材料;5. 建筑设计;6. 结构设计基本规定;7. 框架结构设计;8. 剪力墙结构设计;9. 多层剪力墙结构设计;10. 外挂墙板设计;11. 构件制作与运输;12. 结构施工;13. 工程验收。

2. 基本规定

（1）在装配式建筑方案设计阶段,应协调建设、设计、制作、施工各方之间的关系,并应加强建筑、结构、设备、装修等专业之间的配合。

（2）装配式建筑设计应遵循少规格、多组合的原则。

（3）装配式结构的设计应符合现行国家标准《混凝土结构设计规范》（GB 50010）的基本要求，并应符合下列规定：应采取有效措施加强结构的整体性；装配式结构宜采用高强混凝土、高强钢筋；装配式结构的节点和接缝应受力明确、构造可靠，并应满足承载力、延性和耐久性等要求；应根据连接节点和接缝的构造方式和性能，确定结构的整体计算模型。

（4）抗震设防的装配式结构，应按现行国家标准《建筑工程抗震设防分类标准》（GB 50223）确定抗震设防类别及抗震设防标准。

（5）装配式结构中，预制构件的连接部位宜设置在结构受力较小的部位，其尺寸和形状应符合下列规定：应满足建筑使用功能、模数、标准化要求，并应进行优化设计；应根据预制构件的功能和安装部位、加工制作及施工精度等要求，确定合理的公差；应满足制作、运输、堆放、安装及质量控制要求。

（6）预制构件深化设计的深度应满足建筑、结构和机电设备等各专业以及构件制作、运输、安装等各环节的综合要求。

1.5.3　《装配式混凝土建筑技术标准》简介

1. 概述

《装配式混凝土建筑技术标准》（GB/T 51231—2016）作为重要的装配式建筑技术标准之一，明确了装配式建筑的定义：是建筑结构系统、外围护系统、内装系统和设备与管线系统的主要部分采用预制部品部件集成的建筑。该标准既秉承装配式建筑标准的集成性和一体化特点，同时又兼顾了结构系统设计的重要性。在结构设计的内容上，该标准结合了近几年的科研成果和工程实践经验，对《装配式混凝土结构技术规程》（JGJ 1—2014）的技术内容和条文进行补充完善，丰富发展了装配式混凝土结构的成熟新技术、新工艺。除此之外，标准中针对装配式混凝土预制构件的生产运输、施工安装、质量验收等内容都提出了明确的规定和要求。该标准主要包括以下 11 部分内容 1. 总则；2. 术语和符号；3. 基本规定；4. 建筑集成设计；5. 结构系统设计；6. 外围护系统设计；7. 设备与管线系统设计；8. 内装系统设计；9. 生产运输；10. 施工安装；11. 质量验收。

2. 基本规定

（1）装配式混凝土建筑应采用系统集成的方法统筹设计、生产运输、施工安装，实现全过程协同。

（2）装配式混凝土建筑设计应按照通用化、模数化、标准化的要求，以少规格、多组合的原则，实现建筑及部品部件的系列化和多样化。

（3）部品部件的工厂化生产应建立完善的生产质量管理体系，设置产品标识，提高生产精度，保障产品质量。

（4）装配式混凝土建筑应综合协调建筑、结构、设备和内装等专业，制定相互协同的施工组织方案，并应采用装配式施工，保证工程质量，提高劳动效率。

（5）装配式混凝土建筑应实现全装修，内装系统应与结构系统、外围护系统、设备与管线系统一体化设计建造。

（6）装配式混凝土建筑宜采用建筑信息模型（BIM）技术，实现全专业、全过程的信息化管理。

（7）装配式混凝土建筑宜采用智能化技术，提升建筑使用的安全、便利、舒适和环保等性能。

（8）装配式混凝土建筑应进行技术策划，对技术选型、技术经济可行性和可建造性进行评估，并应科学合理地确定建造目标与技术实施方案。

（9）装配式混凝土建筑应满足适用性能、环境性能、经济性能、安全性能、耐久性能等要求，并应采用绿色建材和性能优良的部品部件。

1.5.4　《装配式建筑评价标准》简介

1. 概述

2018 年 2 月 1 日起实施的《装配式建筑评价标准》（GB/T 51129—2017），以装配率作为统一指标来考量建筑的装配化程度，整合了各地标准中预制率、预制装配率、装配化率等评价指标，使得装配式建筑的评价工作更为简捷明确和易于操作。拓展了装配率计算指标的范围，设置了控制性指标，明确了装配式建筑最低准入门槛，以竖向构件、水平构件、围护墙和分隔墙、全装修等指标，分析建筑单体的装配化程度。该标准以装配式建筑作为最终产品对建筑的装配化等级进行定量的评价，可作为地方政府制定相关奖励性政策的依据。该标准主要包括以下 5 部分内容：1. 总则；2. 术语；3. 基本规定；4. 装配率计算；5. 评价等级划分。

2. 基本规定

（1）装配率计算和装配式建筑等级评价应以单体建筑作为计算和评价单元，并应符合下列规定：主体建筑应按项目规划批准文件的建筑编号确认；建筑由主楼和裙房组成时，主楼和裙房可按不同的单体建筑进行计算和评价；单体建筑的层数不大于 3 层，且地上建筑面积不超过 500 m² 时，可由多个单体建筑组成建筑组团作为计算和评价单元。

（2）装配式建筑评价应符合下列规定：设计阶段宜进行预评价，并应按设计文件计算装配率；项目评价应在项目竣工验收后进行，并应按竣工验收资料计算装配率和确定评价等级。

（3）装配式建筑应同时满足下列要求：主体结构部分的评价分值不低于 20 分；围护墙和内隔墙部分的评价分值不低于 10 分；采用全装修；装配率不低于 50%。

（4）装配式建筑宜采用装配化装修。

1.5.5　《装配式住宅建筑检测技术标准》简介

1. 概述

自 2020 年 6 月 1 日起实施的《装配式住宅建筑检测技术标准》（JGJ/T 485—2019），适用于新建装配式住宅建筑在工程施工与竣工验收阶段的现场检测。标准明确了装配式住宅建筑的现场检测要求，对装配式住宅建筑的检测方法作出了明确的规定。该标准主要包括装配式混凝土结构检测、装配式钢结构检测、装配式木结构检测、外围护系统检测、设备与管线系统检测、内装系统检测等内容，适用于安装施工与竣工验收阶段装配式住宅建筑的检测等内容。标准的出台，填补了装配式住宅建筑检测技术标准的空白，为安装施工与竣工验收阶段装配式住宅建筑的现场检测提供了技术依据，对于保证装配式住宅建筑的工程质量具有重大的现实意义。该标准包括了以下 9 部分内容：1. 总则；2. 术语；3. 基本规定；4. 装配式混凝土结构检测；5. 装配式钢结构检测；6. 装配式木结构检测；7. 外围护系统检测；8. 设备与管线系统检测;9. 装饰装修系统检测。

2. 基本规定

（1）装配式住宅建筑检测应包括结构系统、外围护系统、设备与管线系统、装饰装修系统等内容。

（2）工程施工阶段，应对装配式住宅建筑的部品部件及连接等进行现场检测;检测工作应结合施工组织设计分阶段进行，正式施工开始至首层装配式结构施工结束宜作为检测工作的第一阶段，对各阶段检测发现的问题应及时整改。

（3）工程施工和竣工验收阶段，当遇到下列情况之一时，应进行现场补充检测:涉及主体结构工程质量的材料、构件以及连接的检验数量不足;材料与部品部件的驻厂检验或进场检验缺失，或对其检验结果存在争议;对施工质量的抽样检测结果达不到设计要求或施工验收规范要求;对施工质量有争议;发生工程质量事故，需要分析事故原因。

（4）第一阶段检测前，应在现场调查基础上，根据检测目的、检测项目、建筑特点和现场具体条件等因素制定检测方案。

（5）现场调查应包括下列内容:收集被检测装配式住宅建筑的设计文件、施工文件和岩土工程勘察报告等资料;场地和环境条件;被检测装配式住宅建筑的施工状况;预制部品部件的生产制作状况。

（6）检测方案宜包括下列内容:工程概况;检测目的或委托方检测要求;检测依据;检测项目、检测方法以及检测数量;检测人员和仪器设备;检测工作进度计划;需要现场配合的工作;安全措施;环保措施。

（7）装配式住宅建筑的现场检测可采用全数检测和抽样检测两种检测方式，遇到下列情况时宜采用全数检测方式:外观缺陷或表面损伤的检查;受检范围较小或构件数量较少;检测指标或参数变异性大、构件质量状况差异较大。

（8）装配式住宅建筑施工过程应测量结构整体沉降和倾斜，测量方法应符合现行行业标准《建筑变形测量规范》（JGJ 8）的规定。

（9）当仅采用静力性能检测无法进行损伤识别和缺陷诊断时，宜对结构进行动力测试。动力测试应符合现行国家标准《建筑结构检测技术标准》（GB/T 50344）的规定。

（10）检测结束后，应修补检测造成的结构局部损伤，修补后的结构或构件的承载能力不应低于检测前承载能力。

（11）每一阶段检测结束后应提供阶段性检测报告，检测工作全部结束后应提供项目检测报告;检测报告应包括工程概况、检测依据、检测目的、检测项目、检测方法、检测仪器、检测数据和检测结论等内容。

 任务 1.6 装配式建筑图纸识读

▶ **1.6.1 装配式混凝土建筑识图基本知识**

1. 图纸制成原理与基本概念

装配式建筑工程施工图与传统的建筑工程施工图相比，也是由建筑施工图、结构施工图和设备施工图组成。装配式建筑工程施工图除了要在平面、立面、剖面准确表达预制构件的应用范围、构件编号及位置、安装节点等要求外,还应包括典型预制构件图、配件标准化设计与选型、预制构件性能设计等内容。施工图设计必须要满足后续预制构件深化设计要求,在施工图初步设计阶段就要与深化设计单位充分沟通,将装配式建筑施工要求融入施工图设计中,减少后续图纸变更或更改,确保施工图设计图纸的深度对于深化设计需要协调的要点已经充分清晰表达。

装配式建筑工程施工图与传统的建筑工程施工图不同的是还有一个预制构件施工图深化设计阶段,包括平立面安装布置图、典型构件安装节点详图、预制构件安装构造详图及各专业设计预留预埋件定位图。

2. 图纸说明的识读

在设计总说明中,添加了装配式混凝土结构专项说明,装配式混凝土结构专项说明可以与结构设计总说明合并编写,也可单独编写。当选用配套标准图集的构件和做法时,应满足选用图集的规定,并将配套图集列于设计文件中。

(1)了解依据性文件名称和文号,如批文、本专业设计所执行的主要法规和所采用的主要标准(包括标准名称、编号、年号和版本号)及设计合同等。

(2)了解项目概况。内容一般有建筑名称、建设地点、建设单位、建筑面积、建筑基底面积、项目设计规模等级、设计使用年限、建筑层数和建筑高度、建筑防火分类和耐火等级、人防工程类别和防护等级、人防建筑面积、屋面防水等级、地下室防水等级、主要结构类型、抗震设防烈度、项目内采用装配整体式结构单体的分布情况,范围、规模及预制构件种类、部位等,以及能反映建筑规模的主要技术经济指标,如住宅的套型和套数(包括每套的建筑面积、使用面积)、旅馆的客房间数和床位数、医院的门诊人次和住院部的床位数、车库的停车泊位数等;各装配整体式建筑单体的建筑面积统计,应列出预制外墙部分的建筑面积,说明外墙预制构件所占的外墙面积比例及计算过程,并说明是否满足不计入规划容积率的条件。

(3)掌握设计标高。搞清工程的相对标高与总图绝对标高的关系。

(4)熟悉用料说明和室内外装修情况。

① 墙体、墙身防潮层、地下室防水、屋面、外墙面、勒脚、散水、台阶、坡道、油漆、涂料等处的材料和做法,可用文字说明或部分文字说明,部分直接在图上引注或加注索引号,其中应包括节能材料的说明。

② 预制装配式构件的构造层次,当采用预制外墙时,应注明预制外墙外饰面做法。如预制外墙反打面砖、反打石材、涂料等。

③ 室内装修部分除用文字说明以外亦可用表格形式表达,在表中填写相应的做法或代号。

(5)说明各类预制构件和现浇构件在不同部位所选用的混凝土强度等级和钢筋级别,以确定相应预制构件预留钢筋的最小锚固长度及最小搭接长度等。

(6)注明后浇段、纵筋,预制墙体分布筋等在具体工程中需接长时所采用的连接形式及有关要求,必要时,应注明对接头的性能要求。

▶ 1.6.2 主体结构施工图识读

1. 预制内墙施工图识读

预制混凝土剪力墙内墙板一般为单叶板,实心墙板模式。预制内墙板如图 1-12 所示。

图 1 - 12 　 预制内墙板

（1）规格及编号。预制内墙板在装配式建筑施工图中，针对不同的形式及规格大小，采用统一的编号规则，如图 1 - 13 所示。

$$NQ \times \times - \times \times \times \times - \times \times \times \times$$

预制内墙板类型（NQ、NQM1、NQM2、NQM3）

预制内墙板标志宽度、建筑层高，以dm计

预制内墙板洞口宽度和高度，以dm计

墙板类型	示意图	墙板编号	标志宽度	层高	门宽	门高
无洞口内墙	▯	NQ-2128	2100	2800	—	—
固定门垛内墙	▯	NQM1-3028-0921	3000	2800	900	2100
中间门洞内墙	▯	NQM2-3029-1022	3000	2900	1000	2200
刀把内墙	▯	NQM3-3330-1022	3300	3000	1000	2200

图 1 - 13 　 预制内墙板规格及编号

（2）图例与符号说明。预制钢筋混凝土墙板所用图例及符号的规定见表 1 - 5。

表 1 - 5 　 预制钢筋混凝土墙板所用图例与符号

名称	图例	名称	符号
预埋线盒	⊠	吊件	MJ1
保温层	▦	临时支撑预埋螺母	MJ2
夹心保温外墙		套筒组件	TT1/TT2

（3）墙身模板图识读。根据国家标准图集《预制混凝土剪力墙内墙板》（15G365 - 2）的相关规定，本节以 NQ - 1828 为例说明墙身模板图识读，如图 1 - 14 所示。

① 墙板宽 1800 mm，高 2640 mm，底部预留 20 mm 高灌浆区，顶部预留 140 mm 后浇区，厚 200 mm。

② 墙板底部预埋五个灌浆套筒（TT），墙板顶部有两个预埋吊件（MJ1），墙板内侧面有四个临时支撑预埋螺母（MJ2），墙板内侧面有三个预埋电气线盒（⊠）。

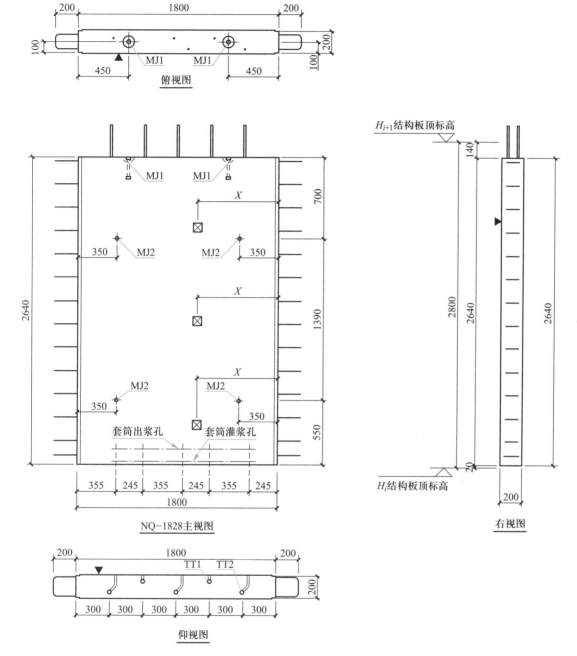

图 1-14 预制内墙板模板图

③ 墙板两侧边钢筋伸出墙边 200 mm。

2. 预制外墙施工图识读

预制混凝土剪力墙外墙由内叶墙板、保温层和外叶墙板组成。预制外墙板如图 1-15 所示。

（1）规格及编号。预制外墙板在装配式建筑施工图中，针对不同的形式及规格大小，采用统一的编号规则，如图 1-16 所示。

图 1 – 15　预制外墙板

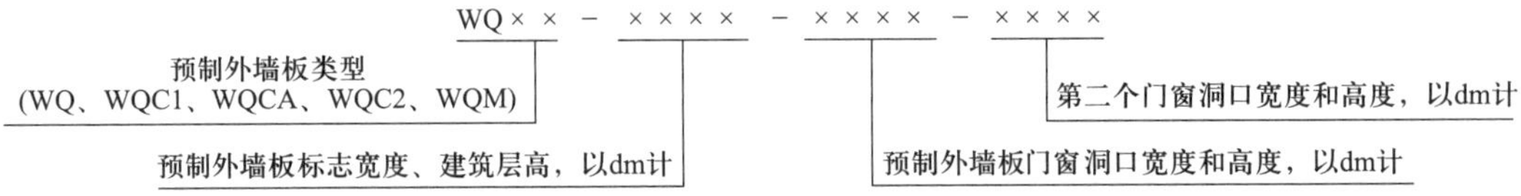

预制外墙板类型
(WQ、WQC1、WQCA、WQC2、WQM)
　　WQ×× - ×××× - ×××× - ××××
第二个门窗洞口宽度和高度，以dm计
预制外墙板标志宽度、建筑层高，以dm计
预制外墙板门窗洞口宽度和高度，以dm计

墙板类型	示意图	墙板编号	标志宽度	层高	门/窗洞口宽	门/窗洞口高	门/窗洞口宽	门/窗洞口高
无洞口外墙	□	WQ-2428	2400	2800	—	—	—	—
一个窗洞外墙(高窗台)	▣	WQC1-3328-1514	3300	2800	1500	1400	—	—
一个窗洞外墙(矮窗台)	▣	WQCA-3329-1517	3300	2900	1500	1700	—	—
两个窗洞外墙	▣▣	WQC2-4830-0615-1515	4800	3000	600	1500	1500	1500
一个门洞外墙	∏	WQM-3628-1823	3600	2800	1800	2300	—	—

图 1 – 16　预制外墙板规格及编号

（2）墙身模板图识读

根据国家标准图集《预制混凝土剪力墙外墙板》(15G365 – 1)的相关规定，本节以 WQ – 2728 为例说明墙身模板图识读，如图 1 – 17 所示。

① 由内而外依次是内叶墙板、保温板和外叶墙板，均同中心轴对称布置。内叶墙板距保温板边 270 mm，外叶墙板距保温板边 20 mm。内叶墙板底部高出结构板顶 20 mm（底部灌浆区），顶部低于上一层结构板顶标高 140 mm。保温板底部与内叶墙板平齐，顶部与上一层结构板顶标高平齐。外叶墙板底低于内叶墙板底部 35 mm。

② 其余外墙板识图内容、方法均与内墙板的识图一致。

3. 预制柱施工图识读

预制柱是指预先按规定尺寸做好模板，然后浇筑成型，待强度达到后再运至施工现场按设计要求位置进行安装固定的柱。在框架结构中，预制柱承受梁和板传来的荷载，并将荷载传给基础，是主要的竖向支撑结构。

预制混凝土柱包括实心柱和矩形柱壳两种形式。预制混凝土柱的外观多种多样，包括矩形、圆形和工字形等。

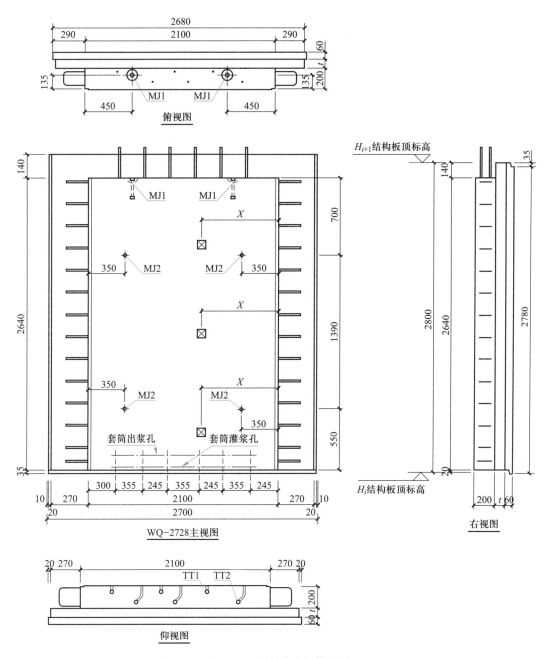

图 1－17　预制外墙板模板图

目前我国预制装配式混凝土框架结构通常采用分层预制的实心混凝土柱,梁柱节点区域采用现浇混凝土,框架柱纵向钢筋通常采用套筒灌浆进行连接。

预制柱钢筋笼如图 1－18 所示,预制混凝土实心柱成品如图 1－19 所示,预制混凝土实心柱(带灌浆套筒)如图 1－20 所示。

图 1 - 18　预制柱钢筋笼

图 1 - 19　预制混凝土实心柱成品

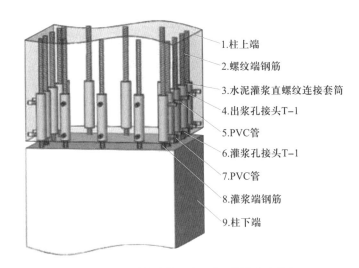

1.柱上端

2.螺纹端钢筋

3.水泥灌浆直螺纹连接套筒

4.出浆孔接头T-1

5.PVC管

6.灌浆孔接头T-1

7.PVC管

8.灌浆端钢筋

9.柱下端

图 1 - 20　预制混凝土实心柱(带灌浆套筒)

4. 预制板施工图识读

目前装配式建筑中常用的预制板为桁架钢筋混凝土叠合板,是由预制底板和后浇钢筋混凝土叠合而成的装配整体式楼板,又可分为单向叠合板和双向叠合板。预制叠合板如图 1 - 21 所示。

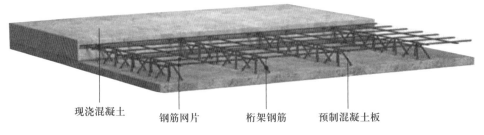

现浇混凝土　　钢筋网片　　桁架钢筋　　预制混凝土板

图 1 - 21　预制叠合板

(1)规格及编号。预制叠合板在装配式建筑施工图中,针对不同的形式及规格大小,采用统一的编号规则。双向板编号规则如图 1 - 22 所示。

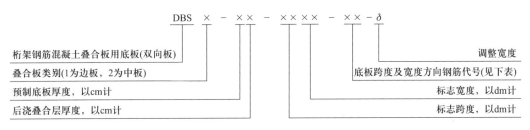

编号　跨度方向钢筋 宽度方向钢筋	Ⴔ8@200	Ⴔ8@150	Ⴔ10@200	Ⴔ10@150
Ⴔ8@200	11	21	31	41
Ⴔ8@150		22	32	42
Ⴔ8@100				43

图 1 - 22　预制双向叠合板编号规则

例:底板编号 DBS1 - 67 - 3620 - 31,表示双向受力叠合板用底板,拼板位置为边板,预制底板厚度为 60 mm,后浇叠合层厚度为 70 mm,预制底板的标志跨度为 3600 mm,预制底板的标志宽度为 2000 mm,底板跨度方向配筋为Ⴔ10@200,底板宽度方向配筋为Ⴔ8@200。

单向叠合板编号规则如图 1 - 23 所示。

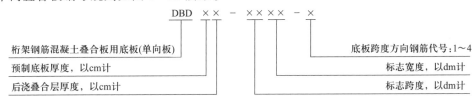

代号	1	2	3	4
受力钢筋规格及间距	Ⴔ8@200	Ⴔ8@150	Ⴔ10@200	Ⴔ10@150
分布钢筋规格及间距	Ⴔ6@200	Ⴔ6@200	Ⴔ6@200	Ⴔ6@200

图 1 - 23　预制单向叠合板编号规则

例:底板编号 DBD68 - 3620 - 2,表示单向受力叠合板用底板,预制底板厚度为 60 mm,后浇叠合层厚度为 80 mm,预制底板的标志跨度为 3600 mm,预制底板的标志宽度为 2000 mm,底板跨度方向配筋,受力钢筋为Ⴔ8@150,分布钢筋为Ⴔ6@150。

(2)符号说明。预制钢筋混凝土阳台板施工图中,⟁所指方向为模板面,⟁所指方向为粗糙面。

(3)叠合板模板图识读。根据国家标准图集《桁架钢筋混凝土叠合板》(15G366 - 1)的相关规定,本节以 DBS1 - 67 - 3015 - 11 为例说明叠合板模板图识读,如图 1 - 24 所示。

叠合板双向板底板,厚度 60 mm,用作边板。板的宽度方向,支座中线距拼缝定位线 1500 mm,预制板混凝土面宽度 1260 mm,支座中线距支座一侧板边 90 mm,拼缝定位线距拼缝一侧板边 150 mm。板的长度方向,两侧板边距支座中线均为 90 mm,预制板混凝土面长度 l_0。预制板四边及顶面均为粗糙面,底面为模板面。

31

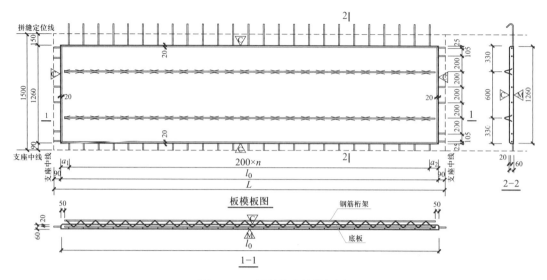

图 1 - 24 预制叠合板模板图

5. 预制楼梯施工图识读

预制楼梯是将梯段整体预制,通过预留的销键孔与梯梁上的预留筋形成连接。常用的预制楼梯有双跑楼梯和剪刀楼梯。预制楼梯如图 1 - 25 所示。

图 1 - 25 预制楼梯

（1）规格及编号。预制楼梯在装配式建筑施工图中,针对不同的形式及规格大小,采用统一的编号规则,如图 1 - 26 所示。

图 1 - 26 预制楼梯规格及编号

例1:ST - 28 - 25 表示双跑楼梯梯段板,建筑层高 2.8 m,楼梯间净宽 2.5 m。

例2:JT - 28 - 25 表示剪刀楼梯梯段板,建筑层高 2.8 m,楼梯间净宽 2.5 m。

（2）图例及符号说明。预制钢筋混凝土楼梯所用符号见表 1 - 6。

表 1-6　预制钢筋混凝土楼梯所用符号

编号	名称	编号	名称
D1	栏杆预留洞口	M2	梯段板吊装预埋件
M1	梯段板吊装预埋件	M3	栏杆预留埋件

（3）楼梯模板图识读。根据国家标准图集《预制钢筋混凝土板式楼梯》（15G367-1）的相关规定，本节以 ST-28-25 为例说明楼梯模板图识读，如图 1-27 所示。

① 楼梯间净宽 2500 mm，梯段宽 1195 mm，梯井宽 110 mm，梯段水平投影长 2620 mm，梯段板厚 120 mm。

② 梯段底部平台上面宽 400 mm，底面宽 348 mm，厚 180 mm。顶面与低处楼梯平台建筑面层平齐，支撑在平台梁上。平台上设置两个销键预留洞，预留洞下部 140 mm 直径为 50 mm，上部 40 mm 直径为 60 mm，预留洞中心距离梯段板边分别为 185 mm 和 280 mm。

③ 高处平台的上面宽 400 mm，底面宽 192 mm，厚 180 mm，长 1250 mm，梯井一侧比踏步宽 55 mm。平台上设置两个销键预留洞，直径为 50 mm，预留洞中心距离两侧梯段板边均为 280 mm。

④ 踏步高 175 mm，踏步宽 260 mm，踏步表面做防滑槽。02 和 06 踏步面上各设置两个梯段板吊装预埋件 M1，距板边 200 mm。02 和 06 踏步侧面各设置一个梯段板吊装预埋件 M2。01、03、05、07 踏步面靠近梯井处板边 50 mm 分别设置一个栏杆预留洞口。

1.6.3　其他预制构件施工图识读

1. 预制阳台板施工图识读

预制钢筋混凝土阳台板是一种悬挑构件的水平承重板，按构件类型分为叠合板式阳台、全预制板式阳台、全预制梁式阳台。预制阳台板如图 1-28 所示。

（1）规格及编号。预制阳台板在装配式建筑施工图中，针对不同的形式及规格大小，采用统一的编号规则，如图 1-29 所示。

预制阳台板类型：D 型代表叠合板式阳台；B 型代表全预制板式阳台；L 型代表全预制梁式阳台。

预制阳台板封边高度：04 代表阳台封边 400 mm 高；08 代表阳台封边 800 mm 高；12 代表阳台封边 1200 mm 高。

（2）施工平面图示例。在装配式建筑施工图中，预制阳台平面布置图如图 1-30 所示。

（3）图例、符号及视点说明。详图索引方法如图 1-31 所示。

预制钢筋混凝土阳台板所用图例及符号的规定见表 1-7 和表 1-8。

表 1-7　预制钢筋混凝土阳台板所用图例

名称	图例	名称	图例
预制钢筋混凝土构件	▬	后浇段、边缘构件	▨
保温层	▦	夹心保温外墙	▤
钢筋混凝土现浇层	▭		

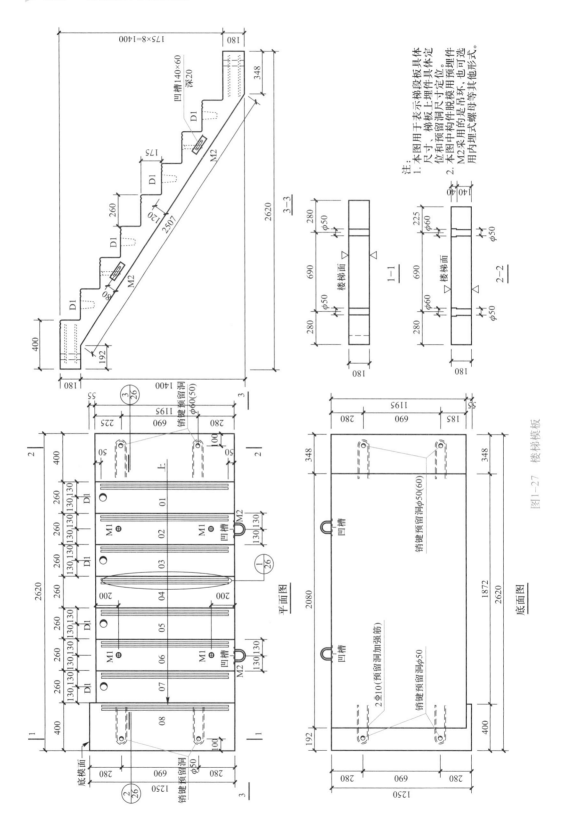

图1-27 楼梯模板

(a) 叠合板式阳台　　　　　　　　(b) 全预制板式阳台

图 1 - 28　预制阳台板

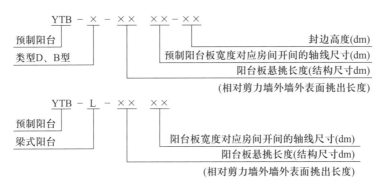

图 1 - 29　预制阳台规格及编号

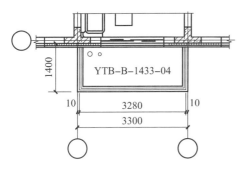

(a) 全预制板式阳台平面图

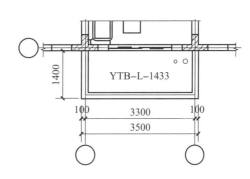

(b) 全预制梁式阳台平面图

图 1 - 30　预制阳台平面布置图

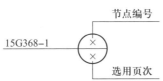

图 1 - 31　详图索引

表 1 - 8　符 号 说 明

名称	符号	名称	符号
压光面	△	粗糙面	△
模板面	△		

预制阳台板在施工图中,根据不同的视点进行绘制,从上至下为俯视图或平面图,从下至上为仰视图或底面图,从左至右为右视图,从前至后为正视图或正立面图,如图 1-32 所示。

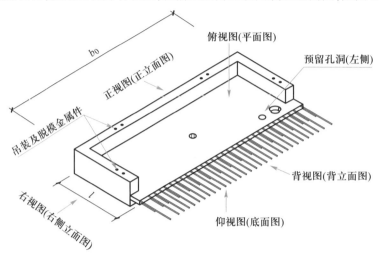

图 1-32 预制阳台视点示意图

(4)预制底板模板图识读。根据国家标准图集《预制钢筋混凝土阳台板、空调板及女儿墙》(15G368-1)中关于预制钢筋混凝土阳台板的相关规定,本节以叠合板式阳台 YTB-D-××××-04 为例说明预制底板模板图识读。

预制叠合板式阳台 YTB-D-××××-04 预制底板模板平面图如图 1-33 所示。图中,阳台宽度为 b_0,阳台长度为 l,阳台封边厚度为 150 mm;阳台落水管预留孔直径为 150 mm,地漏预留孔直径为 100 mm,两者位置尺寸见图中标注;接线盒位于预制阳台板中心;三面封边的"□"表示阳台栏杆预埋件,"╇╈"表示吊点位置。剖面图中,△所指方向为模板面,△所指方向为粗糙面,△所指方向为压光面;预制底板厚度为 60 mm,现浇部分厚度为 h_2;封边尺寸为 400 mm,其中上侧伸出 150 mm。

2. 预制空调板施工图识读

预制空调板根据栏杆构造形式的不同,一般有铁艺栏杆空调板和百叶空调板两种类型,构造上主要区别在于预埋件不同。预制空调板如图 1-34 所示。

(1)规格及编号。预制空调板规格代号如图 1-35 所示。

例:KTB-84-130 表示预制空调板构件长度(L)为 840 mm,预制空调板宽度(B)为 1300 mm。

(2)施工平面图示例。在装配式建筑施工图中,预制空调板平面布置图如图 1-36 所示。

(3)符号说明,预制钢筋混凝土空调板施工图中,△所指方向为模板面,△所指方向为粗糙面,△所指方向为压光面。

(4)模板图识读。根据国家标准图集《预制钢筋混凝土阳台板、空调板及女儿墙》(15G368-1)中关于预制钢筋混凝土空调板的相关规定,本节以预制钢筋混凝土铁艺栏杆空调板为例说明空调板模板图识读。

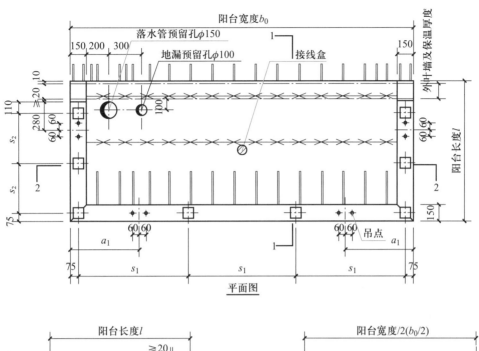

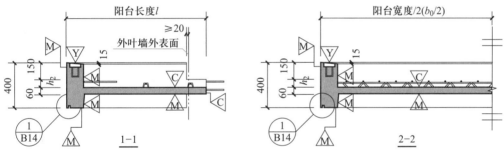

图 1-33　YTB-D-××××-04 预制底板模板平面图

图 1-34　预制空调板

　　预制钢筋混凝土铁艺栏杆空调板模板图如图 1-37 所示。图中,空调板宽度为 B,长度为 L,厚度为 h;四个预留孔直径为 100 mm;两个吊件位于长度方向的 1/2 处;"田"表示安装铁艺栏杆用预埋件,共四个; 所指方向为模板面, 所指方向为粗糙面, 所指方向为压光面。

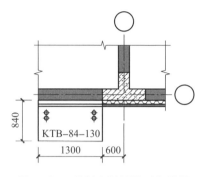

图 1 - 35　预制空调板规格及编号　　　　图 1 - 36　预制空调板平面布置图

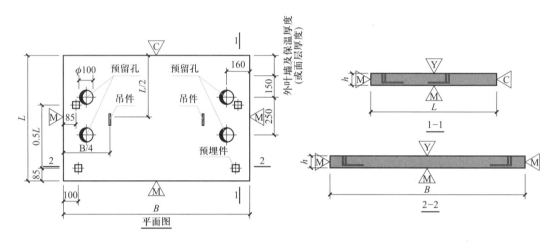

图 1 - 37　预制钢筋混凝土空调板模板图(铁艺栏杆)

3. 预制女儿墙施工图识读

预制钢筋混凝土女儿墙是安装在混凝土结构屋顶的构件,一般有夹心保温式女儿墙和非保温式女儿墙两类。夹心保温式女儿墙如图 1 - 38 所示。

（1）规格及编号。预制女儿墙规格编号如图 1 - 39 所示。

预制女儿墙类型中:J1 型代表夹心保温式女儿墙（直板）;J2 型代表夹心保温式女儿墙（转角板）;Q1 型代表非夹心保温式女儿墙（直板）;Q2 型代表非夹心保温式女儿墙（转角板）。

图 1 - 38　夹心保温式女儿墙示意图

图 1 - 39　预制女儿墙规格及编号

预制女儿墙高度从屋顶结构层标高算起,600 mm 高表示为 06,1400 mm 高表示为 14。

例 1：NEQ – J2 – 3314（图 1 – 40）：该编号预制女儿墙是指夹心保温式女儿墙（转角板），单块女儿墙放置的轴线尺寸为 3300 mm（女儿墙长度为：直段 3520 mm，转角段 590 mm），高度为 1400 mm。

例 2：NEQ – Q1 – 3006：该编号预制女儿墙是指非夹心保温式女儿墙（直板），单块女儿墙长度为 3000 mm，高度为 600 mm。

（2）施工平面图示例。在装配式建筑施工图中，预制女儿墙平面图如图 1 – 40 所示。

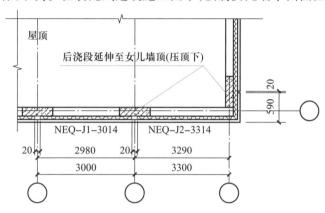

图 1 – 40　预制女儿墙平面布置图

（3）图例及符号说明。预制钢筋混凝土女儿墙所用图例与符号的规定见表 1 – 9。

表 1 – 9　预制钢筋混凝土女儿墙所用图例与符号

编号	功能	图例	编号	功能	图例
M1	调节标高用埋件	⊠	M3	板板连接用埋件	⊗
M2	吊装用埋件	⊙		模板拉结用埋件	
	脱模斜撑用埋件		M4	后装栏杆用埋件	⬙

（4）墙身模板图识读。根据国家标准图集《预制钢筋混凝土阳台板、空调板及女儿墙》（15G368 – 1）中关于预制钢筋混凝土女儿墙的相关规定，本节以夹心保温式女儿墙（1.4 m）为例说明墙身模板图识读，其中正立面图构件简单，限于篇幅，此处不加赘述。

夹心保温式女儿墙（1.4 m）墙身模板背立面图如图 1 – 41 所示。图中，外叶板高 1210 mm，内叶板高 1190 mm；内叶板 450 mm 高度处为泛水收口预留槽；墙身共有 8 个脱模斜撑用埋件 M2；外叶板两侧分别有 3 个板板连接用埋件 M3，内页板两侧分别有 3 个模板拉结用埋件 M3；墙底部有两处螺纹盲孔（当墙长 <4 m 时，螺纹盲孔仅居中设置一个）；螺纹盲孔至内叶墙板侧边尺寸为 L_1，外侧 M2 至外叶墙板侧边尺寸为 L_2，内侧 M2 之间的尺寸为 L_3，螺纹盲孔之间的尺寸为 L_4。

▶ **1.6.4　连接节点施工图识读**

装配式混凝土结构中存在大量水平接缝、竖向接缝以及节点。国家标准图集《预制混凝土剪力墙外墙板》（15G365 – 1）和《预制混凝土剪力墙内墙板》（15G365 – 2）中均给出了预制墙体连接节点推荐做法，《桁架钢筋混凝土叠合板（60 mm 厚底板）》（15G366 – 1）中给

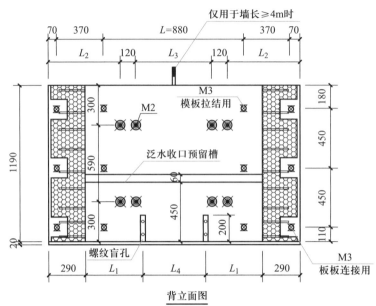

背立面图

注：当女儿墙长度取值<4m时，螺纹盲孔仅居中设置一个。

图 1－41　夹心保温式女儿墙(1.4 m)墙身模板背立面图

出了叠合板底板拼缝构造图以及节点构造图。图集《装配式混凝土结构连接节点构造》(15G310－1～2)对装配式混凝土结构连接节点展开了更为详尽的介绍。

装配式混凝土结构节点施工图常采用的图例见表 1－10。

表 1－10　装配式混凝土结构连接节点施工图图例

名称	图例	名称	图例
预制构件		预制构件钢筋	
后浇混凝土		后浇混凝土钢筋	
灌浆部位		附加或重要钢筋(红色)	
空心部位		钢筋灌浆套筒连接	
橡胶支垫或坐浆		钢筋机械连接	
粗糙面结合面		钢筋焊接	
键槽结合面		钢筋锚固板	

注：1. 钢筋套筒灌浆连接包括全灌浆套筒连接和半灌浆套筒连接。

　　2. 钢筋锚固板包括正放和反放两种情况。

1. 楼盖连接节点施工图识读

装配式混凝土结构楼盖连接节点构造依照国家标准图集《装配式混凝土结构连接节点构造（楼盖和楼梯）》（15G310－1），包括混凝土叠合板连接构造、混凝土叠合梁连接构造等。

（1）叠合板预制底板布置图。如图 1－42 所示为施工图中叠合板预制底板布置图。图中编号 YB 为预制板，YXB 为悬挑预制板，KL 为框架梁，L 为非框架梁，Q 为剪力墙；"⊏⊐"表示双向板后浇带接缝，"⌐⌐"表示双向板密拼接缝或单向板连接。

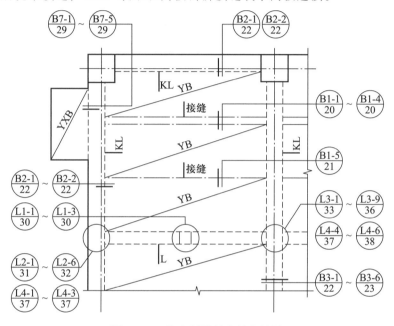

图 1－42　叠合板预制底板布置图

（2）连接节点图识读。混凝土叠合板连接节点构造包括双向叠合板整体式接缝连接构造、边梁支座板端连接构造、中间梁支座板端连接构造、剪力墙边支座板端连接构造、剪力墙中间支座板端连接构造、单向叠合板板侧连接构造、悬挑叠合（预制）板连接构造等。

本节以图 1－42 中编号为 B1－1 的连接节点为例说明叠合板连接节点图识读。该节点为双向叠合板整体式接缝连接中的后浇带形式接缝，板底纵筋直线搭接，如图 1－43 所示，"▨"表示预制双向叠合板，"□"表示后浇混凝土；叠合板垂直拼缝的纵向受拉钢筋搭接长度为 l_l，钢筋截断位置距离叠合板边缘不小于 10 mm；后浇带接缝宽度为 l_h，不小于 200 mm，且应满足钢筋搭接长度要求；接缝处顺缝板底纵筋为 A_{sa}。

混凝土叠合梁连接构造包括叠合梁后浇段对接连接构造、主次梁边节点连接构造、主次梁中间节点连接构造、搁置式主次梁连接节点构造、楼面梁与剪力墙平面外连接边节点构造、楼面梁与剪力墙平面外连接中间节点构造等。

以图 1－42 中编号为 L1－2 的连接节点为例，该节点为叠合梁后浇段对接连接构造中的梁底纵筋套筒灌浆连接，如图 1－44 所示，"▨"表示预制叠合梁，"□"表示后浇混凝土；梁端采用键槽结合面；受拉纵筋采用套筒灌浆连接接头，外伸长度不小于 l_l，套筒边缘与梁端的距离不小于 10 mm，后浇部分宽度为 l_h；叠合梁端部箍筋到构件边缘的距离不大于

50 mm;后浇部分最外侧箍筋到构件边缘的距离不大于 50 mm,中间箍筋加密,间距不大于 5d 且不大于 100 mm。

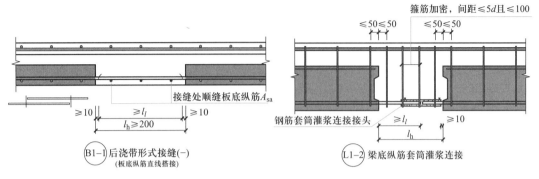

图 1-43　双向叠合板后浇带形式接缝　　　　　图 1-44　梁底纵筋套筒灌浆连接

2. 预制墙连接节点施工图识读

装配式混凝土结构剪力墙连接节点构造依照国家标准图集《装配式混凝土结构连接节点构造(剪力墙)》(15G310-2),包括预制墙的竖向接缝构造、预制墙的水平接缝构造、连梁及楼(屋)面梁与预制墙的连接构造等。预制墙的竖向接缝构造根据平面形式可分为一字形、L 形、T 形以及十字形。

(1)预制剪力墙平面布置图。如图 1-45 所示为施工图中预制剪力墙平面布置图。图中编号 YQ 为预制墙,YL 为预制楼面梁,LL 为连梁,YLL 为预制连梁,YBZ 为约束边缘构件,GBZ 为构造边缘构件。

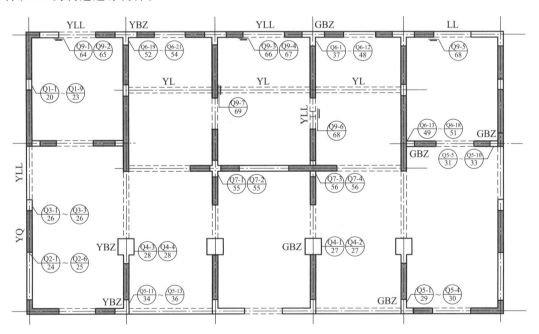

图 1-45　预制剪力墙平面布置图

(2)连接节点图识读。本节以图 1-45 中编号为 Q1-5 的连接节点为例进行说明。该节点为预制墙间的竖向接缝构造,附加封闭连接钢筋与预留 U 形钢筋连接,如图 1 - 46 所示,"▨"表示预制墙,"□"表示接缝处后浇混凝土;墙厚为 b_w;预制墙预留 U 形钢筋,接缝处附加封闭连接钢筋;U 形钢筋之间的距离不小于 20 mm,附加连接钢筋到预制墙边缘的距离不小于 10 mm;附加连接钢筋与 U 形钢筋的搭接长度不小于 $0.6l_{aE}$,且不小于 $0.6l_a$;接缝后浇段宽度 L_g 不小于 b_w,且不小于 200 mm。

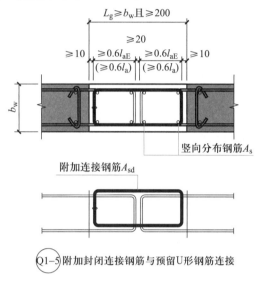

图 1 - 46 预制墙间的竖向接缝构造

 ## 任务 1.7 装配式建筑职业道德与素养

1.7.1 建筑领域职业道德

我国的建筑行业正在如火如荼地发展,提高建筑领域的职业道德素质,有助于我国建筑事业高水平发展。

1. 施工作业人员职业道德

施工作业人员主要从事具体施工作业,长期在生产一线工作,职业道德规范主要有以下几项:

(1)苦练硬功,扎实工作。刻苦钻研技术,熟练掌握本工种的基本技能,努力学习和运用先进的施工方法,练就过硬本领,立志岗位成才。热爱本职工作,不怕苦、不怕累,认认真真,精心操作。

(2)精心施工,确保质量。严格按照设计图纸和技术规范操作,坚持自检、互检、交接检制度,确保工程质量。

(3)安全生产,文明施工。树立安全生产意识,严格执行安全操作规程,杜绝一切违章作业现象。维护施工现场整洁,不乱倒垃圾,做到工完场清。

(4)遵章守纪,维护公德。争做文明职工,不断提高文化素质和道德修养,遵守各项规章制度,发扬劳动者的主人翁精神,维护国家利益和集体荣誉,服从上级领导和有关部门的管理,争做文明职工。

2. 施工管理员职业道德

施工员是施工现场重要的工程管理人员,其自身素质对工程项目的质量、成本、进度有很大影响。因此,要求施工员应具有良好的职业道德,职业道德规范主要有以下几项:

(1)学习和贯彻执行国家工程规定。学习、贯彻执行国家和建设行政管理部门颁发的建设法律、规范、规程、技术标准;熟悉基本建设程序、施工程序和施工规律,并在实际工作中具体运用。

(2)做好本职工作。热爱施工员本职工作,爱岗敬业,工作认真,一丝不苟,团结合作。

(3)遵纪守法。遵纪守法,模范地遵守建设职业道德规范。

(4)维护国家的荣誉和利益。

(5)努力学习专业技术知识,不断提高业务能力和水平。

(6)认真负责地履行自己的义务和职责,保证工程质量。

3. 工程技术人员职业道德

建筑企业工程技术人员主要从事工程设计、施工方案等技术性工作,要求一丝不苟,精益求精,牢固确立精心工作、求实认真的工作作风,其职业道德规范主要有以下几项:

(1)热爱科技,献身事业。树立"科技是第一生产力"的观念,敬业爱岗,勤奋钻研,追求新知,掌握新技术、新工艺,不断更新业务知识,拓宽视野。忠于职守,辛勤劳动,为企业的振兴与发展贡献自己的才智。

(2)深入实际,勇于攻关。深入基层,深入现场,理论和实际相结合,科研和生产相结合,把施工生产中的难点作为工作重点,知难而进,百折不挠,不断解决施工生产中的技术难题,提高生产效率和经济效益。

(3)一丝不苟,精益求精。牢固确立精心工作、求实认真的工作作风。施工中严格执行建筑技术规范,认真编制施工组织设计,做到技术上精益求精,工程质量上一丝不苟,为用户提供合格建筑产品。积极推广和运用新技术、新工艺、新材料、新设备,大力发展建筑高科技,不断提高建筑科学技术水平。

(4)以身作则,培育新人。谦虚谨慎,尊重他人,善于合作共事,搞好团结协作,既当好科学技术带头人,又甘当铺路石,培育科技事业的接班人,大力做好施工科技知识在职工中的普及工作。

(5)严谨求实,坚持真理。在参与可行性研究时,坚持真理,实事求是,协助领导进行科学决策;在参与投标时,从企业实际出发,以合理造价和合理工期进行投标;在施工中,严格执行施工程序、技术规范、操作规程和质量安全标准,决不弄虚作假,欺上瞒下。

4. 项目经理职业道德

项目经理承担着对项目的人财物进行科学管理的重任,职业道德规范主要有以下几项:

(1)强化管理,争创效益。加强成本核算,实行成本否决,教育全体人员节约开支,厉行节约,精打细算,努力降低物资和人工消耗。

(2)讲求质量,重视安全。精心组织,严格把关,顾全大局,不为自身和小团体的利益而降低对工程质量的要求。加强劳动保护措施,对国家财产和施工人员的生命安全高度负责,不违章指挥,及时发现并坚决制止违章作业,检查和消除各类事故隐患。

(3)关心职工,平等待人。要像关心家人一样关心职工、爱护职工。不拖欠工资,不敲诈用户,不索要回扣,不多签或少签工程量或工资。充分尊重职工的人格,以诚相待,平等待人。搞好职工的生活,保障职工的身心健康。

（4）廉洁奉公,不谋私利。发扬民主,主动接受监督,不利用职务之便谋取私利,不用公款请客送礼,如实上报施工产值、利润,不弄虚作假。不在决算定案前搞分配,不搞分光吃光的短期行为。

（5）用户至上,诚信服务。树立用户至上的思想,事事处处为用户着想,积极采纳用户的合理要求和建议,热忱为用户服务,建设用户满意工程。坚持保修回访制度,为用户排忧解难,维护企业的信誉。

▶ 1.7.2　装配式建筑领域的职业态度、协同与组织能力

1. 职业态度

职业态度是指个人对所从事职业的看法及在行为举止方面反映的倾向。一般情况下,态度的选择与确立,与个人对职业的价值认识,即职业观与情感维系程度有关,是构成职业行为倾向的稳定的心理因素。

职业态度是做好本职工作的前提,是安全生产的重要保证,肯定的、积极的职业态度,能促进装配式建筑领域的相关工作人员去钻研技术,掌握技能,提高职业活动的忍耐力和工作效率,包括工作的认真度、责任度、努力程度等,同时职业态度还是强化企业核心竞争力的秘密武器。如果团队中每个人都有良好的职业态度,那么每个岗位的工作必然能做到让自己满意、同事满意、领导满意、客户满意,团队的执行力、工作水平、工作质量就会不断飞跃,从而使企业的核心竞争力得到强化。作为建筑职业人应做到以下几点:

（1）要有敬业而且乐业的精神,积极执行公司的命令、领导和管理。

（2）不管面对怎样的挫折,都始终保持积极进取的工作态度。

（3）严格遵守单位的规章制度,维护公司的名誉、形象和利益。

（4）及时调整个人情绪,使之不会影响日常工作,虚心接受上级和同事的批评建议。

（5）不管有多大困难,考虑问题时都应先从工作的角度出发。

2. 协同能力

因为装配式建筑行业涉及很多知识领域和工作环节,所以一个完整的项目从勘测、设计、构件制作、构件运输、构件安装等到完成建设,这其中的流程不但专业性强而且牵涉许多人共同协作工作。要有过硬的专业技术知识,还要有较强的协同能力。

（1）协同管理在项目管理中的体现。在装配式建筑项目管理中,协同管理是指协调两种及以上的不同的组织和资源,使它们可以共同去完成某个既定的目标任务,在强化人与人之间的相互协同管理的时候,同时也涉及相关的不同系统之间、不同工程设备之间、不同工程资源之间、不同建筑情景之间以及人与建筑设备之间的协调配合,而这些不同的团队就要在协调一致的基础上完成许多复杂的程序。

项目经理对其技术、专业性有着很高的要求,必须做到对整个项目的施工现场进行全局的掌控。如若该项目的经理对整个施工现场还一知半解,会造成自认为的工程项目管理重点与工程每个部门所理解的项目重点出现出入,并由此会导致各种工作矛盾的产生,进而对整个项目的协同管理造成很大的障碍和困难。此外,在工程项目经理召开例行会议时则会造成会议内容的侧重点有所偏差,实际施工中出现的问题得不到解决,给整个工程的施工进

度带来不可估量的影响。项目经理就不能完全充分的发挥自己的工作职责,不能及时合理地协调和沟通更会给整个工程项目带来管理上和施工上的混乱状况。

一线施工人员向上级反映施工情况时及上级向一线施工现场发布施工指令时,如果信息不能及时、有效、准确地传达到彼此身边,就很容易造成彼此对信息的误读和产生歧义,间接地对建筑施工造成巨大的资源浪费。

(2)协同管理在质量管理中的体现。协同能力在强化质量管理的过程中,首先要做的就是对一线施工人员责任心的培养和提高。责任心的培养和提高可以通过项目岗位岗前培训来进行,与此同时,通过相关真实的工程实例讲解和宣传、案例分析、与工程项目的责任人签订工程施工责任书等形式来规范和约束一线施工人员的质量把控问题以及对用户的危害性问题。在实际的工作当中可以通过从严要求、从严管理,核查施工质量。当施工过程结束之后,依照相关的施工要求检查施工质量,以此保证工程质量。与此同时,还要积极地开展施工人员的自查、施工组之间的互查、制订检查方案,依照相关质量把控工序进行检查,并在检查之后进行签字确认,如若检查验收不通过,则不能投入日后使用,严把质量关。

(3)协同管理在安全文明施工中的体现。在施工过程中还要注意对周边环境的保护,其中包括控制水和噪声的污染。噪声的污染是最为普遍和严重的,在实际的建筑施工中可以采取错时施工的方法,将工程施工的噪声较大的项目尽量安排在白天进行,可以通过此种方式避开对居民的打扰;并要做好对施工设备的日常维护和及时更新,一方面提高其施工的效率,另一方面可以降低其施工所带来的噪声污染。

(4)协同管理在成本管控中的体现。协同能力在加强造价管理的过程中,在设计之初就要把控好整个工程项目的成本与管理,在工程项目开始施工前,要做好每个施工环节的经济成本预算,之后根据经济成本核算制订相应的建筑施工项目成本控制计划,即通过协同管理等方法达到成本控制的目标,可以通过加强施工管理来加强造价管理,加强施工产品的质量管理,就能相应地避免项目返工。

3. 组织能力

装配式建筑工程组织管理对项目的顺利进行有着及其重要的意义,在工程项目中,任何一种意识和行为都有着既定的标准和要求,凡是偏离标准和要求的意识和行为,就会诱发问题和事故。为此,让管理人员和施工人员认识到工程质量控制的重要性才是改变组织管理基础水平的根本。只有这样,才能有效加强质量控制,保证工程质量,促进装配式建筑工程的高速发展。

(1)优化人力资源。在人力资源培养优化上,应该明确发展目标和计划,以耐心和信心开展人才战略。例如:统计、规划施工组织管理人力资源的容量、种类,以及专业职业能力要求,把人力资源培养计划方案有机地结合、引入人力资源管理及控制工作中,协调处理施工团队招聘、培训,以及容量控制等工作。"以人为本"构建工程团队的先进思想和理念,必须严格强调它的影响力和作用价值,在评估、监测每个操作者和管理者的工作能力、业绩的时候,要把他们所做的努力、所付出的劳动都算在内。这样,一是能够积极发挥每个工程人员的专业素质与能力并且培养积极性和信心,让他们更好地为工程操作、监管工作而服务;二是能有效地优化、分配好岗位工作,使得组织管理能够在高效、科学、有序的工作环境中进行。

(2)拓展组织管理工作职能范围。拓展组织管理工作职能范围,转变工作重心。以往,工程组织管理的对象是工程操作者和管理者,其工作职能有限、约束条件很多。为此,未来要想扩大工程组织管理的职能范围,必须把管理的对象、范围扩大至整个工程层面上,例如:成立监督小组,对工程的各个环节层层把关,包括建筑材料的采购与应用、建筑设备器材的维修与养护、工程的设计进度规划与控制、工程项目的质量调研与监督等。这些相互关联的组织管理工作会编织成一个新的管理网,为工程的每一项操作而负责,从而使得工程建设整体质量得到提高。

（3）全面规划工程组织管理的控制及监督工作。全面规划工程组织管理的控制及监督工作。问题的发生存在三个阶段:事前、事中、事后,为了能够在这三个环节中行使必要、科学的管控职能,必须全面规划工程组织管理的控制及监督工作。例如:工程团队每天、每周、每月,都要对工程中的各个工程项目进行质量、安全评估,汇总成评估报告,上报给管理者,以做好协调安排。又如:设立调度中心,从人员、施工、技术、物资等方面加强管理,加强设计质量控制、监督控制,确保设计水平符合相关要求和建筑标准。工程建造完成后,总体规划工程的质量及安全工作,如:装配式构件制作、构件安装等环节要仔细,确保每道工序的测量放样工作得到落实效果;各工程项目的性能表现是否符合工程预先设计的职能标准;各工作环节的交接、监测单据、资料信息是否完整,在哪方面存在漏洞;管理人员的工作日志回馈调研分析,查探在整个工程组织管理过程中,工作行为的具体表现还存在哪些漏洞等。

1.7.3　装配式建筑领域的法律法规、伦理与质量责任

1. 相关法律法规

与欧美等地装配式建筑发展相比,虽然我国装配式建筑起步较晚,但发展速度较快,各项标准规范逐步完善。尤其在预制构件标准研究方面取得较多可喜成果,目前常用的国家、地方及行业的相关法律法规、标准、规程和图集已达到 70 多种。截至目前涉及国家和行业规范、规程、图集已有 15 种,地方规范、规程、图集已有 58 种;广泛适用于装配式建筑的设计、加工、施工及验收等。

（1）国家和行业标准,见表 1-11。

表 1-11　国家和行业标准

序号	地区	类型	名称	编号	适用阶段	发布时间
1	国家	图集	装配式混凝土结构住宅建筑设计示例（剪力墙结构）	15J939-1	设计、生产	2015 年 2 月
2	国家	图集	装配式混凝土结构表示方法及示例（剪力墙结构）	15G107-1	设计、生产	2015 年 2 月
3	国家	图集	预制混凝土剪力墙外墙板	15G365-1	设计、生产	2015 年 2 月
4	国家	图集	预制混凝土剪力墙内墙板	15G365-2	设计、生产	2015 年 2 月
5	国家	图集	桁架钢筋混凝土叠合板（60 mm 厚底板）	15G366-1	设计、生产	2015 年 2 月
6	国家	图集	预制钢筋混凝土板式楼梯	15G367-1	设计、生产	2015 年 2 月

序号	地区	类型	名称	编号	适用阶段	发布时间
7	国家	图集	装配式混凝土结构连接节点构造(楼盖结构和楼梯)	15G310-1	设计、施工、验收	2015年2月
8	国家	图集	装配式混凝土结构连接节点构造(剪力墙结构)	15G310-2	设计、施工、验收	2015年2月
9	国家	图集	预制钢筋混凝土阳台板、空调板及女儿墙	15G368-1	设计、生产	2015年2月
10	国家	验收规范	混凝土结构工程施工质量验收规范	GB 50204—2015	施工、验收	2014年12月
11	国家	验收规范	混凝土结构工程施工规范	GB 50666—2011	生产、施工、验收	2010年10月
12	国家	评价标准	工业化建筑评价标准	GB/T 51129—2015	设计、生产、施工	2015年8月
13	行业	技术规程	钢筋机械连接技术规程	JGJ 107—2016	生产、施工、验收	2016年2月
14	行业	技术规程	钢筋套筒灌浆连接应用技术规程	JGJ 355—2015	生产、施工、验收	2015年1月
15	行业	设计规程	装配式混凝土结构技术规程	JGJ 1—2014	设计、施工、验收	2014年2月

（2）地方标准,见表1-12。

表1-12 地方标准一览表

序号	地区	类型	名称	编号	适用阶段	发布时间
1	北京市	设计规程	装配式剪力墙住宅建筑设计规程	DB11T/970—2013	设计	2013年
2	北京市	设计规程	装配式剪力墙住宅结构设计规程	DB11/1003—2013	设计	2013年
3	北京市	标准	预制混凝土构件质量检验标准	DB11/T968—2013	生产、施工、验收	2013年
4	北京市	验收规程	装配式混凝土结构工程施工与质量验收规程	DB11/T1030—2013	生产、施工、验收	2013年
5	山东省	设计规程	装配整体式混凝土结构设计规程	DB37/T5018—2014	设计	2014年9月
6	山东省	验收规程	装配整体式混凝土结构工程施工与质量验收规程	DB37/T5019—2014	施工、验收	2014年9月
7	山东省	验收规程	装配整体式混凝土结构工程预制构件制作与验收规程	DB37/T5020—2014	生产、验收	2014年9月

序号	地区	类型	名称	编号	适用阶段	发布时间
8	上海市	设计规程	装配整体式混凝土公共建筑设计规程	DGJ08－2154—2014	设计	2014 年
9	上海市	图集	装配整体式混凝土构件图集	DBJT08－121—2016	设计、生产	2016 年 5 月
10	上海市	图集	装配整体式混凝土住宅构造节点图集	DBJT08－116—2013	设计、生产、施工	2013 年 5 月
11	上海市	评价标准	工业化住宅建筑评价标准	DG/TJ08－2198—2016	设计、生产、施工	2016 年 2 月
12	广东省	技术规程	装配式混凝土建筑结构技术规程	DBJ15－107—2016	设计、生产、施工	2016 年 5 月
13	深圳市	技术规程	预制装配钢筋混凝土外墙技术规程	SJG24—2012	设计、生产、施工	2012 年 6 月
14	深圳市	技术规范	预制装配整体式钢筋混凝土结构技术规范	SJG18—2009	设计、生产、施工	2009 年 9 月
15	江苏省	技术规程	装配整体式混凝土剪力墙结构技术规程	DGJ32/TJ125—2016	设计、生产、施工、验收	2016 年 6 月
16	江苏省	技术规程	施工现场装配式轻钢结构活动板房技术规程	DGJ32/J54—2016	设计、生产、施工、验收	2016 年 4 月
17	江苏省	技术规程	预制预应力混凝土装配整体式结构技术规程	DGJ32/TJ199—2016	设计、生产、施工、验收	2016 年 3 月
18	江苏省	技术导则	江苏省工业化建筑技术导则(装配整体式混凝土建筑)	无	设计、生产、施工、验收	2015 年 12 月
19	江苏省	图集	预制装配式住宅楼梯设计图集	G26—2015	设计、生产	2015 年 10 月
20	江苏省	技术规程	预制混凝土装配整体式框架(润泰体系)技术规程	JG/T 034—2009	设计、生产、施工、验收	2009 年 11 月
21	江苏省	技术规程	预制预应力混凝土装配整体式框架(世构体系)技术规程	JG/T 006—2005	设计、生产、施工、验收	2009 年 9 月

序号	地区	类型	名称	编号	适用阶段	发布时间
22	四川省	验收规程	装配式混凝土结构工程施工与质量验收规程	DBJ51/T 054—2015	施工、验收	2016 年 1 月
23	四川省	设计规程	四川省装配整体式住宅建筑设计规程	DBJ51/T 038—2015	设计	2015 年 1 月
24	福建省	技术规程	预制装配式混凝土结构技术规程	DBJ 13 - 216—2015	生产、施工、验收	2015 年 2 月
25	福建省	设计导则	装配整体式结构设计导则	无	设计	2015 年 3 月
26	福建省	审图要点	装配整体式结构施工图审查要点	无	设计	2015 年 3 月
27	浙江省	技术规程	叠合板式混凝土剪力墙结构技术规程	DB33/T 1120—2016	生产、施工、验收	2016 年 3 月
28	湖南省	规范	装配式钢结构集成部品撑柱	DB43T - 1009—2015	生产、验收	2015 年 6 月
29	湖南省	技术规程	装配式斜支撑节点钢结构技术规程	DBJ43/T 311—2015	生产、施工、验收	2015 年 6 月
30	湖南省	规范	装配式钢结构集成部品主板	DB43/T 995—2015	生产、验收	2015 年 6 月
31	湖南省	技术规程	混凝土装配 - 现浇式剪力墙结构技术规程	DBJ43/T 301—2015	设计、生产、施工、验收	2015 年 2 月
32	湖南省	技术规程	混凝土叠合楼盖装配整体式建筑技术规程	DBJ43/T 301—2013	设计、生产、施工、验收	2013 年 11 月
33	河北省	技术规程	装配整体式混合框架结构技术规程	DB13（J）/T 184—2015	设计、生产、施工、验收	2015 年 4 月
34	河北省	技术规程	装配整体式混凝土剪力墙结构设计规程	DB13（J）/T 179—2015	设计	2015 年 4 月
35	河北省	技术规程	装配式混凝土剪力墙结构建筑与设备设计规程	DB13（J）/T 180—2015	设计	2015 年 4 月

续表

序号	地区	类型	名称	编号	适用阶段	发布时间
36	河北省	验收标准	装配式混凝土构件制作与验收标准	DB13（J）/T 181—2015	生产、验收	2015 年 4 月
37	河北省	验收规程	装配式混凝土剪力墙结构施工及质量验收规程	DB13（J）/T 182—2015	施工、验收	2015 年 4 月
38	河南省	技术规程	装配式住宅建筑设备技术规程	DBJ41/T 159—2016	设计、生产、施工、验收	2016 年 6 月
39	河南省	技术规程	装配整体式混凝土结构技术规程	DBJ41/T 154—2016	设计、生产、施工、验收	2016 年 7 月
40	河南省	技术规程	装配式混凝土构件制作与验收技术规程	DBJ41/T 155—2016	生产、验收	2016 年 7 月
41	河南省	技术规程	装配式住宅整体卫浴间应用技术规程	DBJ41/T 158—2016	施工、验收	2016 年 6 月
42	湖北省	技术规程	装配整体式混凝土剪力墙结构技术规程	DB42/T 1044—2015	设计、生产、施工、验收	2015 年 4 月
43	湖北省	施工验收规程	预制装配式混凝土结构施工与质量验收规程	DB42/T 1225—2016	施工、验收	2017 年 2 月
44	甘肃省	图集	预制带肋底板混凝土叠合楼板图集	DBJT25 - 125—2011	设计、生产	2011 年 11 月
45	甘肃省	图集	横孔连锁混凝土空心砌块填充墙图集	DBJT25 - 126—2011	设计、生产	2011 年 11 月
46	辽宁省	验收规程	预制混凝土构件制作与验收规程（暂行）	DB21/T 1872—2011	生产、验收	2011 年 2 月
47	辽宁省	技术规程	装配整体式混凝土结构技术规程（暂行）	DB21/T 1924—2011	设计、生产、施工、验收	2011 年
48	辽宁省	技术规程	装配式建筑全装修技术规程（暂行）	DB21/T 1893—2011	设计、生产、施工、验收	2011 年

续表

序号	地区	类型	名称	编号	适用阶段	发布时间
49	辽宁省	设计规程	装配整体式剪力墙结构设计规程（暂行）	DB21/T 2000—2012	设计、生产	2012 年
50	辽宁省	技术规程	装配整体式混凝土结构技术规程（暂行）	DB21/T 1868—2010	设计、生产、施工、验收	2010 年
51	辽宁省	技术规程	装配整体式建筑设备与电气技术规程（暂行）	DB21/T 1925—2011	设计、生产、施工、验收	2011 年
52	辽宁省	图集	装配式钢筋混凝土板式住宅楼梯	DBJT05 – 272	设计	2015 年
53	辽宁省	图集	装配式钢筋混凝土叠合板	DBJT05 – 273	设计	2015 年
54	辽宁省	图集	装配式预应力混凝土叠合板		设计	2015 年
55	安徽省	技术规程	建筑用光伏构件系统工程技术规程	DB34/T 2461—2015	设计、生产、施工、验收	2015 年 8 月
56	安徽省	产品规范	建筑用光伏构件	DB34/T 2460—2015	设计、生产、施工、验收	2015 年 8 月
57	安徽省	验收规程	装配整体式混凝土结构工程施工及验收规程	DB34/T 5043—2016	施工、验收	2016 年 3 月
58	安徽省	验收规程	装配整体式建筑预制混凝土构件制作与验收规程	DB34/T 5033—2015	生产、验收	2015 年 10 月

2. 工程伦理

中国是当今世界的工程大国，正在向工程强国迈进。近年来，工程伦理日益成为科技哲学领域的热门话题。实践证明，工程尤其是大工程，不纯粹是自然科学技术的应用，还涉及道德、人文、生态和社会等诸多维度的问题，这使得工程师面临特别的义务或责任，工程伦理便是这种责任的批判性反思。在当代社会，人们免不了使用工程产品，免不了生活在工程世界之中，工程伦理因而与每个社会成员息息相关。

（1）工程伦理历史变迁。工程伦理伴随着工程师和工程师职业团体的出现而出现。一开始，人们认为工程任务自然会带给人类福祉，但后来发现：工程实践目标很容易被等同于商业利益增长，这一点随着越来越多工程的实施遭到了社会批判。人们日益认识到工程师因为应用现代科学技术拥有巨大力量，要求工程师承担更多伦理的义务和责任。从职业发展来说,工程师共同体强调行业的专业化和独立性,也需要加强工程师的职业伦理建设,因而很多工程师职业组织在 19 世纪下半叶开始将明确的伦理规范写入组织章程之中。从工程实践来说,好的工程要给社会带来更多的便利,工程师必须要解决社会背景下工程实践中的伦理问题,这些问题仅仅依靠工程方法是无法解决的,在工程设计中尤其要寻求人文科学的帮助。总之,工程伦理就是对工程与工程师的伦理反思,只要人们生活在工程世界中,使用过程产品,工程伦理便和每个人的生活密切相关。

按照美国哲学家卡尔·米切姆被普遍接受的看法,西方工程伦理的发展大致经过 5 个主要阶段。

① 工程伦理酝酿阶段。在现代工程和工程师诞生初期,工程伦理处于酝酿阶段,各个工程师团体并没有将之以文字形式明确下来,伦理准则以口耳相传和师徒相传的形式传播,其中最重要的观念是对忠诚或服从权威的强调。这与工程师首先是出现在军队之中是一致的。

② 工程伦理形成明文规定。到了 19 世纪下半叶至 20 世纪初,工程师的职业伦理开始有了明文规定,成为推动职业发展和提高职业声望的重要手段,比如 1912 年美国电气工程师协会制订的伦理准则。忠诚要求被明确下来,被描述为对职业共同体的忠诚、对雇主的忠诚和对顾客的忠诚,从而达到公众认可和职业自治的程度。

③ 工程伦理关注效率。20 世纪上半叶,工程伦理关注的焦点转移到效率上,即通过完善技术、提高效率而取得更大的技术进步。效率工程观念在工程师中非常普遍,与当时流行的技术治理运动紧密相连。技术治理的核心观点之一,是要给予工程师以更大的政治和经济权力。

④ 关注工程与工程师社会责任的阶段。在第二次世界大战之后,工程伦理进入关注工程与工程师社会责任的阶段。反核武器运动、环境保护运动和反战运动等风起云涌,要求工程师投身公共福利之中,把公众的安全、健康和福利放到首位,让他们逐渐意识到工程的重大社会影响和相应的社会责任。

⑤ 工程伦理进入社会公众参与阶段。21 世纪初,工程伦理的社会参与问题受到越来越多的重视。从某种意义上说,之前的工程伦理是一种个人主义的工程师伦理,谨遵社会责任的工程师基于严格的技术分析和风险评估,以专家权威身份决定工程问题,并不主张所有公民或利益相关者参与工程决策。新的参与伦理则强调社会公众对工程实践中的有关伦理问题发表意见,工程师不再是工程的独立决策者,而是在参与式民主治理平台或框架中参与对话和调控的贡献者之一。当然,参与伦理实践还不成熟,尚在发展之中。

(2)加强工程伦理研究。总的来说,目前工程伦理研究的主要问题包括:工程伦理的基础理论研究,包括工程伦理的概念、特点、方法,工程伦理学的学科定位和学科归属等问题;工程伦理的发展史与案例研究,包括工程伦理的观念史、实践史,以及典型的工程伦理案例研究;工程师的伦理责任和伦理准则研究,包括在工程设计、施工、运转与维护等各个环节中工程师所面对的伦理义务;大型工程实践的伦理考量研究,包括如何将伦理考量融入工程实践当中,如何让伦理学家参与大型工程实施过程,如何对大型工程进行伦理评价以及不同类型工程的伦理考量等涉及制度建设的问题;工程伦理教育研究,包括工程伦理教育的目标、内容、方法、实施,卓越工程师的培养,以及与工程界在教育方面的合作等问题;工程伦理建设的公众参与与沟通研究,包括公众参与的原则、方法、程序、平台以及控制与限度,以及大型工程的舆论沟通、伦理传播与误解消除等问题;中国工程伦理问题,包括中国工程伦理的地方性与国际化,中国工程伦理的现状、问题和对策,中外工程伦理理论和实践的比较,中国大型工程的伦理等问题。当然,工程伦理研究内容归根结底要为提升工程和工程师的伦理水平服务,因而会随着工程实践的发展而不断变化。

3.　工程质量责任

"谁建设,谁负责"的原则,实行工程质量责任终身制,对工程建设、项目法人及设计、施工、监理、质量监督、竣工验收等各方主体,分别建立责任人档案,如工程建设期间发生责任人变动,及时进行工序签证,办理责任人变更手续,让工程质量责任档案与责任人相伴终生,从源头上建立了确保建设质量的安全保障体系。建筑工程执行五方责任主体,项目负责人质量终身责任追究暂行办法如下:

第一条,为加强房屋建筑和市政基础设施工程(以下简称建筑工程)质量管理,提高质量责任意识,强化质量责任追究,保证工程建设质量,根据《中华人民共和国建筑法》《建设工程质量管理条例》等法律法规,制定本办法。

第二条,建筑工程五方责任主体项目负责人是指承担建筑工程项目建设的建设单位项目负责人、勘察单位项目负责人、设计单位项目负责人、施工单位项目经理、监理单位总监理工程师。

建筑工程开工建设前,建设、勘察、设计、施工、监理单位法定代表人应当签署授权书,明确本单位项目负责人。

第三条,建筑工程五方责任主体项目负责人质量终身责任,是指参与新建、扩建、改建的建筑工程项目负责人按照国家法律法规和有关规定,在工程设计使用年限内对工程质量承担相应责任。

第四条,国务院住房城乡建设主管部门负责对全国建筑工程项目负责人质量终身责任追究工作进行指导和监督管理。

县级以上地方人民政府住房城乡建设主管部门负责对本行政区域内的建筑工程项目负责人质量终身责任追究工作实施监督管理。

第五条,建设单位项目负责人对工程质量承担全面责任,不得违法发包、肢解发包,不得以任何理由要求勘察、设计、施工、监理单位违反法律法规和工程建设标准,降低工程质量,其违法违规或不当行为造成工程质量事故或质量问题应当承担责任。

勘察、设计单位项目负责人应当保证勘察设计文件符合法律法规和工程建设强制性标准的要求,对因勘察、设计导致的工程质量事故或质量问题承担责任。

施工单位项目经理应当按照经审查合格的施工图设计文件和施工技术标准进行施工,对因施工导致的工程质量事故或质量问题承担责任。

监理单位总监理工程师应当按照法律法规、有关技术标准、设计文件和工程承包合同进行监理,对施工质量承担监理责任。

第六条,符合下列情形之一的,县级以上地方人民政府住房城乡建设主管部门应当依法追究项目负责人的质量终身责任:

(1)发生工程质量事故;

(2)发生投诉、举报、群体性事件、媒体报道并造成恶劣社会影响的严重工程质量问题;

（3）由于勘察、设计或施工原因造成尚在设计使用年限内的建筑工程不能正常使用；

（4）存在其他需追究责任的违法违规行为。

第七条，工程质量终身责任实行书面承诺和竣工后永久性标牌等制度。

第八条，项目负责人应当在办理工程质量监督手续前签署工程质量终身责任承诺书，连同法定代表人授权书，报工程质量监督机构备案。项目负责人如有更换的，应当按规定办理变更程序，重新签署工程质量终身责任承诺书，连同法定代表人授权书，报工程质量监督机构备案。

第九条，建筑工程竣工验收合格后，建设单位应当在建筑物明显部位设置永久性标牌，载明建设、勘察、设计、施工、监理单位名称和项目负责人姓名。

第十条，终身责任信息档案包括下列内容：

（1）建设、勘察、设计、施工、监理单位项目负责人姓名，身份证号码，执业资格，所在单位，变更情况等；

（2）建设、勘察、设计、施工、监理单位项目负责人签署的工程质量终身责任承诺书；

（3）法定代表人授权书。

第十一条，发生本办法第六条所列情形之一的，对建设单位项目负责人按以下方式进行责任追究：

（1）项目负责人为国家公职人员的，将其违法违规行为告知其上级主管部门及纪检监察部门，并建议对项目负责人给予相应的行政、纪律处分；

（2）构成犯罪的，移送司法机关依法追究刑事责任；

（3）处单位罚款数额 5% 以上 10% 以下的罚款；

（4）向社会公布曝光。

第十二条，发生本办法第六条所列情形之一的，对勘察单位项目负责人、设计单位项目负责人按以下方式进行责任追究：

（1）项目负责人为注册建筑师、勘察设计注册工程师的，责令停止执业 1 年；造成重大质量事故的，吊销执业资格证书，5 年以内不予注册；情节特别恶劣的，终身不予注册；

（2）构成犯罪的，移送司法机关依法追究刑事责任；

（3）处单位罚款数额 5% 以上 10% 以下的罚款；

（4）向社会公布曝光。

第十三条，发生本办法第六条所列情形之一的，对施工单位项目经理按以下方式进行责任追究：

（1）项目经理为相关注册执业人员的，责令停止执业 1 年；造成重大质量事故的，吊销执业资格证书，5 年以内不予注册；情节特别恶劣的，终身不予注册；

（2）构成犯罪的，移送司法机关依法追究刑事责任；

（3）处单位罚款数额 5% 以上 10% 以下的罚款；

（4）向社会公布曝光。

第十四条，发生本办法第六条所列情形之一的，对监理单位总监理工程师按以下方式进行责任追究：

（1）责令停止注册监理工程师执业 1 年；造成重大质量事故的，吊销执业资格证书，5 年以内不予注册；情节特别恶劣的，终身不予注册；

（2）构成犯罪的，移送司法机关依法追究刑事责任；

（3）处单位罚款数额5%以上10%以下的罚款；

（4）向社会公布曝光。

第十五条，住房城乡建设主管部门应当及时公布项目负责人质量责任追究情况，将其违法违规等不良行为及处罚结果记入个人信用档案，给予信用惩戒。

鼓励住房城乡建设主管部门向社会公开项目负责人终身质量责任承诺等质量责任信息。

第十六条，发生工程质量事故或严重质量问题的，仍应按本办法第十一条、第十二条、第十三条、第十四条规定依法追究相应责任。

项目负责人已退休的，被发现在工作期间违反国家法律法规、工程建设标准及有关规定，造成所负责项目发生工程质量事故或严重质量问题的，仍应按本办法第十一条、第十二条、第十三条、第十四条规定依法追究相应责任，且不得返聘从事相关技术工作。项目负责人为国家公职人员的，根据其承担责任依法应当给予降级、撤职、开除处分的，按照规定相应降低或取消其享受的待遇。

第十七条，工程质量事故或严重质量问题相关责任单位已被撤销、注销、吊销营业执照或者宣告破产的，仍应按本办法第十一条、第十二条、第十三条、第十四条规定依法追究项目负责人的责任。

第十八条，违反法律法规规定，造成工程质量事故或严重质量问题的，除依照本办法规定追究项目负责人终身责任外，还应依法追究相关责任单位和责任人员的责任。

第十九条，省、自治区、直辖市住房城乡建设主管部门可以根据本办法，制定实施细则。

以上就是关于建筑工程质量终身责任的相关规定。只要是建筑开始施工后确定好了质量监督的责任人就必须在竣工后发生的一切质量问题上负担相应的责任，并且这样的责任将伴随其终生而不会因为人事变动就可以逃避，只有这样才能在施工的时候确保质量。

1.7.4　装配式建筑领域的学习能力与岗位技能要求

1. 相关学习能力

学习能力一般是指人们在正式学习或非正式学习环境下，自我求知、做事、发展的能力，通常指学习的方法与技巧，有了这样的方法与技巧，学习到知识后，就形成专业知识；学习到如何执行的方法与技巧，就形成执行能力。学习能力是所有能力的基础。评价学习能力的指标一般有六个：学习专注力、学习成就感、自信心、思维灵活度、独立性和反思力。学习能力表现可以分为六项"多元才能"和十二种"核心能力"两大方面。

提高学习能力的本质是学会思考。首先，我们来区分两种学习。一类叫"以知识为中心的学习"，一类叫"以自我为中心的学习"。以知识为中心的学习也叫学院式学习，是以通过考试或者科学研究为目的，主要强调对知识的理解、记忆、归纳、解题。以自己为中心的学习也叫成人学习，主要强调解决自己的问题、提升自己的能力。"以自我为中心的学习"主要包括三个维度，如图1-47所示。

装配式建筑的发展为行业带来新气象的同时，建筑行业业态或将面临洗牌和重构。装配式建筑发展至今对人才的需求特别迫切，具体表现如下：

（1）装配式项目管理人才缺乏。国务院在《国务院办公厅关于大力发展装配式建筑的指导意见》中指出发展装配式建筑的重要任务是"推广工程总承包"。所以对于企业来说，调整自身组织架构，建立新的管理方式，包括招投标制度，工程分包模式，健全关于装配式建筑工程质量、安全、进度、成本管理体系。增加与相应设计单位、构配件生产企业的交流与合

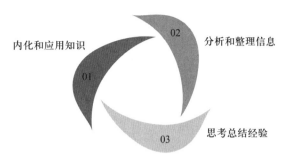

图 1－47　"以自我为中心的学习"维度示意图

作，强强联合，形成一个产业技术联盟，从而提高未来的业务承接能力和市场竞争力。装配式建筑项目从设计、施工到项目交付运营，都发生了很大的变化，传统的工程项目管理人员缺乏工业化的管理思维，对整个装配式建筑设计、生产、施工流程缺乏系统的认识。综上所述，目前大力发展的装配式建筑对从业管理人员提出了重要的挑战。

（2）装配式技术人才缺乏。构件化的装配式设计流程、装配式的施工过程给设计、施工也提出了新的技术挑战，BIM 技术在装配式建筑中发挥了重要的作用，利用 BIM 技术可以实现对设计、构建、施工、运营的全专业管理，并为装配式建筑行业信息化提供了数据支撑。掌握 BIM 技术，了解装配式建筑下的设计、施工工艺技术的人才存在严重不足。

（3）新型技术人才缺乏。除了 BIM 技术，新兴的技术对装配式建筑的发展将起到越来越重要的作用，3D 打印、VR 技术、物联网、建筑机器人等需要目前行业的从业人员对这些技术及其在工程中的价值有一定的认识。

（4）传统工种人才变化。建筑业的行业工种，通常有木工、泥工、水电工、焊工、钢筋工、架子工、抹灰工、腻子工、幕墙工、管道工、混凝土工等岗位。做装配式建筑后，一些墙体、楼梯、阳台等部品构件在工厂中就已经制作好，工人的现场操作就仅是定位、就位、安装及必要的小量的现场填充结构等步骤，所以木工、泥工、混凝土工等岗位需求将大大减少。同时，采用装配式工法施工后，多采用吊车等大型机械代替原来的外墙脚手架，所以架子工也将无用武之地。吊车司机、装配工、灌浆工、打胶工、焊接工及一些高技能岗位愈发具有需求量。

综上所述，装配式建筑给行业的管理人员、技术人员、技能人员能等带来了很大的挑战，提升学习能力、提升自己，做适合行业发展的人才，必将带来巨大的发展空间。装配式建筑不仅是传统建筑业转型升级的必然结果，同时从宏观政策到微观工艺工法都产生了新的变化，知识更新迭代速度之快，要求从业者迅速适应变化，掌握法律法规、行业发展政策导向及技术标准、规范等知识体系，同时需要通过快速学习、科学研究、总结提炼形成配套的专业工艺、工法等。

2. 相关岗位技能要求

（1）构件生产制作岗位技能要求如下：

① 能够识读图纸（构件详图、模具图）并进行提料、配料（如钢筋、混凝土、吊件、套筒及配管、线盒、PVC 管等）及模具领取，在模台上进行划线摆放及固定模具。

② 模台和模具正确涂刷脱模剂及缓凝剂，放置垫片、绑扎钢筋、安放埋件并保护。

③ 能够观察判断混凝土的最佳状态、用布料机进行布料，能用振捣台或振捣棒振捣混

凝土、收面、拉毛、养护（能够监测温湿度）。

④ 能够根据同条件试块确定出库起板时间，会操作码垛机出入库，按照合理顺序拆模，对需要作水洗面的构件进行冲洗。

⑤ 能够操作立板机、桁车起板、起吊、转运，采取有利措施进行成品保护，能够根据仓储物流要求进行成品的存储和发货。

⑥ 具备质量检验能力，能够对原材料、构配件、隐蔽工程、成品等进行质量检验。

（2）装配式建筑施工岗位技能要求如下：

① 能够进行施工前安全检查、构件质量检查（灌浆套筒及埋件的通透性等）、测量放线、转换层的复核检测、工作面清理等施工准备工作。

② 能够设置构件安装的定位标识、复核连接节点的位置、选择吊具、试吊检测、吊装、支设临时支撑、水平位置及构件垂直度检测等。

③ 当采用灌浆连接时能够进行灌浆料拌制及检测，连通腔灌浆的分仓、封仓及灌浆操作；当采用其他方式连接时能够进行构件浆锚搭接连接、螺栓连接、焊接连接。

④ 后浇连接区的钢筋绑扎、隐蔽验收、支设模板、混凝土浇筑、振捣、养护，能确定支撑、模板拆除时间、按照合理顺序拆除模板。

⑤ 质量验收，能够核验构件质量证明文件，构件外观及尺寸质量检查，核对埋件和预留孔洞等规格型号、数量、位置，检查现场临时固定措施，检查构件水平位置的偏差及垂直度的累积偏差，检查现场发生的第三方检测报告，能完成钢筋套筒灌浆连接、浆锚搭接连接的施工质量检查记录，核验有关检验报告等。

小结

通过本项目的学习，学生应掌握以下内容：

1. 国内建筑工业化始于 20 世纪 50 年代，国务院于 2016 年 9 月发布《关于大力发展装配式建筑的指导意见》，自此至今，国家与地方出台了一系列支持装配式建筑产业发展的政策与措施。装配式建筑在政策的推动下，呈现一片欣欣向荣的发展趋势，国家和地方与装配式有关的基地和工程增长较快。

2. 装配式建筑是梁柱、楼板和墙体等构件采用工厂预制化生产后再进行现场装配安装的建筑形式，采用装配率作为装配化程度唯一评价标准。装配式混凝土预制构件所使用的混凝土、钢筋、连接件、预埋件以及保温等材料的质量应符合国家及行业相关标准的规定，并按规定进行复检，经检验合格后方可使用。预制构件用混凝土与现浇混凝土的区别主要体现在预应力钢筋的张拉、质量控制、养护等方面。预制构件中的预埋件应满足加工允许偏差及裸露部分热镀锌处理等要求。

3. 标准化和模块化是装配式建筑能否成功推广的主要影响因素，未来装配式建筑设计应遵循通用化、模数化、标准化的要求和少规格、多组合的原则，设法在标准化基础上满足多样化的需求。图纸是工程界的语言，装配式构件的生产、装配式施工、质量验收以及深化设计等任务的操作完成都是以识读装配式建筑构件图纸为基础。正确识图的关键在于掌握各类构件的规格及编号规则，同时熟悉各类图例。

4. 建筑业从业者应该具备良好的职业道德，以确保建筑工程安全、质量和进度目标的顺利实现。具备良好的职业态度、较强的协同能力、组织管理能力是装配式建筑从业者的基本素质要求。

5. 本着"谁建设,谁负责"的原则,实行工程质量责任终身制,对工程建设、项目法人及设计、施工、监理、质量监督、竣工验收等各方主体,分别建立责任人档案,从源头上建立确保建设质量的安全保障体系。

 习题

1. 简述装配式建筑国外发展历程。

2. 简述装配式建筑国内发展历程。

3. 简述装配式建筑在行业发展中的作用和地位。

4. 简述装配率的概念。

5. 根据自身理解,简述 BIM 技术与装配式建筑的关系。

6. 按用途分类,常用预埋件有哪些类别?

7. 预制构件所用混凝土的质量影响因素有哪些?

8. 预制构件用混凝土与现浇混凝土的区别有哪些?

9. 预制构件中的预埋件允许偏差的检验项目包括哪些内容?

10. 装配式结构的设计除应符合现行国家标准《混凝土结构设计规范》GB50010 的基本要求,还应符合哪些规定?

11.《装配式混凝土建筑技术标准》(GB/T 51231—2016)中对装配式建筑设计原则是如何规定的?

12.《装配式建筑评价标准》(GB/T 51129—2017)中对装配率计算和装配式建筑等级评价的计算和评价单元是如何规定的?

13. 请解释构件代号 NQM3 – 3330 – 1022 的含义。

14. 请解释构件代号 DBS2 – 67 – 3620 – 31 的含义。

15. 请解释构件代号 JT – 29 – 25 的含义。

16. 预制钢筋混凝土阳台板有哪几种类型? 编号 YTB – B – 1433 – 04 表示什么?

17. 预制钢筋混凝土女儿墙有哪几种类型? 编号 NEQ – J1 – 3606 表示什么?

18. 混凝土叠合板连接接缝有什么类型? 分别用于什么情况?

19. 施工作业人员职业道德规范主要有哪几项?

20. 施工管理员职业道德规范主要有哪几项?

21. 工程伦理发展的五个阶段是什么?

22. 建筑工程执行五方责任主体是指哪五方?

项目 2 构件制作

⚛ 学习目标

本项目包括模具准备与安装、钢筋与预埋件施工、构件浇筑、构件养护与脱模、构件存放与防护五个任务,通过五个任务的学习,学习者应达到以下目标:

目标\\任务	知识目标	能力目标
模具准备与安装	1. 熟悉劳保用品准备及工具领取内容。 2. 熟悉生产线卫生、设备检查及生产注意事项。 3. 熟悉模具的清污、除锈、维护保养要求。 4. 掌握模具清理及脱模剂涂刷要求。 5. 掌握模台划线、模具组装与校准的步骤和要求	1. 能够识读图纸并进行模具领取,在模台上进行划线。 2. 能够依据模台划线位置进行模具摆放、校正及固定。 3. 能够对模台和模具涂刷脱模剂及缓凝剂。 4. 能够进行模具选型检验、固定检验和摆放尺寸检验。 5. 能够进行工完料清操作
钢筋与预埋件施工	1. 熟悉预埋件固定及预留孔洞临时封堵要求。 2. 掌握图纸的阅读内容。 3. 掌握钢筋下料的计算要求。 4. 掌握钢筋间距设置、马镫筋设置、钢筋绑扎、垫块设置的基本要求	1. 能够识读图纸并进行钢筋下料、预埋件选型与下料。 2. 能够进行水平钢筋、竖向钢筋和附加钢筋摆放、绑扎及固定;埋件摆放与固定、预留孔洞临时封堵。 3. 能够进行钢筋与预埋件检验。 4. 能够进行工完料清操作
构件浇筑	1. 熟悉混凝土振捣的基本要求。 2. 熟悉混凝土粗糙面、收光面处理要求。 3. 熟悉内叶模具吊运、固定与钢筋骨架摆放要求。 4. 掌握布料机布料操作的基本内容。 5. 掌握夹心外墙板的保温材料布置和拉结件安装要求	1. 能够识读图纸并计算混凝土用量。 2. 能够利用布料机进行布料。 3. 能够振捣混凝土。 4. 能够操作拉毛机进行拉毛操作。 5. 能够操作赶平机进行赶平操作、操作收光机进行收光操作。 6. 能够进行工完料清操作

续表

目标\任务	知识目标	能力目标
构件养护与脱模	1. 熟悉养护条件和状态监测要求。 2. 熟悉养护设备保养及维修要求。 3. 掌握养护窑构件出入库操作的基本要求。 4. 掌握构件脱模操作的基本要求	1. 能够进行构件养护温度、湿度控制及养护监控。 2. 能够进行构件出入库操作。 3. 能够进行构件拆模。 4. 能够对涂刷缓凝剂的表面脱模后进行粗糙面冲洗处理。 5. 能够进行工完料清操作
构件存放与防护	1. 熟悉安装构件信息标识的基本内容。 2. 熟悉设置多层叠放构件间垫块要求。 3. 掌握构件起板的吊具选择与连接要求。 4. 掌握外露金属件防腐、防锈操作要求	1. 能够模拟操作行车及翻板机进行构件起板操作。 2. 能够模拟操作行车吊运构件入库码放。 3. 能够进行工完料清操作

🔧 **项目概述（重难点）**

某教学楼项目为装配式混凝土结构,该楼采用全装配式钢筋混凝土剪力墙 – 梁柱结构体系,预制率 95% 以上,抗震设防烈度为 7 度,结构抗震等级三级。该工程地上 4 层,地下 1 层,预制构件共计 3788 块,其中竖向构件墙和柱采用预制钢筋混凝土剪力墙和预制混凝土柱,水平构件板、梁、楼梯采用预制钢筋混凝土叠合楼板、预制混凝土梁和预制混凝土板式楼梯,全部预制构件需要在预制构件加工厂制作。

重点:模台划线、模具组装、涂刷脱模剂,钢筋下料、绑扎、预埋件固定,混凝土布料、振捣、拉毛、收光,构件养护、出库、拆模,构件起板、入库码放。

难点:模具检验,钢筋与预埋件检验,夹心保温剪力墙外墙板二次布料,构件养护状态监控,模拟操作行车及翻板机。

任务 2.1 模具准备与安装

⚛ **任务陈述**

某教学楼项目预制钢筋混凝土剪力墙预制厚度为 200 mm,模具共有 60 套。现有墨斗、角尺、钢卷尺、电动扳手、手电钻、活动接线盘、焊机等工具。由于模具准备与安装的主要内容是完成模台准备、模具选择、划线、模具组装与校准、脱模剂涂刷等工序(图 2 – 1),因此,该项目模具工现需要在准备好的模台上完成模具选择、划线、组装、校准以及脱模剂涂刷等任务。

图 2 - 1　剪力墙模具组装示意图

✄ 知识准备

1. 劳保用品准备及生产工具领取内容

（1）根据工作内容选择对应的工种所需的劳保用品和每个工种通用的劳保用品。

① 通用劳保用品：劳保鞋、工作服、安全帽、帆布手套、防尘口罩等，如图 2 - 2 所示。

② 专用劳保用品：电焊手套、电焊面罩、护目镜等，如图 2 - 3 所示。

（a）劳保鞋　　　　　（b）帆布手套　　　　　（c）防尘口罩

图 2 - 2　通用劳保用品

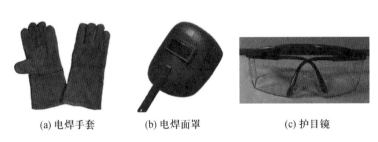

（a）电焊手套　　　　　（b）电焊面罩　　　　　（c）护目镜

图 2 - 3　专用劳保用品

（2）根据工作内容选择对应的工具，如焊机、活动接线盘、电动扳手、手电钻、开孔器、钢卷尺、墨斗、扳手等，如图 2 - 4 所示。

2. 生产线岗位卫生检查、生产线设备检查及生产注意事项

（1）生产线岗位卫生检查。

① 整理：整理生产线各岗位物料，区分好坏，将好的物料收集，废料丢弃到指定位置。

② 整顿：规划生产线各个工作岗位区域，各个区域物料摆放合理定位，且各个位置做好标识；安全帽、水杯等其他个人用品摆放整齐。

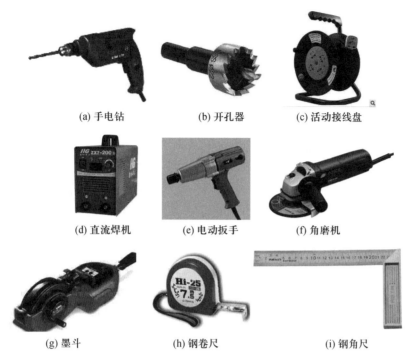

(a) 手电钻　　　　(b) 开孔器　　　　(c) 活动接线盘

(d) 直流焊机　　　(e) 电动扳手　　　(f) 角磨机

(g) 墨斗　　　　　(h) 钢卷尺　　　　(i) 钢角尺

图 2 - 4　装模常用工具

③ 清扫:地面清扫、清洁、无积尘、无污水;台车上面无杂物,模具清理干净。

（2）生产线设备检查。流水线设备检查按照表 2 - 1 生产线设备点检保养表进行。

表 2 - 1　生产线设备点检保养表

点检项目	点检标准	周期
总配电柜	仪表指示是否完好	每班
操作台	各按钮与指示灯是否正常	每班
光电传感器	是否感应正常	每班
橡胶轮	运转、外观有无严重磨损	每班
各运转电机	弹簧松紧度调整合理	每班
各钢轮支座	无松动、损坏现象	每班
与横移车联动	是否正常	每班
与翻转台联动	是否正常	每班
与养护窑联动	是否正常	每班
与振动台联动	是否正常	每班
各传动电机齿轮箱	润滑正常,无异常声响	每班
传感器支架	位置检查固定	每月
电气柜	元器件检查,端子紧固	每月
减速电机	刹车检查,调整	每月
减速电机齿轮箱	加注润滑油	每季度
电机	轴承保养	每年

（3）生产注意事项：

① 全员需要按照要求穿劳保鞋、工作服、劳保手套和正确佩戴安全帽等。

② 严禁在生产线内嬉戏、打闹。

③ 对机械设备的性能不了解或未经培训合格不得使用该设备。

④ 严格按照安全警示牌提示，不得在禁止穿越区域穿越等。

⑤ 遵守安全用电守则，严禁私拉电线和拆、改装电气线路。

⑥ 设备检修、保养过程中必须设立警示牌，并断电。

3. 模具的清污、除锈、维护保养要求

模具清理，重点部位为模具内侧面，模具表面应无混凝土残渣、混凝土预留物，边模拼接处、边模与台车底模接缝处不可遗漏。台车底模上预埋定位边线必须清理干净。清理挡边模具时要防止对模具和台模造成损坏。钢台车、钢模具初次使用前应将表面打磨一遍，去除表面锈斑、污垢，并将浮灰擦拭干净后均匀地涂擦一遍脱模剂。

（1）钢模在项目生产过程中要及时维护保养，注意事项如下：

① 模具使用前需在模具内外表面涂刷脱模剂，以便脱模和防止混凝土黏结。

② 要求操作工人在拆模时禁止使用铁锤等工具大力敲打模具，避免暴力拆模带来模具损坏。拆卸的工具宜为皮锤、羊角锤、小撬棍等工具。

③ 生产结束要及时清理模具表面积水等污染物，确保模具清洁，避免模具生锈影响寿命。

④ 生产过程中要定期检查模具；一般在每套模具累计生产 30 次要进行一次检查，当生产的 PC 构件出现异常情况时也要对模具进行检查，如发现模具出现变形等问题，要及时进行整形修正。

（2）模具运输存储过程，需要注意如下几点：

① 模具避免阳光直晒，防止雨淋雪浸，保持清洁，防止变形，且不能与其他有害物质相接触。

② 不得露天堆放，存放场所应干燥通风，产品应远离热源，摆放整齐，存放台/架紧固稳定，且高出地面 200 mm 以上，存放场地应有相应的防水排水设施，并应保证模具存放期间不致因支点沉陷而受到损坏。

③ 模具存放时，其支点应符合设计规定的位置，支点处应采用垫木和其他适宜的材料支承，多层模具叠放时，层与层之间应以垫木隔开，各层垫木的位置应设在设计规定的支点处，上下层垫木应在同一条竖直线上，叠放高度宜按模具强度、支架地基承载力、垫木强度及堆垛的稳定性等经计算确定。大型模具宜为 2 层，不超过 3 层。

4. 模具清理及脱模剂涂刷要求

脱模剂是一种刷涂于模具工作面，起隔离作用，在拆模时能使混凝土与模具顺利脱离，保持 PC 构件形状完整及模具无损的材料。

（1）为了规范 PC 构件脱模剂的使用，现做以下规定：

① 为不影响总装后浇带和装饰施工与 PC 件表面的黏结性，PC 件生产统一使用水溶性脱模剂。

② 脱模剂使用过程中，稀释比例应该严格按照产品说明书执行，不得私自更改稀释比例。

③ 钢台模长时间停用时保养使用水溶性脱模剂原液。

④ 钢台模、钢模具初次使用时使用水溶性脱模剂原液。

⑤ 水溶性脱模剂涂擦要求：

a. 钢台车、钢模具初次使用应将表面打磨一遍，去除表面锈斑、污垢，并将浮灰擦拭干净后均匀地涂擦一遍脱模剂。

b. 正常生产时，PC 件脱模后应用钢铲、扫帚或拖布将钢台车、模具上的混凝土块、浮灰铲扫干净后，再用高密度海绵将脱模剂均匀地涂擦在模具上。

c. 预留预埋件安装前应将和混凝土接触部位涂擦脱模剂；预留孔洞模具（PVC 管、铁盒等）脱模后应立即清洗干净。

d. 边模安装后影响脱模剂涂擦时，应先涂擦脱模剂后装边模。

e. 与 PC 件接触的模具面每生产一次应涂擦一次脱模剂。

⑥ 油性脱模剂使用在与产品不接触的钢台车及模具面；油性脱模剂配比需要严格按照厂家提供的配比配置，其使用频次每 5 天一次。

（2）注意事项。

① 水性脱模剂。水性脱模剂防止与 PC 构件中钢筋接触，否则影响钢筋吸附力；涂抹需全面，不可遗漏留死角，且要均匀不能有积液，否则影响脱模及表面存在色差。

② 油性脱模剂。油性脱模剂禁止与后浇带和装饰面接触，否则影响后续现浇和装修面的吸附力。

5. 模台划线操作步骤和要求

（1）根据构件布模图在钢台车上确定基准定位 O 点。O 点选取一般为布模图上钢台车端部构件下角起点位置。

（2）使用墨斗经基准 O 点沿钢台车长方向弹一条平行于台车底边的通长线 OA（相对于大模具及几个模具合装在一个台车上，对于小模具只需在模具内空尺寸两端各加 30 cm）。要求平行线 OA 平行、平直、清晰可见。

（3）使用墨斗经基准 O 点沿钢台车短边方向弹一条垂直于 OA 的通长线 OB。以基准点 O 为圆心，以 1800 mm 为半径，在已弹好的墨线上画一小段弧 a。再以基准点 O 为圆心，2400 mm 为半径在近似平行于钢台车短边方向上画一道较长的弧 b。然后以弧 a 与墨线交点为圆心，以 3000 mm 为半径画弧交弧 b 于 B 处，连接 OB 并延长。要求 OA 垂直，清晰可见。

（4）以两条垂线为基准，根据构件图或布模图弹出模具长度和宽度线，确定外框尺寸，并校验对角线。

（5）在校验对角线误差在允许范围内之后，再以模具的外边线为基准，引出门窗洞口、消防洞口以及其他预留洞口的轮廓线。要求划线精度高，清晰可见。

6. 模具组装与校准的步骤和要求

（1）模具组装前的检查。根据生产计划合理加工和选取模具，所有模具必须清理干净，不得存有铁锈、油污及混凝土残渣。对变形量超过规定要求的模具一律不得使用，使用中的模具应当定期检查，并做好检查记录。模具尺寸允许偏差和检验方法见表 2 – 2。

表 2 - 2　预制构件模具尺寸允许偏差和检验方法

检验项目、内容		允许偏差/mm	检验方法
长度	<6m	1，-2	用尺量平行构件高度方向，取其中偏差绝对值较大处
	>6m 且 ≤12m	2，-4	
	>12m	3，-5	
宽度、高(厚)度	墙板	1，-2	用尺测量两端或中部，取其中偏差绝对值较大处
	其他构件	2，-4	
底模表面平整度		2	用 2 m 靠尺和塞尺量
对角线差		3	用尺量对角线
侧向弯曲		L/1500 且 ≤3	拉线，用钢尺量测侧向弯曲最大处
翘曲		L/1500 不大于 3 mm	对角拉线测量交点间距离值的 2 倍
组装缝隙		1	用塞片或塞尺测量，取最大值
端模与侧模高低差		1	用钢尺量

注:L 为模具与混凝土接触面中最长边的尺寸。

（2）模具初装。

① 按布模图纸上的模具清单选取对应挡边放在台车上。

② 将四个挡边依据有序组合，根据台车面已画定位线快速将模具放入指定位置。

③ 安装压铁固定墙板挡边模具，压铁布置间距 1~1.5 m，压铁应能顶住和压住模具挡边，初步拧紧，完成初步固定。

（3）模具校核。组装模具前，应在模具拼接处，粘贴双面胶，或者在组装后打密封胶，防止在混凝土浇筑振捣过程中漏浆。侧模与底模、顶模与侧模组装后必须在同一平面内，不得出现错台。

组装后校对模具内的几何尺寸，并拉对角校核，然后使用压铁进行紧固。使用磁性压铁固定模具时，一定要将磁性压铁底部杂物清理干净，且必须将螺栓有效地压到模具上。

（4）模具检验方法。

① 长、宽测量方法。用尺量两端及中间，取其中偏差绝对值较大值，如图 2 - 5 所示。

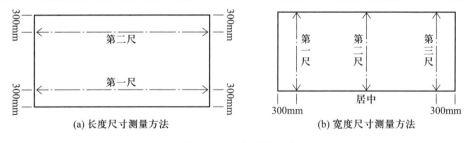

(a) 长度尺寸测量方法　　(b) 宽度尺寸测量方法

图 2 - 5　尺寸测量方法

② 厚度测量方法。用尺量板四角和宽度居中位置、长度 1/4 位置，取其中偏差绝对值较大值，如图 2 - 6 所示。

③ 对角线测量方法。在构件表面，用尺量两对角线的长度，取其绝对值的差值，如

图 2 - 7 所示。

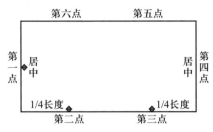  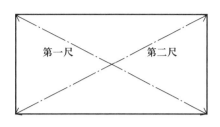

图 2 - 6　厚度测量方法　　　　　　　　图 2 - 7　对角线测量方法

任务实施

模具安装是构件生产的最基础、最重要的环节,它分为以下几个工序:生产前准备、模具定位划线、模具选择与组装、模具校准与固定、模具脱模剂涂刷、工完料清。具体实施步骤如下。

1. 生产前准备

工作开始前首先进行模具安装准备工作:

(1)正确佩戴安全帽,正确穿戴劳保工装、劳保手套和护目镜等。

(2)检查工具是否齐全、是否都能够正常使用,如电动扳手、焊机等。

(3)对装模工作场地进行清扫、清洁及整理整顿。

(4)对安装模具所用台模表面进行打磨、清扫及清洁,并检验平整度。

(5)模具材料准备。清点模具数量是否缺少,检验模具挡边是否合格。

(6)模具辅料准备。清点是否所需的辅料齐全、数量准确,如螺栓、螺母等。

2. 模具定位划线

(1)根据产品图纸外框尺寸确定模具在钢台车上的基准定位点,确定基准点时应考虑:基准点必须在靠近翻转台那一侧产品的下方。

(2)经过基准点沿钢台车长度方向和宽度方向弹二条相互垂直的线。

(3)以两条垂线为基准,根据图纸要求弹出模具长度和宽度,确定外框尺寸,并校验对角线。在校验对角线误差在允许范围内之后,再以模具的外边线为基准,引出门窗洞口、消防洞口以及其他预留洞口的轮廓线。

3. 模具选择与组装

(1)模具选择。

① 确定模具材料。根据构件图纸中的厚度尺寸确定模具材料类型,如剪力内墙厚度200 mm,在现有的模具材料中找对应为 200 mm 高的模具材料,常用的为 20 槽铝、20 槽钢、200 mm 高的钢板拼焊件。如图 2 - 8 所示为常用 200 mm 高模具材料。

② 确定模具挡边长度。根据构件图纸中的长宽尺寸,再结合布模图中模具组合形式,确定所需模具长度。如图纸中长度尺寸 1750 mm,高度尺寸 2580 mm,布模图中模具组合形式为上下包左右(上下两边较长,左右两边按照实际长度),上下两边比实际长度长200 mm,从而可知道上下挡边长度为 1950 mm,左右挡边长度为 2580 mm。如图 2 - 9 所示为主视图,图 2 - 10 所示为布模图。

67

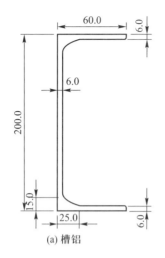

(a) 槽铝

(b) 钢板拼焊件

图 2-8 常用 200 mm 高模具材料

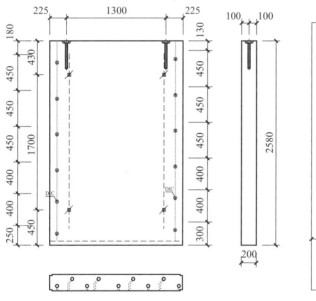

图 2-9 剪力内墙主视图

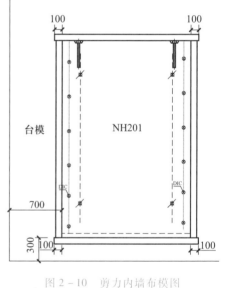

图 2-10 剪力内墙布模图

③ 确定模具挡边特征。根据构件图纸的配筋图,可以确定构件每边出筋形式、出筋孔位间距,根据工艺开槽规则(不同工厂有区别)可以确定模具挡边的开槽形式、尺寸和间距。如:左右两边伸出钢筋为封闭箍筋,底部第一箍筋宽度为 155 mm,其余宽度 130 mm(测量外皮宽度),间距从底部开始为 50 mm、140 mm、200 mm(11 个);通过此数据找到满足以上条件的长度为 2580 mm,高度为 200 mm 的模具挡边,并区分左右挡边,如图 2-11 所示为剪力内墙配筋图,图 2-12 所示为剪力内墙钢筋明细表。上下挡边也按照此方法找到对应模具挡边。

(2)模具组装。

① 将模具挡边按照对应位置摆放在台模上(台模上已经划好线)。

② 用连接接头或者螺栓将 4 个挡边连接在一起,注意此处仅预拧紧,后期需要根据检

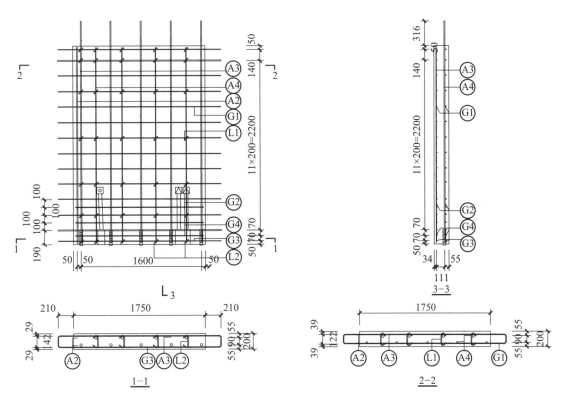

图 2 - 11　剪力内墙配筋图

内叶墙板钢筋明细表					
编号	数量	规格	钢筋加工尺寸/mm	钢筋长度/mm	备 注
A2	2	⏀10	2540	2540	竖向分布筋
A3	9	⏀8	2540	2540	竖向分布筋
A4	9	⏀12	20 2440 316	2776	竖向分布筋（用于3~9F）
A4	9	⏀12	20 2440 260	2720	竖向分布筋（用于10F）
G1	13	⏀8	130 210 1750 210	5800	边缘构件箍筋
G2	2	⏀8	130 80 690	5000	边缘构件箍筋
G3	1	⏀8	155 210 1750 210	5850	边缘构件箍筋
G4	1	⏀8	155 80 1710	5090	边缘构件箍筋
L1	35	⏀6	150 30	210	拉筋1
L2	6	⏀8	175 80	335	拉筋2

图 2 - 12　剪力内墙钢筋明细表

验情况做对应的调整。如图 2 - 13 所示为剪力内墙模具组装示意图。

③ 安装压铁,将剪力内墙挡边模具固定,压铁布置间距 1~1.5 m,压铁需要顶住模具挡边里面并能压住模具挡边,此处为预固定。如图 2-14 所示为剪力内墙模具预固定示意图。

图 2-13　剪力内墙模具组装　　　　　图 2-14　剪力内墙模具预固定

4. 模具校准与固定

(1)基准边检验及固定。将下挡边设为基准边,检验下挡边的直线度、翘曲、垂直度合格后将下挡边压铁拧紧,固定下挡边。

(2)长度方向校准。

① 按照长、宽测量方法,测量模具长度尺寸和宽度尺寸,如果超过允许偏差,找到产生偏差的位置(尺寸偏差最大的位置)。

② 根据偏差尺寸正负值(是偏大或偏小),确定需要调整的方向,用小铁锤敲击压铁或模具,将长宽尺寸校准到正确位置(敲打压铁或者模具时,需要用木方枕垫,铁锤不能直接敲击在压铁或者模具挡板上)。

(3)对角线校准。

① 用钢卷尺测量模具对角线差,检查是否合格。

② 如果不合格,根据现场实际情况,调整左右挡边,使对角线差在允许范围内。

(4)模具固定。

① 尺寸合格后,将模具连接螺栓拧紧,压铁螺栓拧紧,完成模具固定。

② 模具固定完成后,进行定位点焊接,其中包括构件内侧每个挡边 2 个定位点,上下挡边端部 1 个定位点(仅一端焊接)。

5. 模具脱模剂涂刷

模具安装完成进行脱模剂涂刷,如图 2-15 所示。

(1)涂刷模具内台模表面。先用喷壶喷洒一层水性脱模剂,再用海绵拖把涂抹均匀。

(2)涂刷模具立面朝构件面。工具采用棕毛刷或海绵,脱模剂采用水性脱模剂。

(3)清理模具内脱模剂积液。主要出现在阴角处,用海绵涂抹均匀。

(4)模具挡边其他面脱模剂涂刷,工具采用海绵或者棕毛刷,采用水性脱模剂,涂抹均匀。

（5）台车表面非模具范围内脱模剂涂刷。先用喷壶喷洒一层水性脱模剂原液,再用专用拖把涂抹均匀。

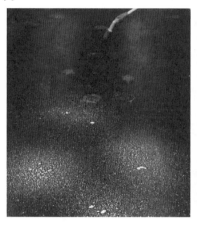

图 2 – 15　脱模剂涂刷

6. 工完料清

模具安装完成后清理装模工作场地。

（1）清扫及清洁台模表面。

（2）整理工具及设备,摆放至指定位置或工具箱内。

（3）多余模具辅料收集至专用存放箱中,分类存放。

（4）清扫及清洁装模场地。

任务拓展

1. 楼板模具选择与组装

（1）模具选择。

① 确定模具材料。根据构件图纸中的厚度尺寸确定模具材料类型,如叠合楼板厚度 60 mm,在现有的模具材料中找对应为 60 mm 高的模具材料,常用的有 60 角铝、63 × 63 角钢、60 mm 高的钢板拼焊件。如图 2 – 16 所示为常用 60 mm 高模具材料。

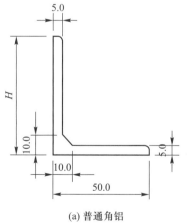

(a) 普通角铝　　　　　　　(b) 63×63角钢　　　　　　　(c) 钢板拼焊件

图 2 – 16　常用 60 mm 高模具材料

② 确定模具挡边长度。根据构件图纸中的长宽尺寸,再结合布模图中模具组合形式,确定所需模具长度。如:图纸中长度尺寸 3230 mm,宽度尺寸 2000 mm,布模图中模具组合形式为上下包左右(上下两边较长,左右两边按照实际长度),上下两边比实际长度长200 mm,从而可知道上下挡边长度为 3430 mm,左右挡边长度为 2000 mm。如图 2 - 17 所示为叠合楼板主视图,图 2 - 18 所示为叠合楼板布模图。

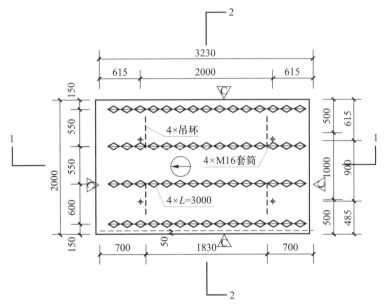

图 2 - 17　叠合楼板主视图

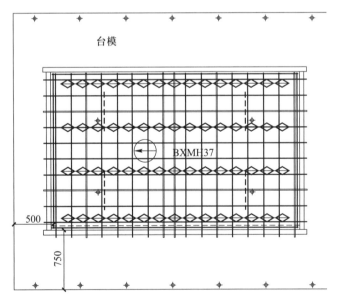

图 2 - 18　叠合楼板布模图

③ 确定模具挡边特征。根据构件图纸的配筋图,可以确定构件每边出筋形式、出筋间距,根据工艺开槽规则(不同工厂有区别)可以确定模具挡边的开槽形式、尺寸和间距。如

左右两边伸出钢筋,间距 200 mm;通过此数据找到满足以上条件的长度为 2000 mm,高度为 60 mm 的模具挡边,并区分左右挡边(如图 2-19 所示为叠合楼板配筋图)。上下挡边也按照此方法找到对应模具挡边。

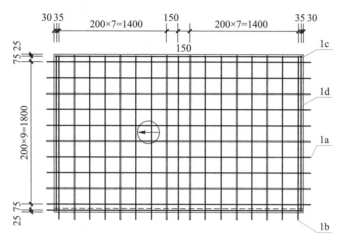

图 2-19 叠合楼板配筋图

(2)模具组装。

① 将模具挡边按照对应位置摆放在台模上(台模上已经划好线)。

② 安装压铁,将叠合楼板挡边模具固定,压铁布置间距 1~1.5 m,压铁需要顶住模具挡边里面并能压住模具挡边,此处也为预固定。如图 2-20 所示为叠合楼板模具预固定示意图。

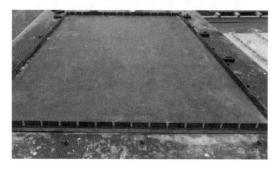

图 2-20 叠合楼板模具预固定

2. 楼板模具校准与固定

(1)基准边检验及固定。将下挡边设为基准边,检验下挡边的直线度、翘曲、垂直度合格后将下挡边压铁拧紧,固定下挡边。

(2)长度方向校准。

① 按照长、宽测量方法,测量模具长度尺寸和宽度尺寸,如果超过允许偏差,找到产生偏差的位置(尺寸偏差最大的位置)。如图 2-21 所示为叠合楼板长宽尺寸检测示意图。

② 根据偏差尺寸正负值(是偏大或偏小),确定需要调整的方向,用小铁锤敲击压铁或模具,将长宽尺寸校准到正确位置(敲打压铁或者模具时,需要用木方枕垫,铁锤不能直接

敲击在压铁或者模具挡板上）。

图 2 - 21　叠合楼板长宽尺寸检测

（3）对角线校准。

① 用钢卷尺测量模具对角线差,检查是否合格。如图 2 - 22 所示为叠合楼板对角线检测示意图。

② 如果不合格,根据现场实际情况,调整左右挡边,使对角线差在允许范围内。

图 2 - 22　叠合楼板对角线检测

（4）模具固定。

① 尺寸合格后,将模具连接螺栓拧紧,压铁螺栓拧紧,完成模具固定。

② 模具固定完成后,进行定位点焊接,其中包括构件内侧每个挡边 2 个定位点,上下挡边端部 1 个定位点(仅一端焊接)。

任务 2.2　钢筋与预埋件施工

 任务陈述

某教学楼项目预制钢筋混凝土保温夹心外墙板选用标准图集《预制混凝土剪力墙外墙板》(15G365 - 1)中编号为 WQCA - 3028 - 1516 的内叶板。钢筋工接到该外墙生产任务,需结合标准图集中内叶板 WQCA - 3028 - 1516 的配筋图(图 2 - 23),进行钢筋及预埋件施工。

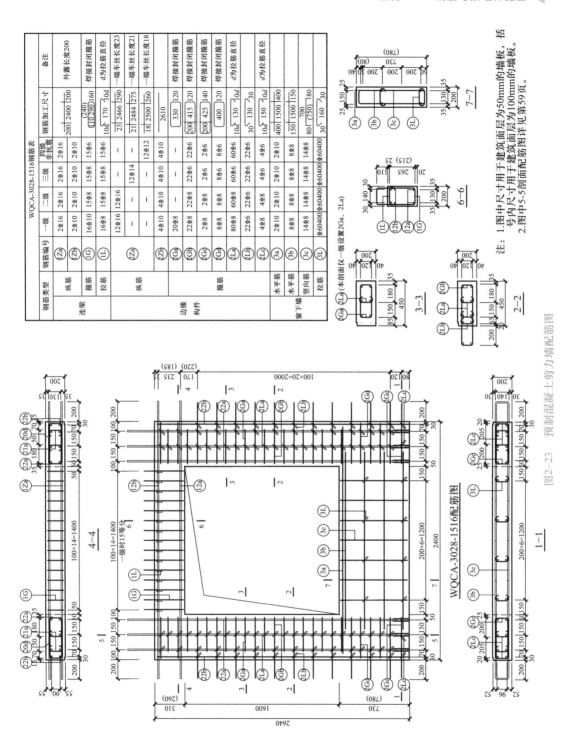

图2-23 预制混凝土剪力墙配筋图

✕ 知识准备

1. 预埋件固定及洞口预留

（1）预埋件固定。预制构件常用的预埋件主要包括灌浆套筒、外墙保温用锚栓、吊钉、预埋管线及线盒等。

预埋件固定应满足以下要求：预埋件必须经专检人员验收合格后，方可使用；固定前，认真核对预埋件质量、规格、数量；应设计定位销、模板架等工艺装置，保证预埋件按预制构件设计制作图准确定位，并保证浇筑混凝土时不位移；线盒、线管、吊点、预埋铁件等预埋件中心线位置、埋设高度等问题不能超过规范允许偏差值。

① 灌浆套筒。灌浆套筒是通过水泥基灌浆料的传力作用将钢筋对接连接所用的金属套筒。钢筋连接灌浆套筒按照结构形式分类，分为半灌浆套筒和全灌浆套筒（图 2 - 24）。前者一端采用灌浆方式与钢筋连接，另一端采用非灌浆方式与钢筋连接（通常采用螺纹连接）；后者两端均采用灌浆方式与钢筋连接。本书以半灌浆套筒为例，介绍固定步骤。

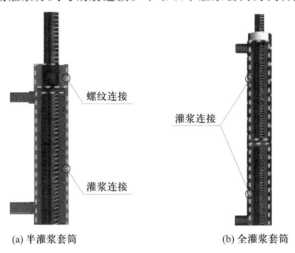

(a) 半灌浆套筒　　　　　　　　　　(b) 全灌浆套筒

图 2 - 24　灌浆套筒分类

半灌浆套筒固定步骤包括直螺纹丝头加工、丝头与套筒连接、套筒固定、灌浆管及出浆管安装等步骤。

a. 直螺纹丝头加工。丝头参数应满足厂家提供的作业指导书规定要求。使用螺纹环规检查钢筋丝头螺纹直径：环规通端丝头应能顺利旋入，止端丝头旋入量不能超过 3P（P 为丝头螺距）。使用直尺检查丝头长度。目测丝头牙型，不完整牙累计不得超过 2 圈。操作者100% 自检，合格的报验，不合格的切掉重新加工。

b. 丝头与套筒连接。将钢筋丝头与套筒螺纹用管钳或扳手拧紧连接。拧紧后钢筋在套筒外露的丝扣长度应大于 0 扣，且不超过 1 扣，质检抽检比例 10%。连接好的钢筋分类应整齐码放。

c. 套筒固定。将连接钢筋按构件设计布筋要求进行布置，绑扎成钢筋笼，灌浆套筒安装或连接在钢筋上。钢筋笼吊放在预制构件平台上的模板内，将套筒外侧一端靠紧预制构件模板，用套筒专用弹性橡胶垫密封固定件进行固定。橡胶垫应小于灌浆套筒内径，且能承受蒸养和混凝土发热后的高温，反复压缩使用后能恢复原外径尺寸。套筒固定后，检查套筒端面与模板之间有无缝隙,保证套筒与模板端面垂直。

d. 灌浆管、出浆管安装(图 2-25)。将灌浆管、出浆管插在套筒灌排浆接头上,并插入到要求的深度。灌浆管、出浆管的另一端引到预制构件混凝土表面。可用专用密封(橡胶)堵头或胶带封堵好端口,以防浇筑构件时管内进浆。连接管要绑扎固定,防止浇筑混凝土时移位或脱落。

图 2-25　各种构件灌浆管、出浆管的安装与密封措施

② 外墙保温用锚栓。外墙保温用锚栓是指由膨胀件和膨胀套管,或仅由膨胀套管构成,依靠膨胀产生的摩擦力或机械锁定作用连接保温系统与基层墙体的机械固定件,简称锚栓(图 2-26)。外墙保温用锚栓固定步骤如下:

a. 待保温板固定好后,对锚栓进行定位;

b. 按照定位点在保温板上钻孔,深度至少应比锚固深度大 10 mm;

c. 将锚栓套管插入之前钻好的孔里,使圆盘完全和保温板贴合;

d. 将配套镀锌钢螺钉插进锚栓套管固定。

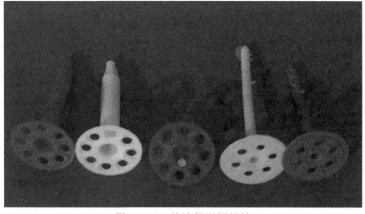

图 2-26　外墙保温用锚栓

③ 吊钉。吊钉安装前应先根据图纸上吊钉的位置,在模具上预留固定孔。当吊钉在构件上表面时,可以设置一些悬挑板来固定。然后将吊钉和配套的成型器连接后固定在模具上,可以采用螺栓固定,也可以直接用带磁铁的成型器直接固定在模具面上;最后根据起吊方案,围绕吊钉布置额外的加强钢筋。常用吊钉系统主要有圆头吊钉系统、螺纹吊钉系统、平板吊钉系统等(图 2 - 27)。

(a) 圆头吊钉系统　　　　　　　(b) 螺纹吊钉系统　　　　　　　(c) 平板吊钉系统

图 2 - 27　常用吊钉系统

混凝土浇筑之前,应对吊钉系统最终检查确认,包括型号是否准确、是否固定牢固、表面是否涂刷脱模剂、附加钢筋是否按图施工等细节(图 2 - 28)。

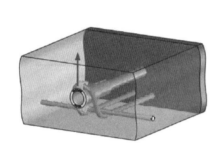　

图 2 - 28　螺纹吊钉附加钢筋安装固定

④ 预埋管线及线盒。预埋管线及线盒(图 2 - 29)应严格按照图纸设计进行固定,不应随意更改管线走向及末端插座盒和过渡插座盒的位置,并在墙体根部预留管路连接孔洞。为了防止位置偏移,预埋线盒增加穿筋盒支撑,用 4 根附加钢筋做成“井”字形钢筋架将接线盒卡好后与钢筋绑扎固定,并仔细核对标高。为了防止线盒进混凝土,线盒要填充密实,并用胶带封闭。

(2) 洞口预留。预制剪力墙开有边长小于 800 mm 的洞口且在结构整体计算中不考虑其影响时,应沿洞口周边配置补强钢筋;补强钢筋的直径不应小于 12 mm;截面面积不应小于同方向被洞口截断的钢筋面积;该钢筋自孔洞边角算起伸入墙内的长度,非抗震设计时不应小于 l_a,抗震设计时不应小于 l_{aE}(图 2 - 30)。

管道洞口预留(图 2 - 31)应按设计图纸并结合工厂的工艺图纸进行预制时预留洞口。首先要熟悉图纸,其次对管道进行合理排布使其美观整齐。划线定位固定套管,确保按照图纸要求的位置准确无误,套管管底平齐、垂直无倾斜,复核标高,待标高跟设计吻合时固定并加固牢靠后封堵洞口。

图 2 - 29　预埋管线及线盒

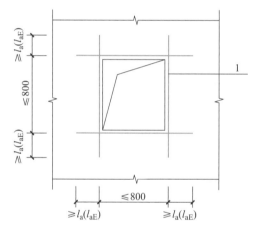

图 2 - 30　预制剪力墙洞口补强钢筋配置示意图
1—洞口补强钢筋

图 2 - 31　管道洞口预留

混凝土浇筑前,生产人员及质检人员共同对预留孔洞规格尺寸、位置、数量及安装质量进行仔细检查,验收合格后,方可进行下道工序。检查验收发现位置误差超出要求、数量不符合图纸要求等问题,必须重新施作。

预留孔洞安装时,应采取妥善、可靠的固定保护措施,确保其不移位、不变形,防止振捣时位移及脱落。如发现预埋孔洞模具在混凝土浇筑中位移,应停止浇筑,查明原因,妥善处理,并注意一定要在混凝土凝结之前重新固定好预留孔洞。

如果遇到预留孔洞与其他线管、钢筋或预埋件发生冲突时,要及时上报,严禁自行进行移位处理或其他改变设计的行为。同时,浇筑混凝土前,应对预留孔洞进行封闭或填充处理,避免出现被混凝土填充等现象,如若浇筑时,出现混凝土进入预留孔洞模板内,应立即对其进行清理,以免影响结构物的使用。

2. 钢筋下料的计算要求

钢筋下料是根据构件配筋图,先绘出各种形状和规格的单根钢筋简图并加以编号,然后分别计算钢筋下料长度和根数,填写配料单,申请加工。钢筋下料是确定钢筋材料计划,进行钢筋加工和结算的依据。

（1）与钢筋下料长度计算相关的概念。

① 施工图尺寸和钢筋下料长度的区别。施工图尺寸是结构施工图中所示钢筋尺寸,是直筋、箍筋等形状钢筋的外包尺寸。

若在配料中直接根据图纸中所示外包尺寸配料,钢筋经过弯曲或增加弯钩等加工过程,成型后钢筋的长度和高度就会大于施工图尺寸。因此,配料时必须将加工过程中导致钢筋外包尺寸加长的因素考虑进去,按调直后钢筋中心轴线尺寸计算,这个尺寸就是钢筋下料长度。

② 量度差值。由于钢筋弯曲或增加弯钩等加工过程,导致施工图尺寸和钢筋下料尺寸存在差值,称为量度差值。

量度差值由两方面造成:一是由于钢筋在加工过程中长度会发生变化,外包尺寸伸长、内包尺寸缩短、中轴线不变。二是由于量度的不同,施工图尺寸按外包尺寸,钢筋下料尺寸按中心轴线尺寸。

量度差值(表 2-3)的大小与转角大小、钢筋直径及弯转直径有关。计算下料长度时,必须扣除该差值。

表 2-3 钢筋量度差值

钢筋弯曲角度	30°	45°	60°	90°	135°
钢筋量度差值	0.35d	0.5d	1d	2d	2.5d

③ 混凝土保护层厚度。指从混凝土表面到最外层钢筋(包括箍筋、构造筋、分布筋等)外边缘之间的最小距离,其作用是保护钢筋在混凝土结构中不受锈蚀。根据《混凝土结构设计规范》(GB 50010—2010)的规定,设计使用年限 50 年的混凝土结构,混凝土保护层的最小厚度见表 2-4。

表 2-4 混凝土保护层的最小厚度 c(单位:mm)

环境等级	板、墙、壳	梁、柱
一	15	20
二 a	20	25
二 b	25	35
三 a	30	40
三 b	40	50

注:1. 混凝土强度等级不大于 C25 时,表中保护层厚度数值应增加 5 mm;

2. 钢筋混凝土基础宜设置混凝土垫层,基础中钢筋的混凝土保护层厚度应从垫层顶面算起,且不应小于 40 mm。

④ 钢筋弯钩增加值。常见的钢筋弯钩形式有三种:半圆弯钩(180°)、直弯钩(90°)及斜弯钩(135°),钢筋弯钩增加值如表 2-5 所示。

表 2-5 常见钢筋弯钩增加值

弯钩角度	90°	135°	180°
弯钩增加值	4.9d	3.5d	6.25d

⑤ 箍筋长度调整值。为了箍筋计算方便,一般将箍筋弯钩增加值和量度差值两项合并成一项,称为箍筋长度调整值(表 2 – 6)。

表 2 – 6　箍筋长度调整值

箍筋量度方法	箍筋直径/mm			
	4 ~ 5	6	8	10 ~ 12
外包尺寸	40	50	60	70

(2)钢筋下料长度计算。钢筋下料长度计算如下:

直钢筋下料长度 = 构件长度 – 混凝土保护层厚度 + 弯钩增加长度

弯起钢筋下料长度 = 直段长度 + 斜段长度 – 量度差值 + 弯钩增加长度

箍筋下料长度 = 箍筋周长 + 箍筋长度调整值

3. 钢筋绑扎

(1)准备工作。

① 核对成品钢筋的钢号、直径、形状、尺寸和数量等是否与料单、料牌相符。如有错漏,应纠正增补。

② 准备绑扎用的铁丝、绑扎工具、绑扎架等。钢筋绑扎用的铁丝,可采用 20 ~ 22 号铁丝,其中 22 号铁丝只用于绑扎直径 12 mm 以下的钢筋。

③ 准备控制混凝土保护层用的垫块。

④ 划出钢筋位置线。钢筋接头的位置,应根据来料规格,结合有关接头位置、数量的规定,使其错开,在模板上划线。

⑤ 绑扎形式复杂的结构部位时,应先研究逐根钢筋穿插就位的顺序,并与模板工联系讨论支模和绑扎钢筋的先后次序,以减少绑扎困难。

(2)钢筋绑扎要点。

① 钢筋定位。首件钢筋制作,必须通知技术、质检及相关部门检查验收,制作过程中应当定期、定量检查,对于不符合设计要求及超过允许偏差的一律不得绑扎,按废料处理。纵向钢筋(带灌浆套筒)及需要套丝的钢筋,不得使用切断机下料,必需保证钢筋两端平整,套丝长度、丝距及角度必需严格按照图纸设计要求。纵向钢筋(带灌浆套筒)需要套大丝,梁底部纵筋(直螺纹套筒连接)需要套国标丝,套丝机应当指定专人且由有经验的工人操作,质检人员不定期进行抽检。

位于混凝土内的连接钢筋应埋设准确,锚固方式应符合设计要求。构件交接处的钢筋位置应符合设计要求。当设计无具体要求时,剪力墙中水平分布钢筋宜放在外侧,并宜在墙端弯折锚固。位于混凝土内的钢筋套筒灌浆连接接头的预留钢筋应采用专用定位模具对其中心位置进行控制,应采用可靠的绑扎固定措施对连接钢筋的外露长度进行控制。定位钢筋中心位置存在细微偏差时,采用套管方式进行细微调整。定位钢筋中心位置存在严重偏差影响预制构件安装时,应会同设计单位制订专项处理方案,严禁切割、强行调整定位钢筋。

② 钢筋交叉点绑扎。钢筋的交叉点应用铁丝扎牢;柱、梁的箍筋,除设计有特殊要求外,应与受力钢筋垂直;箍筋弯钩叠合处,应沿受力钢筋方向错开设置;柱中竖向钢筋搭接时,角部钢筋的弯钩平面与模板面的夹角,矩形柱应为 45°,多边形柱应为模板内角的平

分角。

③ 钢筋绑扎要求（图2-32）。

a. 钢筋的绑扎搭接接头应在接头中心和两端用铁丝扎牢；

b. 墙、柱、梁钢筋骨架中各竖向面钢筋网交叉点应全数绑扎；

c. 板上部钢筋网的交叉点应全数绑扎,底部钢筋网除边缘部分外可间隔交错绑扎；

d. 梁、柱的箍筋弯钩及焊接封闭箍筋的焊点应沿纵向受力钢筋方向错开设置；

e. 梁及柱中箍筋、墙中水平分布钢筋、板中钢筋距构件边缘的起始距离宜为50 mm；

f. 同一构件内的接头宜分批错开,各接头的横向净间距不应小于钢筋直径,且不应小于25 mm；

g. 接头连接区段的长度为1.3倍搭接长度,凡接头中点位于该连接区段长度内的接头均应属于同一连接区段；搭接长度可取相互连接两根钢筋中较小直径计算。

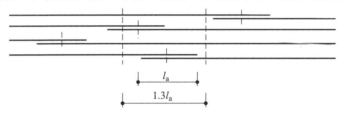

图2-32　钢筋绑扎搭接连接区段

④ 剪力墙构件连接节点区域钢筋安装。剪力墙构件连接节点区域的钢筋安装（图2-33）应制订合理的工艺顺序,保证水平连接钢筋、箍筋、竖向钢筋位置准确；剪力墙构件连接节点区域宜采用先校正水平连接钢筋,后将箍筋套入,待墙体竖向钢筋连接完成后绑扎箍筋；剪力墙构件连接节点加密区宜采用封闭箍筋。对于带保温层的构件,箍筋不得采用焊接连接。

图2-33　铺设保温层安装拉接件,预设钢筋套筒和吊具

预制构件外露钢筋影响现浇混凝土中钢筋绑扎时,应在预制构件上预留钢筋接驳器,待现浇混凝土结构钢筋绑扎完成后,将锚筋旋入接驳器,形成锚筋与预制构件外露钢筋之间的连接。

⑤ 保护层垫块设置。水泥砂浆垫块的厚度,应等于保护层厚度。当在垂直方向使用垫块时,可在垫块中埋入20号铁丝。

塑料卡的形状有两种:塑料垫块和塑料环圈(图 2 - 34)。塑料垫块用于水平构件(如梁、板),在两个方向均有凹槽,以便适应两种保护层厚度。塑料环圈用于垂直构件(如柱、墙),使用时钢筋从卡嘴进入卡腔;由于塑料环圈有弹性,可使卡腔的大小能适应钢筋直径的变化。

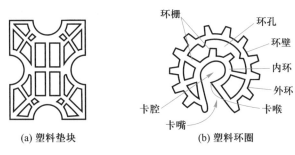

(a) 塑料垫块　　　(b) 塑料环圈

图 2 - 34　控制混凝土保护层用的塑料卡

预制构件保护层厚度应满足设计要求。保护层垫块宜与钢筋骨架或网片绑扎牢固,按梅花状布置,间距满足钢筋限位及控制变形要求,钢筋绑扎丝甩扣应弯向构件内侧。

4. 钢筋质量检验的基本要求

(1) 钢筋加工。钢筋加工必须严格按照设计及下料单要求制作,首件钢筋制作,必须通知技术、质检及相关部门检查验收。带灌浆套筒需要套丝的钢筋,不得使用切断机下料,必须保证钢筋两端平整,套丝长度、丝距及角度必需符合《钢筋机械连接技术规程》(JGJ 107—2010)要求,套丝机应当指定专人且有经验的工人操作。

① 检查数量:制作过程中应当定期、定量检查。

② 检查项目:钢筋的外形尺寸(长度、弯钩方向及长度等);箍筋是否方正;成型钢筋是否顺直;钢筋套丝的长度、丝距及角度,套筒与钢筋的连接是否满足设计的力矩要求,钢筋与套筒连接后,外漏螺纹不能超过 2 丝。

③ 检验方法:每种型号的钢筋抽取不少于 3 组,用钢尺测量钢筋的外形尺寸、弯钩长度及方向;用专用直螺纹量规测量套丝的长度、丝距及角度,用扭矩扳手检查接头的力矩值,抽检数量不少于 10%,应保证每一个接头都必须合格。

(2) 钢筋骨架、钢筋网片。钢筋骨架、钢筋网片应满足预制构件设计图要求,宜采用专用钢筋定位件,入模应符合下列要求:

① 钢筋骨架入模时应平直、无损伤,表面不得有油污或者锈蚀;

② 钢筋骨架尺寸应准确,骨架吊装时应采用多吊点的专用吊架,防止骨架产生变形;

③ 保护层垫块宜采用塑料类垫块,且应与钢筋骨架或网片绑扎牢固,垫块按梅花状布置,间距满足钢筋限位及控制变形要求;

④ 应按预制构件设计制作图安装钢筋连接套筒、拉结件、预埋件。

钢筋骨架或网片装入模具后,应按设计图纸要求对钢筋位置、规格、间距、保护层厚度等进行检查。

(3) 灌浆套筒、预埋件、拉结件、预留孔洞。预制结构构件采用钢筋套筒灌浆连接时,应在构件生产前进行钢筋套筒灌浆连接接头的抗拉强度试验,每种规格的连接接头试件数量不应少于 3 个。

灌浆套筒、预埋件、拉结件、预留孔洞应按预制构件设计制作图进行配置,满足吊装、施工的安全性、耐久性和稳定性要求。

① 检查数量:同一原材料、同一炉(批)号、同一类型、同一规格的灌浆套筒,检验批量不应大于1000个,每批随机抽取3个灌浆套筒制作接头,并应制作至少1组灌浆料强度试件。

② 检查项目:灌浆套筒进厂后,抽取套筒采用与之匹配的灌浆料制作对中连接接头,进行抗拉强度检验。

③ 检查方法:按照《钢筋机械连接技术规程》(JGJ 107—2010)的规定方法进行检验。

(4) 浇筑前自检与交接检验收。生产过程检验按照《装配整体式混凝土结构工程预制构件制作与验收规程》(DB37/T 5020—2014)要求制定表2-7所示检查表,要求一件一表严格自检和交接检逐项验收签证。

表 2-7 混凝土浇筑前钢筋检查表

构件生产企业:　　　　　　　　　　　　构件类型:

构件编号:　　　　　　　　　　　　　　检查日期:

检查项目		允许偏差/mm	实测值	判定
绑扎钢筋网	长、宽	±10		
	网眼尺寸	±20		
绑扎钢筋骨架	长	±10		
	宽、高	±5		
	钢筋间距	±10		
受力钢筋	位置	±5		
	排距	±5		
	保护层	满足设计要求		
绑扎钢筋、横向钢筋间距		±20		
箍筋间距		±20		
钢筋弯起点位置		±20		
检查结果: 　　　　　　　　　　　　　　　　　　质检员: 　　　　　　　　　　　　　　　　　　　　年　月　日				

任务实施

钢筋操作模块是混凝土构件生产仿真实训系统的模块之一,主要完成生产前准备、钢筋下料、钢筋制作、钢筋摆放与绑扎、垫块设置、埋件摆放与固定等工序,既可以根据标准图集结合课程教学进行技能点训练,也是工程案例的重要工艺环节。

以标准图集《预制混凝土剪力墙外墙板》(15G365-1)中编号为 WQCA-3028-1516

夹心墙板为实例通过仿真实训软件进行仿真操作。具体操作步骤如下:

1. 练习或考核计划下达

计划下达分两种情况,第一种:练习模式下学生根据学习需求自主下达计划(图 2 - 35)。第二种:考核模式下教师根据教学计划及检查学生掌握情况下达计划并分配给指定学生进行训练或考核(图 2 - 36)。

图 2 - 35　学生自主下达计划

图 2 - 36　教师下达计划

2. 登录系统查询操作任务

输入用户名及密码登录系统(图2-37)。

图2-37　系统登录

3. 任务查询

登录系统后查询生产任务(图2-38),根据任务列表,明确本次训练的任务内容及顺序,并可对应任务查看对应任务图纸。

图2-38　任务查询

4. 生产前准备

工作开始前首先进行生产前准备(图2-39),着装检查和杂物清理;操作辊道将模台移动到钢筋摆放区域,本次操作任务为带窗口孔洞的外墙板。

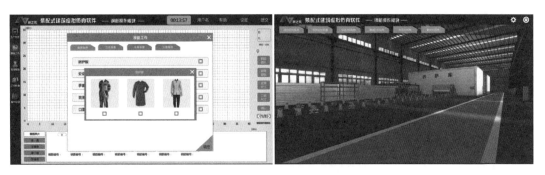

图 2 - 39　生产前准备

5. 钢筋下料与制作

在领料单内选择生产构件的抗震等级,并根据钢筋配筋图进行钢筋合理下料(图 2 - 40),下料包括钢筋类型、钢筋尺寸数据、生产数量、钢筋编号、钢筋型号等。下料完成后,对应虚拟端展示不同类型钢筋的制作过程。钢筋下料的数量直接影响后续钢筋绑扎操作,钢筋欠缺需要进行补料,钢筋剩余将累计到下个任务。

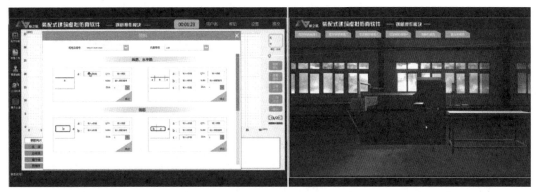

图 2 - 40　钢筋下料与制作

6. 钢筋摆放与绑扎

控制端(图 2 - 41)为二维钢筋摆放区域,在二维界面参照程序刻度摆放钢筋,钢筋间距依据国家标准;虚拟端(图 2 - 42)展示三维钢筋绑扎状态。根据钢筋网片配筋图,首先摆放模具邻近钢筋,再从上往下摆放横筋,钢筋间距为 60 ~ 150 mm,允许误差为 ± 10 mm。为增加训练效率及减少重复操作,剩余类同横筋将自动摆放,间距规则依据第一根钢筋规则。横筋摆放完毕,确认摆放,虚拟端显示三维摆放状态。钢筋网片纵筋摆放规则与横筋相同,具体依据钢筋网片配筋图。摆放完毕后,选取绑扎工具进行钢筋绑扎操作。

钢筋骨架箍筋摆放,首先进行钢筋骨架所需箍筋下料,下料要求依据配筋图,允许误差为 ± 10 mm。下料完毕后,开始摆放骨架箍筋,首先依据配筋图摆放连梁箍筋,摆放标准依据国家标准。

摆放边缘墙箍筋完毕后,确认摆放,箍筋摆放完毕。摆放外墙内叶下层钢筋(内叶钢筋骨架分为上层和下层钢筋),先进行下层横筋摆放,根据配筋图进行钢筋下料。依据配筋图进行下层连梁横筋摆放、下层窗下墙横筋摆放。摆放窗下墙下层纵筋。摆放完毕,确认摆放。摆放边缘墙下层纵筋,摆放完毕后,内叶下层钢筋摆放完毕。摆放内叶上层钢筋,依次

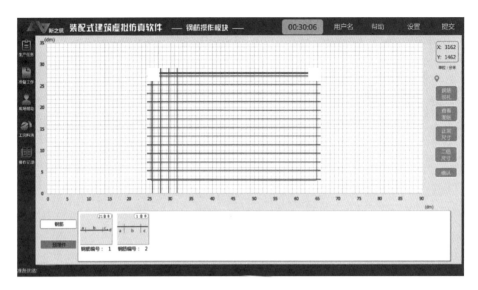

图 2-41 钢筋绑扎(控制端)

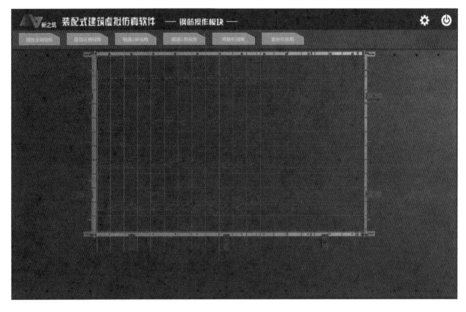

图 2-42 钢筋绑扎(虚拟端)

摆放边缘墙纵筋、窗下墙纵筋、连梁横筋等。

为方便构件运输及施工吊运,摆放吊件。拉筋下料、摆放与绑扎,依次摆放连梁拉筋、边缘墙拉筋,窗下墙拉筋。摆放完毕后进行绑扎固定。

7. 垫块设置

垫块高度依据外墙外层混凝土厚度要求进行选择,摆放依据标准进行摆放(垫块与垫块的间距 300~600 mm,垫块与模具间距≤300 mm)。

8. 埋件摆放与固定

依次进行套管摆放、斜支撑预埋螺母摆放、线盒及 PVC 管摆放等。摆放完毕进行绑扎固定,本次任务构件钢筋绑扎完毕。

9. 任务结束及工完料清

本次任务操作完毕,结束当前任务,将模台运送至下道工序,进行下一任务操作。结束生产前,需要进行工完料清操作(图 2 - 43),包括设备归还、钢筋清点入库、设备维护等操作,生产操作结束。

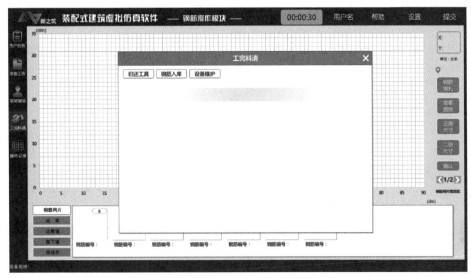

图 2 - 43　任务结束及工完料清

10. 任务提交

待任务列表内所有任务操作完毕后,即可进行系统提交(图 2 - 44)。若计划尚未操作完毕,但是到达练习考核时间,系统会自动提交。

图 2 - 44　任务提交

11. 成绩查询及考核报表导出

登录管理端,即可查询操作成绩及导出详细操作报表(总成绩、操作成绩、操作记录、评分记录等,如图 2 – 45,图 2 – 46 所示)。

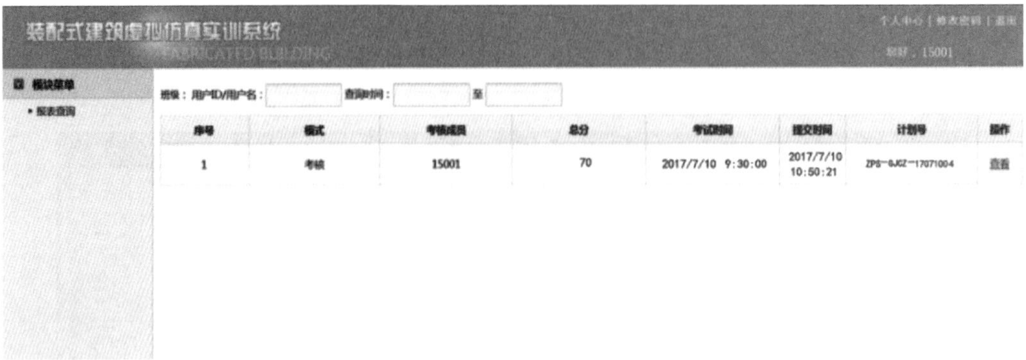

图 2 – 45 考核成绩查询

【装配式建筑虚拟仿真软件】报表									
考号	15001		考生姓名		张三		制表日期		2017/7/10
开始时间	2017/7/10 9:30		结束时间		2017/7/10 10:50		操作模式		考核模式
成绩汇总表									
操作模块	钢筋操作								
考核总分	100		考试得分		70		备注		
生产结果信息									
构件序号	构件编号	构件类型	工况设置情况	工况解决情况	生产完成情况	操作时长(秒)	操作得分	质量得分	总得分
001	DBS2-67-5112-11	叠合楼板	无	无	完成	3812	47	23	70

图 2 – 46 详细考核报表

任务拓展

钢筋操作考核模块中除了预制混凝土外墙板外,桁架钢筋混凝土叠合板也是其考核重点,以标准图集《桁架钢筋混凝土叠合板(60 mm 厚底板)》(15G366 – 1)中编号为 DBS2 – 67 – 5112 – 11 叠合楼板为实例通过仿真实训软件进行仿真操作。具体操作步骤如下:

1. 练习或考核计划下达

计划下达分两种情况,第一种:练习模式下学生根据学习需求自定义下达计划(图 2 – 47)。第二种:考核模式下教师根据教学计划及检查学生掌握情况下达计划并分配给指定学生进行训练或考核(图 2 – 48)。

2. 登录系统查询操作任务

输入用户名及密码登录系统(图 2 – 49)

3. 任务查询

登录系统后查询生产任务(图 2 – 50),根据任务列表,明确本次训练的任务内容及顺

图 2-47　学生自主下达计划

图 2-48　教师下达计划

序,并可对应任务查看对应任务图纸。

4. 生产前准备

工作开始前首先进行生产前准备(图 2-51),着装检查和杂物清理;操作辊道将模台移动到钢筋摆放区域,本次操作任务为叠合板。

5. 钢筋下料与制作

在领料单内选择生产构件的抗震等级,并根据钢筋配筋图进行钢筋合理下料,下料包括钢筋类型、钢筋尺寸数据、生产数量、钢筋编号、钢筋型号等(图 2-52)。下料完成后,对应

图2-49 系统登录

图2-50 任务查询

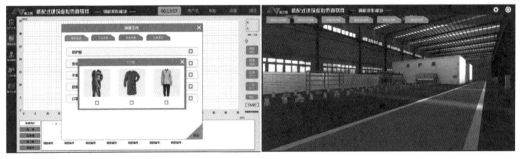

图2-51 生产前准备

虚拟端展示不同类型钢筋的制作过程。钢筋下料的数量直接影响后续钢筋绑扎操作,钢筋欠缺需要进行补料,钢筋剩余将累计到下个任务。

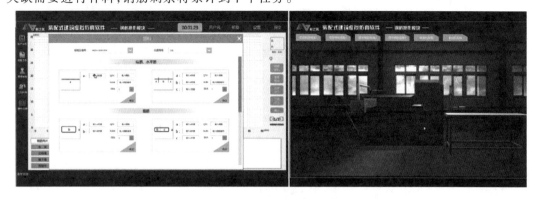

图 2 – 52　钢筋下料与制作

6. 钢筋摆放与绑扎

控制端(图 2 – 53)为二维钢筋摆放区域,在二维界面参照程序刻度摆放钢筋,钢筋间距依据国家标准,虚拟端(图 2 – 54)展示三维钢筋绑扎状态。根据钢筋网片配筋图,首先摆放模具邻近钢筋,再从上往下摆放横筋,钢筋间距为 60 ~ 150 mm,允许误差为 ± 10 mm。为增加训练效率及减少重复操作,剩余类同横筋将自动摆放,间距规则依据第一根钢筋规则。横筋摆放完毕,确认摆放,虚拟端显示三维摆放状态。钢筋网片纵筋摆放规则与横筋相同,具体依据钢筋网片配筋图。摆放完毕后,选取绑扎工具进行钢筋绑扎操作。

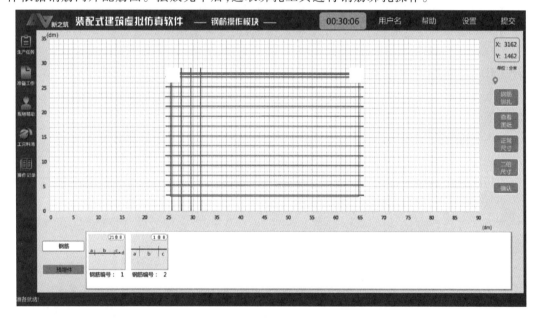

图 2 – 53　钢筋绑扎(控制端)

钢筋骨架箍筋摆放,首先进行钢筋骨架所需箍筋下料,下料要求依据配筋图,允许误差为 ± 10 mm。下料完毕后,开始摆放骨架箍筋,首先依据配筋图摆放连梁箍筋,摆放标准依据国标。

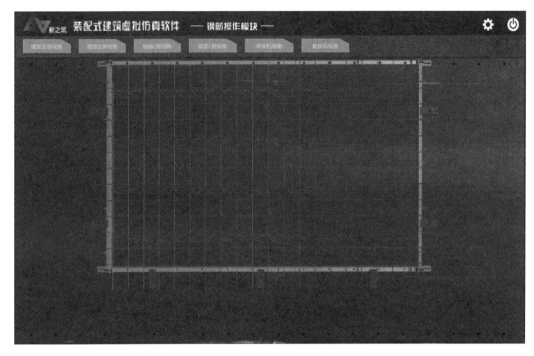

图 2 - 54　钢筋绑扎(虚拟端)

摆放边缘墙箍筋完毕后,确认摆放,箍筋摆放完毕。摆放外墙内叶下层钢筋(内叶钢筋骨架分为上层和下层钢筋),先进行下层横筋摆放,根据配筋图进行钢筋下料。再摆放下层纵筋。摆放完毕,确认摆放。摆放边缘墙下层纵筋,摆放完毕后,内叶下层钢筋摆放完毕。摆放内叶上层钢筋,依次摆放边缘墙纵筋、窗下墙纵筋、连梁横筋等。

为方便构件运输及施工吊运,摆放吊件。拉筋下料、摆放与绑扎,依次摆放连梁拉筋、边缘墙拉筋,窗下墙拉筋。摆放完毕后进行绑扎固定。

7. 垫块设置

垫块高度依据叠合板外层混凝土厚度要求进行选择,摆放依据标准进行摆放(垫块与垫块的间距 300 ~ 600 mm,垫块与模具间距 ≤300 mm)。

8. 埋件摆放与固定

依次进行套管摆放、斜支撑预埋螺母摆放、线盒及 PVC 管摆放等。摆放完毕进行绑扎固定,本次任务构件钢筋绑扎完毕。

9. 任务结束及工完料清

本次任务操作完毕,结束当前任务,将模台运送至下道工序,进行下一任务操作。结束生产前,需要进行工完料清操作(图 2 - 55),包括设备归还、钢筋清点入库、设备维护等操作,生产操作结束。

10. 任务提交

待任务列表内所有任务操作完毕后,即可进行系统提交(图 2 - 56)。若计划尚未操作完毕,但是到达练习考核时间,系统会自动提交。

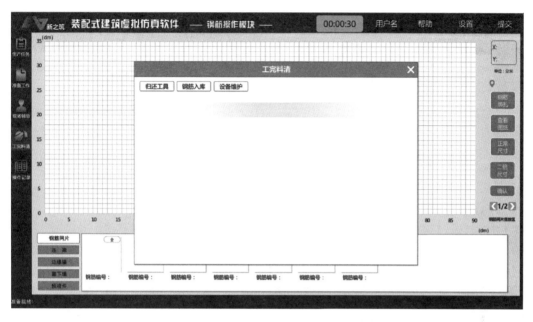

图 2-55　任务结束及工完料清

图 2-56　任务提交

11. 成绩查询及考核报表导出

登录管理端,即可查询操作成绩及导出详细操作报表(总成绩、操作成绩、操作记录、评分记录等,如图 2-57,图 2-58 所示)。

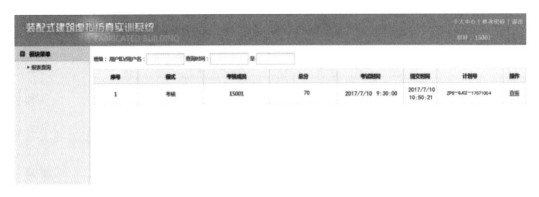

图 2 - 57　考核成绩查询

【装配式建筑虚拟仿真软件】报表							
考号	15001		考生姓名	张三		制表日期	2017/7/10
开始时间	2017/7/10 9:30		结束时间	2017/7/10 10:50		操作模式	考核模式
成绩汇总表							
操作模块	钢筋操作						
考核总分	100		考试得分	70		备注	
生产结果信息							
构件序号	构件编号	构件类型	工况设置情况	工况解决情况	生产完成情况	操作时长(秒)	操作得分	质量得分	总得分
001	DBS2-67-5112-11	叠合楼板	无	无	完成	3812	47	23	70

图 2 - 58　详细考核报表

任务 2.3　构件浇筑

 任务陈述

　　某教学楼项目预制钢筋混凝土保温夹心外墙板选用 WQCA - 3028 - 1516 等类型。现已准备好空中运输车、布料机、模床等设备。由于构件浇筑的主要内容是完成生产前准备、空中运输车运料、布料机上料、布料机浇筑、模床振捣、保温板铺设与固定等工序,因此,该项目混凝土工现需要结合前面任务中准备好的模具和绑扎完成的外墙板钢筋进行该外墙板的混凝土浇筑等任务,其外墙板钢筋示意图如图 2 - 59 所示。

　　知识准备

　　1. 混凝土浇筑振捣的基本要求

　　(1)混凝土浇筑前各项工作检查。混凝土浇筑前,应逐项对模具、钢筋、钢筋网、连接套管、连接件、预埋件、吊具、预留孔洞、混凝土保护层厚度等进行检查验收,并做好隐蔽工程记

图 2-59 外墙板钢筋示意图

录。混凝土浇筑时,应采用机械振捣成型方式。带保温材料的预制构件宜采用水平浇筑方式成型,保温材料宜在混凝土成型过程中放置固定,应采取措施固定保温材料,确保拉结件的位置和间距满足设计要求,这对于满足墙板设计要求的保温性能和结构性能非常重要,应按要求进行过程质量控制。底层混凝土强度达到 1.2 MPa 以上时方可进行保温材料敷设,保温材料应与底层混凝土固定,当多层敷设时上下层接缝应错开;当采用垂直浇筑成型工艺时,保温材料可在混凝土浇筑前放置固定。连接件穿过保温材料处应填补密实。

(2)混凝土浇筑。

① 混凝土浇筑时应符合下列要求:

a. 混凝土应均匀连续浇筑,投料高度不宜大于 500 mm。

b. 混凝土浇筑时应保证模具、门窗框、预埋件、连接件不发生变形或者移位,如有偏差应采取措施及时纠正。

c. 混凝土从出机到浇筑完毕的延续时间,气温高于 25℃时不宜超过 60 min,气温低于 25℃时不宜超过 90 min。

d. 混凝土应采用机械振捣密实,对边角及灌浆套筒处充分有效振捣;振捣时应该随时观察固定磁盒是否松动位移,并及时采取应急措施;浇筑厚度使用专门的工具测量,严格控制,对于外叶振捣后应当对边角进行一次抹平,保证构件外叶与保温板间无缝隙。

e. 定期定时对混凝土进行各项工作性能试验(如坍落度、和易性等);按单位工程项目留置试块。

② 浇筑混凝土。浇筑混凝土应按照混凝土设计配合比经过试配确定最终配合比,生产时严格控制水灰比和坍落度,如图 2-60 所示。

图 2-60 混凝土坍落度实验

浇筑和振捣混凝土时应按操作规程,防止漏振和过振,生产时应按照规定制作试块与构件同条件养护。图 2-61 所示为混凝土边浇筑、边振捣示意图,其中振捣器宜采用振动平台或振捣棒,平板振动器辅助使用,混凝土振捣完成后应用机械抹平压光,如图 2-62 所示。

图 2 – 61　振捣混凝土示意图　　　　　　　图 2 – 62　机械抹平压光

2. 混凝土粗糙面处理要求

预制剪力墙的顶面、底面和两侧面应处理为粗糙面或制作键槽,与预制剪力墙连接的圈梁上表面也应处理为粗糙面,如图 2 – 63 所示。

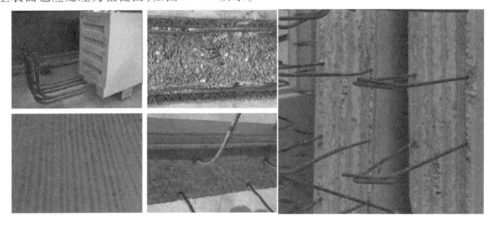

图 2 – 63　预制构件表面键槽和粗糙面处理示意图

粗糙面处理即通过外力使预制构件与后浇混凝土结合处变得粗糙,露出碎石等骨料,粗糙面露出的混凝土粗骨料不宜小于其最大粒径的 1/3,且粗糙面凹凸不应小于 6 mm。粗糙面处理通常有人工凿毛法、机械凿毛法、缓凝水冲法三种方法。

(1) 人工凿毛法。人工凿毛法是指工人使用铁锤和凿子剔除预制部件结合面的表皮,露出碎石骨料,增加结合面的黏结粗糙度。此方法的优点是简单、易于操作;缺点是费工费时,效率低。

(2) 机械凿毛法。机械凿毛法是使用专门的小型凿岩机配置梅花平头钻,剔除结合面混凝土的表皮,增加结合面的黏结粗糙度。此方法优点是方便快捷,机械小巧易于操作;缺点是操作人员的作业环境差,有粉尘污染。预制柱、预制剪力墙板和预制楼板等构件的接缝处,结合面宜优选混凝土粗糙面的做法;预制梁侧面应设置键槽,且宜同时设置粗糙面,键槽的尺寸和数量应满足受剪承载力的要求。

(3) 缓凝水冲法。缓凝水冲法是混凝土结合面粗糙度处理的一种新工艺,是指在构件混凝土浇筑前,将含有缓凝剂的浆液涂刷在模板壁上;浇筑混凝土后,利用已浸润缓凝剂的表面混凝土与内部混凝土的缓凝时间差,用高压水冲洗未凝固的表层混凝土,冲掉表面浮浆,显露出骨料,形成粗糙的表面,如图 2-64 所示,此法具有成本低、效果佳、功效高且易于操作的优点,应用广泛。

图 2-64　缓凝水冲法效果图

预制楼板与后浇混凝土的结合面或叠合面也应按设计要求制成粗糙面和键槽,粗糙面可以采用拉毛处理方法,如图 2-65 所示。

(a) 人工拉毛　　　　　　　　　　　　(b) 机械拉毛

图 2-65　混凝土表面拉毛处理

3. 混凝土收光面处理要求

混凝土振捣完成后应用机械抹平收光,抹平收光时需要注意:初次抹面后须静置 1 h 后进行表面收光,收光应用力均匀,收光时应将模具表面清理干净,将构件表面的气泡、浮浆、砂眼等清理干净,构件外表面应光滑无明显凹坑破损,内侧与结构相接触面须做到均匀拉毛处理,拉深 4~5 mm,然后再静置 1 h。

4. 夹心外墙板的保温材料布置和拉结件安装要求

夹心保温外墙板可采用反打一次成型工艺制作。首层钢筋网片入模→首层混凝土浇筑→铺设保温聚苯板→布置拉结件→上层钢筋骨架入模→上层混凝土浇筑→表面抹平→蒸养→脱模→构件清理→构件存放。其生产工序除正常构件生产内容之外,两大重要工序为保温工序和拉结件布置工序:

（1）保温工序：构件加工图→聚苯放样→聚苯下料→聚苯铺装→浇筑。

在外叶板振捣完成后立即安装保温板，保证在初凝前安装完成。为保证保温板的保温性能，保温板尺寸严格按照图纸下料，允许偏差 −3～0 mm，同时将保温板两个表面采用专用工具进行拉毛处理，并清理干净，以保证跟混凝土的良好黏结效果，保温板安装完成后，检查保温板平整度，有凹凸不平的地方需要使用橡胶锤及时处理。

（2）拉结件工序：拉结件布置图→聚苯打孔→插入拉结件→拉结件调整→浇筑。

外墙保温拉结件如图 2−66 所示，是用于连接预制保温墙体内、外层混凝土墙板，传递墙板剪力，以使内外层墙板形成整体的连接器。拉结件宜选用纤维增强复合材料或不锈钢薄钢板加工制成。拉结件的数量、位置必须按照厂家提供的拉结件布置方案进行深化设计，生产时按照图纸安装，保证安装数量。在拉结件的安装位置打孔，再在孔洞内安装拉结件，可以使用橡胶锤等软质工具敲击拉结件调整位置，使拉结件与混凝土充分结合，控制其在内叶板与外叶板之间的锚固长度，控制拉结件安装的垂直度。

图 2−66 外墙保温拉结件连接示意图

5. 内叶模具吊运、固定与钢筋骨架摆放（保温外墙板）要求

夹心保温外墙板外叶混凝土一次浇筑、一次振平完成后（图 2−67、图 2−68），还需进行保温板铺设与拉结件摆放，内叶模具吊运、固定与钢筋骨架摆放，二次浇筑和二次振平操作，其中内叶模具吊运、固定与钢筋骨架摆放要求如下：

图 2−67 墙板外叶混凝土浇筑效果示意图　　　图 2−68 墙板外叶混凝土振平效果示意图

（1）内叶模具吊运、固定。拉结件与保温板布置完成后，将已组装好的内叶模具使用行吊平稳吊运至合适位置进行固定，如图 2−69、图 2−70 所示，然后进行内叶板钢筋的摆放与绑扎。

图 2 - 69 内叶模具摆放效果界面示意图 图 2 - 70 内叶模具固定效果界面示意图

（2）钢筋骨架摆放（保温外墙板）要求。摆放外墙内叶下层钢筋（内叶钢筋骨架分为上层和下层钢筋），首先根据配筋图进行下层横筋摆放，进行下层连梁横筋摆放、下层窗下墙横筋摆放，然后再摆放窗下墙下层纵筋，摆放边缘墙下层纵筋，摆放完毕后，内叶下层钢筋摆放完毕。摆放内叶上层钢筋，依次摆放边缘墙纵筋、窗下墙纵筋、连梁纵筋等。其他要求详见任务 2.2 钢筋与预埋件施工。

6. 布料机布料操作的基本内容

（1）控制混凝土空中运输车移进搅拌站（图 2 - 71），根据任务构件所需混凝土量，设置混凝土请求量，根据构件强度要求，设置混凝土配比，根据混凝土配比及浇筑工序所需混凝土量进行混凝土搅拌制作。混凝土搅拌完毕后由下料口下料到空中运输车内，并控制运输车运送混凝土到浇筑区域，如图 2 - 72 所示。

图 2 - 71 混凝土搅拌站示意图 图 2 - 72 空中运输车下料界面示意图

（2）通过控制程序控制混凝土空中运输车翻转，将车内混凝土倾倒至布料机内，运输车内的混凝土倾倒完毕后，控制混凝土空中运输车上翻复位。

（3）操作布料机到模具位置，开启布料口阀门开始移动布料，根据目标构件要求，控制混凝土布料量，如图 2 - 73 所示。

任务实施

构件浇筑是混凝土构件生产的重要环节，该任务实训以夹心保温外墙板为例，可以通过仿真实训系统来完成，主要完成生产前准备、空中运输车运料、布料机上料、布料机浇筑、模床振捣、保温板铺设与固定等工序。

图 2 - 73 布料机布料界面示意图

1. 生产前准备

（1）任务领取。打开软件,登录系统主界面,通过系统主操界面的相关操作,学生可以完成构件浇筑过程。计划列表内的计划信息由管理端下达分配,每项计划包括:计划编号、实训类型、抗震等级、生产季节、考试时长、状态、选取任务。学生登录系统后,根据学习目的选择相应的计划,单击【请求任务】领取计划(图 2 - 74),单击【选择计划】加入该计划内需要进行浇筑任务的构件(图 2 - 75),并单击【开始生产】,浇筑虚拟端自动启动,进入生产阶段。

图 2 - 74 请求任务　　　　　　　　　　　　图 2 - 75 选择计划

进入生产阶段后,系统首先会根据学生选择的生产计划生成相应的生产任务信息,单击生产任务按钮,弹出生产任务列表。

① 生产任务列表由两部分组成,即生产统计信息和构件信息。

② 生产统计信息包括生产总量、完成生产量、未完成生产量。

③ 构件信息包括构件序号、编号、规格、体积、强度、楼层、抗震等级、任务是否完成("是",表示任务完成;"否",表示任务未完成)。

④ 窗口右侧、底部设有滚动条,通过拖动滚动条可浏览构件全部信息。整个生产过程中,学生所要浇筑的构件都会围绕生产任务列表内的内容依次完成。

（2）工作准备。单击【准备工作】,弹出准备工作窗口,如图 2 - 76 所示。

① 准备工作内容包括四项内容,即服装选择、卫生检查、设备检查和注意事项。

图 2 – 76　准备工作窗口

② 单击每项内容右侧 □，打开对应的操作窗口或者纯选择操作。以服装选择为例展示打开窗口操作过程。

步骤一：单击防护服右侧 □ 按钮，打开防护服选择窗口（图 2 – 77）。

步骤二：单击防护服下面的 □ 按钮，选择防护服。

步骤三：关闭防护服选择窗口。

步骤四：服装选择操作完毕后，确认操作项。

图 2 – 77　防护服选择窗口

2. 布料机上料与布料

（1）请求任务。单击【现场辅助】，弹出窗口，单击【请求新任务】，模台进入 1 号工作区如图 2 – 78、图 2 – 79 所示。

（2）模台移进 2 号工作区。单击图 2 – 78 界面的【请求模台进入辊道 1】，模台进入 2 号工作区，如图 2 – 80 所示。

图 2 - 78　现场辅助窗口

图 2 - 79　1 号工作区

图 2 - 80　2 号工作区

（3）模台移进 3 号工作区（浇筑区）。在辊道 1 操作界面，单击 [前进 后退]🖱 按钮，将模台移动方向打至前进后，单击 [确认]🔵 按钮，模台向浇筑区移动，如图 2 - 81 所示。

图 2 - 81　浇筑工作区

（4）请求上料。在布料操作界面中上料部分：① 单击左侧 [前进]🔵 按钮，控制混凝土空中运输车移进搅拌站（图 2 - 82）；② 单击【请求混凝土】按钮，在弹出窗口内输入所要请求的混凝土方量（最大请求量不能超过 2 m³），操作过程如图 2 - 83 所示；③ 下料完毕后，单击布料

界面  按钮,控制混凝土运输车移进厂内卸料位置(初始位置);④ 单击 按钮,控制混凝土空中运输车翻转,将车内混凝土倾倒至布料机内(图 2 - 84);⑤ 运输车内的混凝土倾倒完毕后,单击 按钮,控制混凝土空中运输车上翻复位。

图 2 - 82　搅拌站

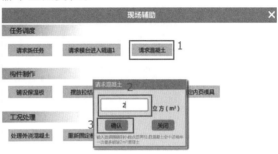

图 2 - 83　请求下料操作界面

图 2 - 84　卸料虚拟界面

(5) 浇筑构件。

① 调节布料机移动速度界面的左右箭头 ,设置布料机移动速度;② 单击布料机位置界面的上下左右箭头 ,控制布料机移动,并移至模台上方;③ 调节布料机下料速度界面的左右箭头 ,设置布料机下料速度;④ 单击油泵按钮 ,开启油泵;⑤ 单击阀1、阀2、阀3、阀4、阀5、阀6、阀7、阀8 、控制布料口的开启与关闭来控制混凝土的下落,或者打开联动 ,单击 按钮,统一控制 8 个阀的开启或者关闭,如图 2 - 85 所示,展示混凝土浇筑效果;⑥ 单击布料机位置的四个方向箭头,控制布料机向不同方向移动,实现混凝土分布在构件内的不同位置;⑦ 单击【运行速度】左右箭头,控制布料机移动速度。

图 2 - 85　混凝土浇筑效果

3. 混凝土振捣

（1）一次振捣。模台的升降、钩松、钩紧、振动操作方式有半自动操作和手动操作两种方式，在这里我们选择半自动操作方式。

① 打开电源，电源指示灯亮起；② 单击 按钮，下降模台（图 2 - 86）；③ 单击 按钮，钩紧模台，如图 2 - 87 所示；④ 单击振动器调节界面两端箭头，设置振动器电流；⑤ 单击八个电机按钮，启动电机，电机按钮状态由 变为 ；⑥ 单击 按钮，开始振平构件内的混凝土，图 2 - 88 显示了混凝土振平后的效果；⑦ 单击 按钮，停止振动；⑧ 单击 按钮，钩松模台；⑨ 单击 按钮，升起模台。

图 2 - 86　模台下降状态　　　　　　　　　　图 2 - 87　模台钩紧状态

注意：振捣时间不宜过长，否则将出现浮浆现象，导致构件质量不合格。

（2）二次振捣。外墙板一次浇筑、一次振平完成后，还需进行保温板铺设，拉结件摆放、内叶（仿真实训系统中为内页）模具摆放及固定、二次浇筑和二次振平操作，具体步骤如下：

① 打开图 2 - 89 所示窗口，单击【铺设保温板】，图 2 - 90 显示了铺设保温板效果；

图 2 - 88　构件混凝土振平效果

图 2 - 89　铺设保温板界面

图 2 - 90　铺设保温板效果

② 单击【摆放拉结件】,打开拉结件摆放界面(图 2 - 91),输入拉结件距离边缘距离(100～200 mm 的整数)及拉结件之间间距(400～600 mm 的整数);拖拽左下角拉结件 ,将其拖放至十字位置 ,效果如图 2 - 92 所示,当所有拉结件摆放完毕后,单击【确认】,图 2 - 93 显示拉结件摆放完毕后的虚拟效果。

图 2 - 91　拉结件间距输入界面

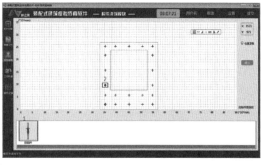

图 2 - 92　拉结件摆放界面

注意:每次拖放过程中,当前被拖放拉结件相对蓝色网格的坐标位置显示在右上角;如拉结件摆放错误,可点选中该拉结件,鼠标再次拖放或者通过键盘上下左右箭头移动其直至位置正确。

③ 单击【摆放内叶模具】,图 2 - 94 显示了摆放内叶模具效果。

图2-93　拉结件摆放效果界面

④ 单击【固定内叶模具】,图2-95显示了固定内叶模具效果。

图2-94　内叶模具摆放效果界面　　　　　　图2-95　内叶模具固定效果界面

⑤ 按照一次浇筑的操作步骤,完成内叶墙板的浇筑。

⑥ 按照一次振动操作步骤,完成内叶混凝土的振平工序。

(3) 模台移进2号工作区(运走模台)。混凝土振平后,需要移走模台,操作步骤如下:
① 选择操作模式(自动或者手动);② 选择模台移动方向(前进或后退,前进方向表示模台
将向2号工作区移动,后退方向表示模台将向1号工作区移动);③ 控制模台移进2号工作
区(自动模式下,单击【半自动启动】按钮;手动模式下,长按【确认】按钮)。

本次操作选择方向为前进,操作模式为自动,单击【半自动启动】按钮后(图2-96),模
台向2号工作区移动,如图2-97所示。

(4) 结束当前任务。在辊道2操作界面,单击 ，将模台移动方向打至前进后,单击
，模台向前移动直至消失,任务结束前如图2-98所示,任务结束后如图2-99所示。

当前任务完成后,可根据生产任务列表请求进行下一个任务,重复前面的步骤,直到所
有生产任务完成。

注:混凝土振捣完成后应用机械抹平收光,具体要求详见前述"知识准备"。

4. 工完料清

(1) 将布料机移至清洗位置(图2-100)。

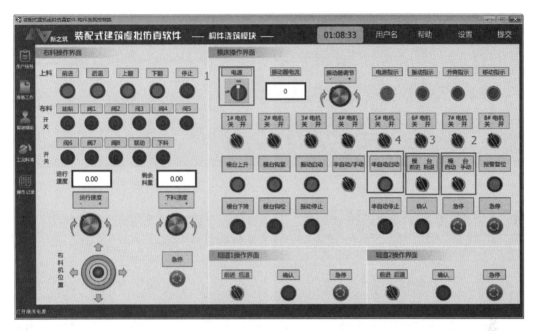

图 2 - 96　浇筑工作区模台移动操作界面

图 2 - 97　模台向 2 号工作区移动

（2）单击 ![工完料清] ，打开工完料清窗口。

（3）在工完料清窗口处，单击【设备维护】，接着单击【清洗布料机】，虚拟出现高压水枪清洗布料机的效果（图 2 - 101）。

（4）最后，注意检查模床电源是否关闭、模床振动器电流是否调至 0、布料机下料及运行速度是否调至 0。

图2-98　结束任务前　　　　　　　　　　　　图2-99　结束任务后

图2-100　清洗位置界面　　　　　　　　　图2-101　清洗布料机效果界面

5. 考核提交

生产完成后,单击软件标题处的【提交】按钮,进行考核提交,提交完毕后系统自动进入领取任务界面。用户可重复上面操作,继续浇筑生产。

任务拓展

构件浇筑考核模块中除了预制混凝土外墙板是其考核重点外,桁架钢筋混凝土叠合板也是其考核重点,其具体操作步骤如下:

1. 登录系统查询操作任务

(1)输入用户名及密码登录系统,如图2-102所示。

(2)登录系统后查询生产任务,根据任务列表,明确任务内容,如图2-103所示。

图2-102　系统登录　　　　　　　　　　图2-103　生产任务列表

2. 生产前检查

根据预制构件生产厂生产标准,在工作进行前首先要进行生产前准备,其中包括着装检查和卫生检查,如图2-104所示。

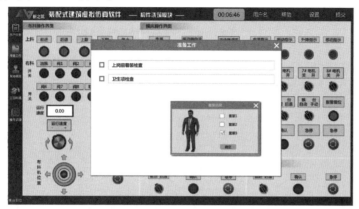

图2-104 生产前准备

3. 运行模台到布料位置

操作控制端模台前进控制按钮,操作模台运送模具到布料位置,如图2-105所示。

图2-105 运行模台到布料位置

4. 混凝土请求与生产

(1) 根据任务构件所需混凝土量,设置混凝土请求量,如图2-106、图2-107所示。

图2-106 设置混凝土请求量(控制端)　　图2-107 空中运输车等待接料界面(3D虚拟端)

（2）根据构件强度要求,设置混凝土配比,如图 2 – 108 所示。

图 2 – 108　混凝土配设置(控制端)

（3）根据混凝土配比及浇筑工序所需混凝土量进行混凝土搅拌制作,如图 2 – 109、图 2 –110所示。混凝土搅拌完毕后由下料口下料到空中运输车内,并控制运输车运送混凝土到浇筑区域。

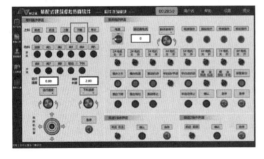

图 2 – 109　混凝土原料料仓(虚拟端)　　　　图 2 – 110　搅拌站操作台(控制端)

5. 布料机上料

通过控制程序操作空中运输车下料到布料机,布料机混凝土量示数随混凝土下料实时变化,如图 2 – 111、图 2 – 112 所示。

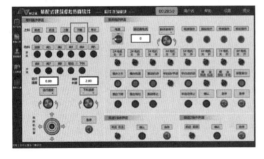

图 2 – 111　空中运输车下料(控制端)　　　　图 2 – 112　空中运输车下料(虚拟端)

6. 布料机布料操作

操作布料机到模具位置,开启布料口阀门开始移动布料,根据目标构件要求,控制混凝土布料量,如图 2 – 113、图 2 – 114 所示。

图 2 – 113　布料机布料(控制端)　　　　图 2 – 114　布料机布料(3D 虚拟端)

7. 模床振捣操作

浇筑完毕后,开启模床进行振捣操作。振捣过程中合理控制振捣时间,过短将造成构件麻面,过长将造成混凝土离析。构件振捣完毕后,本次任务操作完毕,即运送至下道工序,开始下个任务操作,如图 2 – 115 所示。

注:混凝土振捣完成后,预制楼板与后浇混凝土的结合面或叠合面应进行拉毛处理,具体要求详见前述"知识准备"。

图 2 – 115　模床振捣(3D 虚拟端)

8. 任务提交

待任务列表内所有任务操作完毕后,即可进行系统提交(若计划尚未操作完毕,但是到达练习考核时间,系统会自动提交),如图 2 – 116 所示。

9. 成绩查询及考核报表导出

登录管理端,即可查询操作成绩及导出详细操作报表(总成绩、操作成绩、操作记录、评分记录等),如图 2 – 117、图 2 – 118 所示。

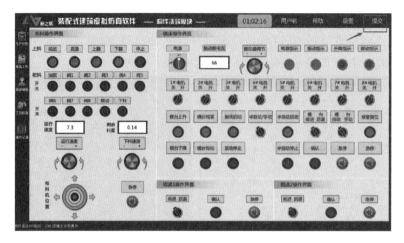

图2-116　任务提交

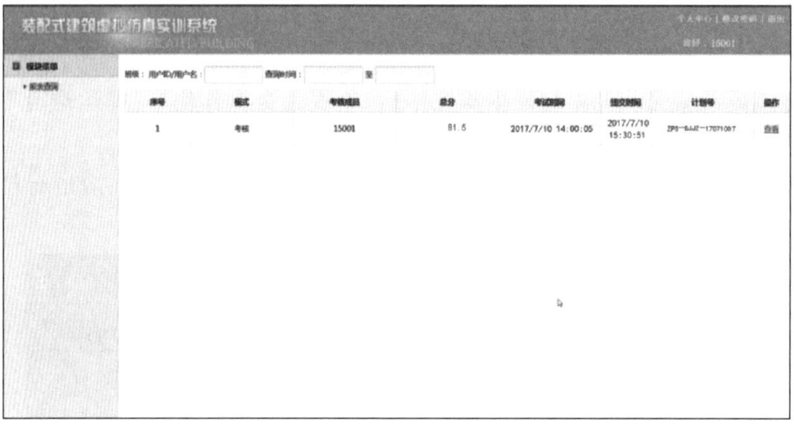

图2-117　考核成绩查询

【装配式建筑虚拟仿真软件】报表						
考号	15001	考生姓名	张三	制表日期		2017/7/10
开始时间	2017/7/10 14:00	结束时间	2017/7/10 15:30	操作模式		考核模式
成绩汇总表						
操作模块		构件浇筑				
考核总分	100	考试得分	81.5	备注		

生产结果信息								
构件序号	构件编号	构件类型	工况设置情况	工况解决情况	生产完成情况	操作时长（秒）	操作得分	质量得分	总得分
001	DBS2-67-3012-11	叠合板缝板	无	无	完成	3201	45.5	36	81.5

综合信息　生产计划　操作记录　评分记录　+

图2-118　详细考核报表

任务 2.4　构件养护与脱模

任务陈述

构件生产厂技术员接到某工程预制混凝土剪力墙外墙的构件养护与脱模任务,其中标准层是一块带一个窗洞的矮窗台外墙板,选用了标准图集《预制混凝土剪力墙外墙板》(15G365 – 1)中编号为 WQCA – 3028 – 1516 的外墙板。需要结合所浇筑的外墙板 WQCA – 3028 – 1516 进行该外墙板的养护与脱模工作,外墙板示意图如图 2 – 119 所示。

图 2 – 119　带窗洞的矮窗台外墙板示意图

知识准备

养护是保证混凝土质量的重要环节,对混凝土的强度、抗冻性、耐久性有很大的影响。混凝土养护有三种方式:常温、蒸汽、养护窑养护。预制混凝土构件一般采用蒸汽养护,蒸汽养护可以缩短养护时间,快速脱模,提高效率,减少模具等生产要素的投入。

1. 预制混凝土构件养护

(1)蒸汽养护。蒸汽养护是预制构件生产最常用的养护方式。在养护窑或养护罩内,以温度不超过 100°C、相对湿度在 90% 以上的湿蒸汽为介质,使混凝土构件在蒸汽的湿热作用下迅速凝结硬化,达到要求强度的过程就是蒸汽养护。

根据《装配式混凝土建筑技术标准》(GB/T 51231—2016)中的有关规定,蒸汽养护应采用能自动控制温度的设备,蒸汽养护过程(养护制度)可分为预养护期、升温期、恒温期和降温期(图 2 – 120)。

蒸汽养护要严格按照蒸汽养护操作规程进行,严格控制预养护时间 2 ~ 6 h;开启蒸汽,使养护窑或养护罩内的温度缓慢上升,升温阶段应控制升温速度不超过 20℃/h;恒温阶段的最高温度不应超过 70℃,夹心保温板最高养护温度不宜超过 60℃,梁、柱等较厚的预制构件最高养护温度宜控制在 40℃ 以内,楼板、墙板等较薄的构件养护最高温度宜控制在 60℃,恒温持续时间不少于 4h。逐渐关小直至关闭蒸汽阀门,使养护窑或养护罩内的温度缓慢下降,降温阶段应控制降温速度不超过 20℃/h。预制构件出养护窑或撤掉养护罩时,其表面温度与环境温度差值不应超过 25℃。

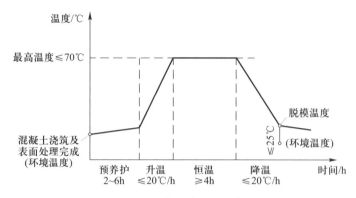

图 2 - 120 蒸汽养护流程曲线

（2）养护窑集中蒸汽养护要求。养护窑集中蒸汽养护适用于流水线工艺。养护窑集中蒸汽养护操作要求为：

① 预制构件入窑前，应先检查窑内温度，窑内温度与预制构件温度之差不宜超过 15℃ 且不高于预制构件蒸养允许的最高温度。

② 将需养护的预制构件连同模台一起送入养护窑（图 2 - 121）。

图 2 - 121 养护窑

③ 在自动控制系统上设置好养护的各项参数（图 2 - 122）。养护的最高温度应根据预制构件类型和季节等因素来设定。一般冬季养护温度可设置得高一些，夏季可设置低一些，甚至可以不蒸养；不同类型预制构件养护允许的最高温度参见图 2 - 120。

④ 自动控制系统应由专人进行操作和监控。

⑤ 根据设置的参数进行预养护。

⑥ 预养护结束后系统自动进入蒸汽养护程序，向窑内通入蒸汽并按预设参数进行自动控制。

⑦ 养护过程中，应设专人监控养护效果。

⑧ 当意外事故导致失控时，系统将暂停蒸汽养护程序并发出警报，请求人工干预。

⑨ 当养护主程序完成且环境温度与窑内温度差值不超过 25℃ 时，蒸汽养护结束。

⑩ 预制构件脱模前，应再次检查养护效果，通过同条件试块抗压试验并结合预制构件表面状态的观察，确认预制构件是否达到脱模所需的强度。

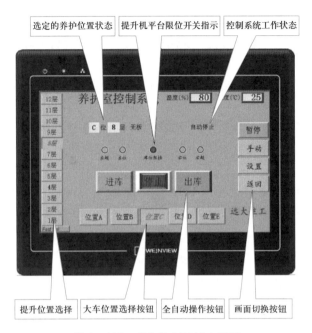

图 2 – 122 蒸汽控制系统主界面

（3）固定模台蒸汽养护操作要求。固定模台蒸汽养护（图 2 – 123）宜采用全自动多点控温设备进行温度控制。固定模台蒸汽养护操作要求：

图 2 – 123 固定模台蒸汽养护

① 养护罩应具有较好的保温效果且不得有破损、漏气等。

② 应设"人"字形或"π"形支架将养护罩架起，盖好养护罩，四周应密封好，不得漏气。

③ 在罩顶中央处设置好温度检测探头。

④ 在温控主机上设置好蒸汽养护参数，包括蒸汽养护的模台、预养护时间、升温速率、最高温度、恒温时间、降温速率等，养护最高温度可参照图 2 – 120 进行设定。

⑤ 预养护时间结束后，系统将根据预设参数自动开启相应模台的供汽阀门。

⑥ 操作人员应查看蒸汽压力、阀门动作等情况，并检查蒸汽有无泄漏。

⑦ 蒸汽养护的全过程，应设专人操作和监控，检查养护效果。

⑧ 蒸汽养护过程中，系统将根据预设参数自动完成温度的调控。因意外导致失控时，

117

系统将暂停故障通道的蒸汽养护程序并发出警报,提醒人工干预。

⑨ 预设的恒温时间结束后,系统将关闭供汽阀门进行降温,同时监控降温情况,必要时自动进行调节。

⑩ 当养护罩内的温度与环境温度差值小于预设温度时,系统将自动结束蒸汽养护程序。

（4）自然养护操作要求。自然养护可以降低预制构件生产成本,当预制构件生产有足够的工期或环境温度能确保次日预制构件脱模强度满足要求时,应优先采取自然养护的方式。自然养护操作要求为:

① 在需要养护的预制构件上盖上不透气的塑料或尼龙薄膜,处理好周边封口。

② 必要时在上面加盖较厚实的帆布或其他保温材料,减少温度散失。

③ 让预制构件保持覆盖状态,中途应定时观察薄膜内的湿度,必要时应适当淋水。

④ 直至预制构件强度达到脱模强度后方可撤去预制构件上的覆盖物,结束自然养护。

2. 养护设备保养及维修要求

养护设备正常的维护和保养是保证其正常、安全、可靠工作的必要条件。

（1）养护工作环境条件。养护窑的电源为三相交流（三相四线制）,额定频率为50Hz,电压为380V。供电系统在养护窑馈电线接入处的电压波动不应超过额定电压的±10%,养护窑内部电压损失不大于3%。移动升降车运行轨道的接地电阻值应不大于4Ω。养护窑安装使用地点的海拔不超过1000 m（超过1000 m时应按现行GB/T 755的规定对电动机进行容量校核,超过2000 m时应对电器件进行容量校核）。养护窑应安装在室内,工作环境温度为-20℃~+40℃。空气相对湿度不超过50%（环境温度为+40℃时）。

（2）养护设备安全、防护要求。起升机构应设起升高度限位装置,当升降平台上升到设定的极限位置时,应能自动切断上升方向电源,此时钢丝绳在卷筒上应留有至少一圈空槽;当需要限定下极限位置时,应设下降深度限位装置,除能自动切断下降方向电源外,钢丝绳在卷筒上的缠绕,除不计固定钢丝绳的圈数外,至少还应保留两圈。

养护窑电控设备中各电路的绝缘电阻不应小于1 MΩ。养护窑上所有的电气设备,正常不带电的金属外壳,金属线路,照明变压器低压侧的一端均应可靠地接地。应采用专门设置的接地线,保证电器设备的可靠性。养护窑内部应安装摄像头,视频监控移动升降车的运行状态。养护窑各机构在工作时产生的噪声,在无其他外声干扰的情况下,在中央控制室操作台（或操作台）处测量,噪声不应大于85dB（A）。

（3）养护设备噪声要求。养护窑在额定载荷、额定速度状态下,在中央控制室内（或操作台处）用声级计A档读数测噪声,测试时3冲声峰值除外,总噪声与背景噪声之差应不大于3 dB（A）。总噪声值减去表2-8所列的修正值（背景噪声修正值）即为实际噪声,然后取三次的平均值。

表 2-8　养护设备噪声要求　　　　　　　　　　　　　　　单位:dB（A）

总噪声与背景噪声之差值	3	4	5	6	7	8	9	10	>10
修正值	3	2	2	1	1	1	0.5	0.5	0

（4）维修周期。养护设备的维护保养工作,按其检修周期可分为日常检修、月度检修、年度检修。

① 日常检修。日常检修可由操作和维修人员在每日接班时进行,检修范围如下:

a. 清除电气设备外部的灰尘、污泥及油类等附着物;

b. 检查电机、控制器触点等发热情况;

c. 检查设备的电缆接头是否有松动现象;

d. 检测电气元件(限位开关、光电开关、编码器等)是否有进水、脱落、损坏现象;

e. 检查控制送料斗的无线通信装置是否正常;

f. 检查各减速机、轴承座是否漏油;

g. 检查自动油脂润滑系统是否工作正常;

h. 将巡检发现的各种特殊情况作好记录,并及时联系设备维修人员进行处理。

② 月度检修。月度检修由设备维修人员进行,检修范围如下:

a. 清除各电气设备内部的灰尘、污泥及油类等附着物;

b. 检查各行走轮的磨损程度;

c. 检测电机刷架、碳刷、滑环等磨损情况;

d. 监听电动机、继电器、接触器等在运行时发生的声音是否正常,并修理控制器、继电器、开关的触点;

e. 检测液压系统的压力、油位、油缸、电磁阀等是否正常;

f. 检查控制送料斗的无线通信装置是否正常;

g. 处理故障并做好记录。

③ 年度检修。年度检修由设备维修人员进行,检修范围如下:

a. 拆开各项电气设备进行清理,并检修各项设备的支架;

b. 清理并更换电动机轴承润滑油脂;

c. 测量绝缘电阻,必要时进行绝缘处理;

d. 对发现的各种大小故障在年修时应全部检修好;

e. 对无法修理的部件在年修时进行更换。

3. 养护窑构件出入库操作的基本要求

(1)进窑准备。

① 打开养护控制系统;

② 检查台车周围及窑内提升机周围有无障碍物;

③ 检查提升机前后感应器是否有效;

④ 检查提升机钢丝绳、刹车好坏;

⑤ 检查台车是否滑出窑口;

⑥ 确认台车编号、模具型号、入窑时间,选定入窑位置并记录。

(2)进窑。

① 在养护控制系统中选定自动进库模式,再选定 PC 进库位置,选定完成后,按进库按钮,台车待进库;

② 将流水线进库开关旋转到"开",将台车送进窑内,用提升机将其送到指定的位置。

(3)养护。

① 养护时,要做好定期的现场检查、巡视工作;

② 按规定的时间周期,检查养护系统测试的窑内温度、湿度,并做好检查记录。

（4）进窑养护工艺要求。

① 进窑前确认台车编号、模具型号、入窑时间，选定入窑位置后做好记录；

② 进窑前检查台车周围及窑内提升机周围有无障碍物；

③ 在蒸养的状态下，养护时间为 8 ~ 12 h，出窑后混凝土强度应不低于 15 MPa。

（5）出窑准备。

① 检查台车周围及窑内提升机周围有无障碍物；

② 确认台车编号、模具型号、入窑时间，选定入窑位置并记录。

（6）出窑。

① 在养护控制系统中，选定自动出库模式，再选定 PC 出库位置，选定完成后按出库按钮，台车进行出库；

② 若在自动模式运行下出现异常，在控制系统中切换至半自动模式及手动模式进行操作；

③ 将流水线出库开关旋转到"开"，将台车从窑内送至流水线上。

4. 构件脱模操作

预制构件脱模作业，主要包括：预制构件脱模流程、流水线工艺脱模操作、固定模台工艺脱模操作、粗糙面处理、模具清理和模具报验。

（1）预制构件脱模流程。常规的预制构件脱模流程如下：

① 拆模前，应做混凝土试块同条件抗压强度试验，试块抗压强度应满足设计要求且不宜小于 15 MPa，预制构件方可脱模。

② 试验室根据试块检测结果出具脱模起吊通知单。

③ 生产部门收到脱模起吊通知单后安排脱模。

④ 拆除模具上部固定预埋件的工装。

⑤ 拆除安装在模具上的预埋件的固定螺栓。

⑥ 拆除边模、底模、内模等的固定螺栓。

⑦ 拆除内模。

⑧ 拆除边模，如图 2 - 124 所示。

图 2 - 124　拆除边模

⑨ 拆除其他部分的模具。

⑩ 将专用吊具安装到预制构件脱模埋件上,拧紧螺栓。

⑪ 用泡沫棒封堵预制构件表面所有预埋件孔,吹净预制构件表面的混凝土碎渣。

⑫ 将吊钩挂到安装好的吊具上,锁上保险。

⑬ 再次确认预制构件与所有模具间的连接已经拆除。

⑭ 确认起重机吊钩垂直于预制构件中心后,以最低起升速度平稳起吊预制构件,直至构件脱离模台,如图 2 - 125 所示。

图 2 - 125 预制构件起吊

(2)流水线工艺脱模操作规程。流水线工艺多采用磁盒固定模具,脱模操作规程如下:

① 按脱模起吊通知单安排拆模。

② 打开磁盒磁性开关后将磁盒拆卸,确保拆卸不遗漏。

③ 拆除与模具连接的预埋件固定螺栓。

④ 将边模平行向外移出,防止损伤预制构件边角。

⑤ 如预制构件需要侧翻转,应在侧翻转工位先进行侧翻转(图 2 - 126),侧翻转角度在 80°左右为宜。

⑥ 选择适用的吊具,确保预制构件能平稳起吊。

⑦ 检查吊点位置是否与设计图样一致,防止预制构件起吊过程中产生裂缝。

⑧ 预制构件起吊。

(3)粗糙面处理。《混凝土结构设计规范》(GB 50010—2010)和《装配式混凝土结构技术规程》(JGJ 1—2014)规定了预制构件的结合面应设置粗糙面的要求,提出了"制作时应按设计要求进行粗糙面处理""可采用化学处理、拉毛或凿毛等方法制作粗糙面""粗糙面面积不宜小于结合面的 80%"等要求。国家标准《混凝土结构工程施工质量验收规范》(GB 50204—2015)中将"预制构件的粗糙面质量"作为预制构件进场的一项验收内容。国内各装配式构件生产厂也非常重视构件结合面的粗糙化处理施工过程与成品质量,大多采用凿毛、拉毛、印花、水洗等工艺来完成构件结合面的粗糙化处理。

① 水洗法。技术人员预先在结合面模板上涂刷缓凝剂,在水平结合面喷洒缓凝剂。使构件表面 3 ~ 5 mm 厚度范围内的混凝土凝结时间长于构件内部混凝土凝结时间,形成一个

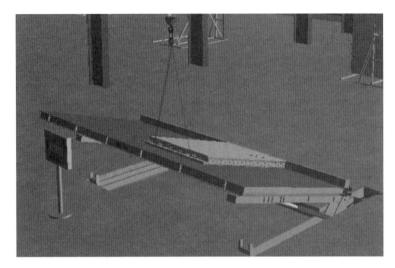

图 2 - 126　预制构件侧翻转

时间差,当构件内部混凝土凝结,但表面尚未凝结时,用冲洗设备对混凝土表面进行冲洗,去除表面的浮浆和部分细集料,使粗集料部分裸露形成粗糙的表面达到凿毛效果。

② 凿毛法。目前我国常用的混凝土结合面处理方法之一为凿面处理,通常分为人工凿毛法和机械凿毛法。人工凿毛利用人力和手工机具对混凝土构件表面进行凿毛处理,此法劳动强度大、工作效率低、人工成本高;机械凿毛采用机械设备对混凝土构件表面进行凿毛处理,此法噪声非常大,且伴随着重大粉尘污染。此外,这两种方法均会对混凝土结合面产生扰动,结构上易产生微裂缝等现象。因此凿毛法具有一定的局限性,不提倡在较大面积的结合面粗糙化处理中使用。

③ 定制模板法。对部分构件粗糙面处理采用定制模板,在模板上设有各种刻痕,脱模后刻痕就存留在了预制构件的结合面上。但是此法技术要求较高,刻痕过浅则达不到规范规定的粗糙度要求,刻痕过深则不利于构件脱模。因此采用带刻痕的定制模板制作预制构件需谨慎使用。

④ 拉毛法。部分构件结合面采用拉毛法进行处理,如叠合板的上表面等。这种方法简单易行,设备简易,操作起来几乎不受限制,若实行机械化拉毛的流水生产线则会效率更高,因此实施效果较好,使用范围相对较广,实施过程需注意好拉毛后浮渣的清理。但对于存在钢筋外露的构件表面则无法采用拉毛法来实施,因此拉毛法具有较大的局限性。

(4) 模具清理。

① 自动化流水线工艺一般有边模清洁设备,通过传送带将边模送入清洁设备并清扫干净,再通过传送带将清扫干净的边模送进模具库,由机械手按照型号规格分类储存备用(图2 - 127)。

② 人工清理边模需要先用钢丝球或刮板去除模具内侧残留混凝土及其他杂物,然后用电动打磨机打磨干净。

③ 用钢铲将边模与边模,边模与模台拼接处混凝土等残留物清理干净,保证组模时拼缝密合。

④ 用电动打磨机等将边模上下边沿混凝土等残留物清理干净,保证预制构件制作时厚

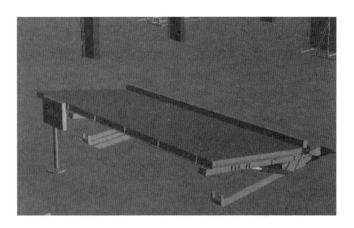

图 2 - 127　倾斜机

度尺寸不产生偏差。

（5）模台清理。

① 固定模台清理。固定模台多为人工清理,根据模台状况可有以下几种清理方法:

a. 模台面的焊渣或焊疤,应使用角磨机上砂轮布磨片打磨平整。

b. 模台面如有混凝土残留,应首先使用钢铲去除残留的大块混凝土,之后使用角磨机上钢丝轮去除其余的残留混凝土。

c. 模台面有锈蚀、油泥时应首先使用角磨机清除残留的混凝土,再上钢丝轮大面积清理,之后用有机溶剂反复擦洗直至模台清洁。

d. 模台面有大面积的凹凸不平或深度锈蚀时,应使用大型抛光机进行打磨(图 2 - 128)。

e. 模台有灰尘、轻微锈蚀,应使用有机溶剂反复擦洗直至模台清洁。

图 2 - 128　抛光机打磨

② 流动模台清理。流动模台清理多采用自动清扫设备(图 2 - 129)进行清理。

图 2 - 129　模台自动清扫设备

a. 流动模台进入清扫工位前,要提前清理掉残留的大块混凝土。

b. 流动模台进入清扫工位时,清扫设备自动下降紧贴模台,前端刮板铲除残余混凝土,后端圆盘滚刷扫掉表面存灰,与设备相连的吸尘装置自动将灰尘吸入收尘袋。

(6)模具报验。对于漏浆严重的模具或导致预制构件变形(包括预制构件鼓胀、凹陷、过高、过低)的模具,应及时向质检人员提出进行模具检验,找出造成漏浆或变形的原因,并立即整改或修正模具。

任务实施

结合装配式建筑虚拟仿真实训系统,针对构件养护与脱模模块,本次实施的任务为标准图集《预制混凝土剪力墙外墙板》(15G365 - 1)中编号为 WQCA - 3028 - 1516 的外墙板。

1. 练习或考核计划下达

计划下达分两种情况,第一种:练习模式下学生根据学习需求自定义下达计划。第二种:考核模式下教师根据教学计划及检查学生掌握情况下达计划并分配给指定学生进行训练或考核,如图 2 - 130、图 2 - 131 所示。

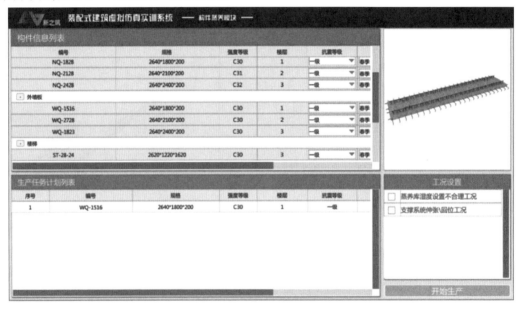

图 2 - 130　学生自主下达计划

2. 登录系统

输入用户名及密码登录系统,如图 2 - 132 所示。

3. 系统组成

系统分控制端软件和 3D 虚拟端软件,控制端软件为仿真构件生产厂二维组态控制界面,虚拟端为 3D 仿真工厂生产场景。虚拟场景设备动作及状态受控制端操作控制,如图 2 - 133、图 2 - 134 所示。

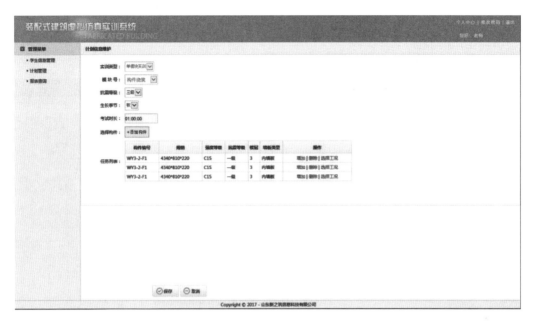

图 2 - 131 教师下达计划

图 2 - 132 系统登录

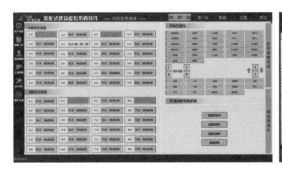

图 2 - 133 控制端软件

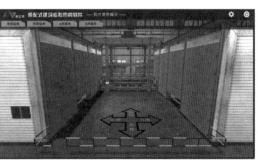

图 2 - 134 3D 虚拟软件

4. 外墙板 WQCA – 3028 – 1516 蒸养

（1）生产前准备。

a. 着装检查、卫生检查和温度检查，如图 2 – 135 所示。

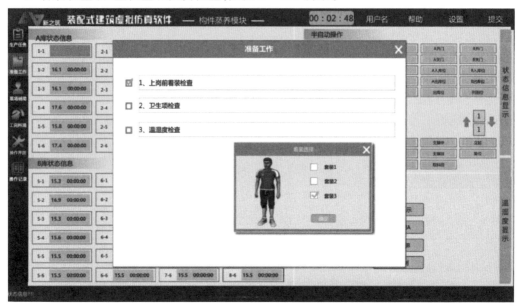

图 2 – 135 生产前检查

b. 查询生产任务，根据任务列表，明确任务内容，如图 2 – 136 所示。

图 2 – 136 生产任务查询

c. 监控蒸养库温度、湿度，若温度或湿度不合理需要进行调整。蒸养库温度合理范围在 40 ~ 60℃，湿度在 95% 以上。温度重置后，蒸养库温度通过温度模型遵循温度升降变化，在一定时间内达到设定温度，如图 2 – 137 所示。

d. 新任务请求,向系统发起新任务,本次操作任务为带窗口孔洞的外墙板。

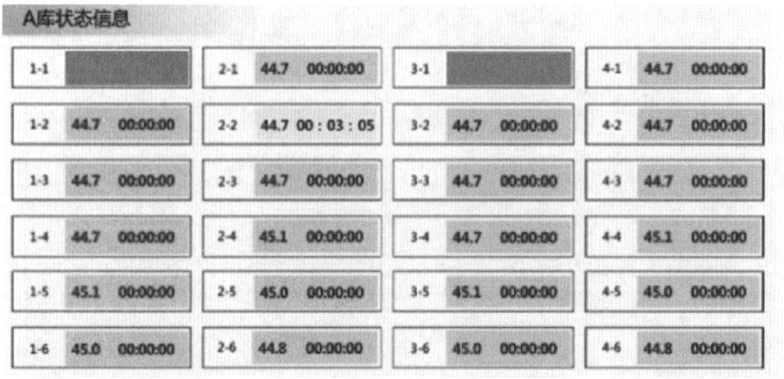

图 2 - 137　蒸养库温度监控示意图

(2)构件入库蒸养。

a. 操作控制台,开启控制电源,操作模台前进,行驶到码垛机上,通过监控界面查看蒸养库空闲库位,进行入库操作,本次入库位为 2 - 1。控制码垛机移动到 2 列位置,并控制蒸养库将模台送入蒸养库,如图 2 - 138、图 2 - 139 所示。

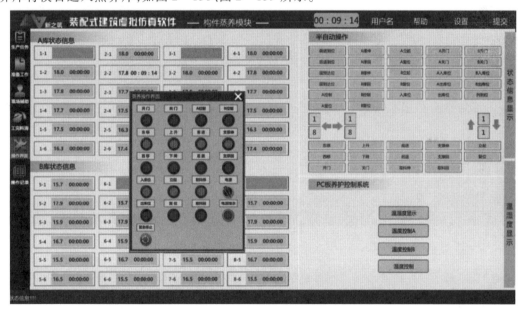

图 2 - 138　模台入库操作台(控制端)示意图

b. 构件出库。根据蒸养库监控界面,对蒸养符合出库条件的构件进行出库操作(出库条件为构件强度达到目标强度的 75% 以上)。以 2 - 2 库位内蒸养构件为例进行出库操作,结合码垛机将蒸养库内构件运送至码垛机,通过码垛机运送至出料口,并送至起板工序。

预制构件出库后,当混凝土表面温度和环境温差较大时,应立即覆盖薄膜养护,如图 2 - 140 ~ 图 2 - 142 所示。

图 2 - 139　模台入库（虚拟端）示意图

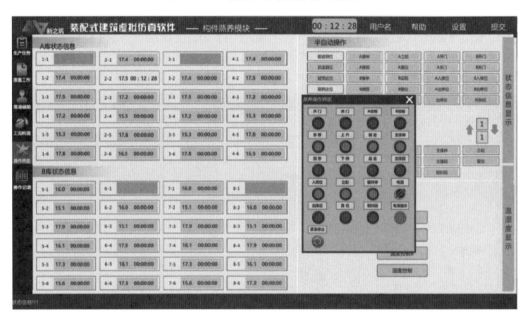

图 2 - 140　模台出库操作台（控制端）示意图

图 2 - 141　模台上升示意图

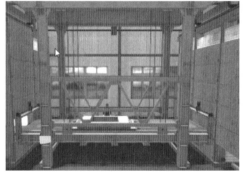

图 2 - 142　模台前进至码垛机示意图

5. 外墙板 WQCA－3028－1516 脱模起板入库

（1）生产前准备。对着装、卫生和线缆进行检查。

（2）拆模操作。拆模的顺序按照模具组装的反顺序进行拆除，一般为拆除侧模、拆除顶模、最后拆除底模，如图 2－143、图 2－144 所示。

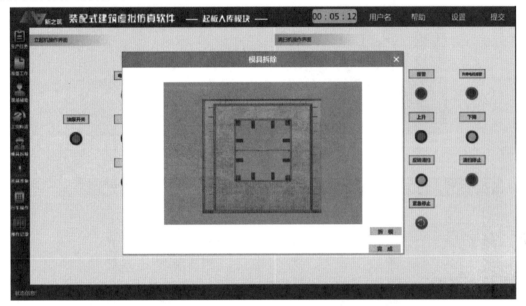

图 2－143 二维拆模界面（控制端）示意图

图 2－144 3D 拆模场景（虚拟端）示意图

（3）水洗糙面。请求平移车西移至水洗工作位，请求模台前进至水洗工作位的平移车上。水洗糙面的目的是为了冲洗构件接触面粗骨料，增加施工接触面的接触面积，如图 2－145所示。

（4）起板操作。将模台移动至立起机位置，选取吊具，操作行车移动到立起机位置并钩紧构件。摆放底模，钩紧模台，配合塔机及立起机进行起板操作，如图 2－146、图 2－147所示。

（5）构件表面处理。预制构件脱模后，应及时进行表面检查，对缺陷部位进行修补。

图 2-145　水洗糙面场景示意图

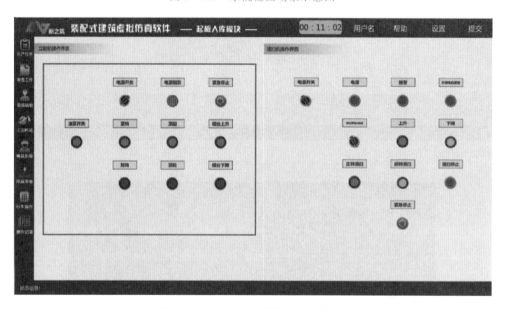

图 2-146　立起机控制界面(控制端)

图 2-147　构件起板操作(控制端)示意图

（6）构件质量检查。构件达到设计强度时,应对预制构件进行最后的质量检查,应根据构件设计图纸逐项检查,检查内容包括:构件外观与设计是否相符、预埋件情况、混凝土试块强度、表面瑕疵和现场处理情况等,逐项列表登记,确保不合格产品不出厂,质检表格不少于一式三份,随构件发货两份,存档一份。

（7）构件成品入库运输。请求行车将构件运送至存放区,如图 2 - 148 所示。操作模台下降至水平位置,通过放钩、顶松来解除模台固定,并关闭立起机。

经过质检合格的构件方可作为成品,可以入库或运输发货,必要时应采取成品保护措施,如包装、护角、贴膜等,如图 2 - 149 所示。

图 2 - 148　构件运至存放区示意图　　　　图 2 - 149　预制构件成品入库示意图

6. 工完料清

打开清扫机电源开关,对模台进行自动清扫,如图 2 - 150 所示。清扫模台是为了循环利用模台,为后续生产做准备。归还所有工具,对需要保养工具(如工具污染、损坏)进行保养,并对设备进行检查与维护。回收可再利用材料,放置原位,分类明确,摆放整齐。使用工具(扫把)清理地面,不得有垃圾(扎丝),清理完毕后归还清理工具。并关闭所有设备电源,结束任务。

图 2 - 150　模台自动清扫示意图

任务拓展

桁架钢筋混凝土叠合板底板的制作、堆放、运输、安装除应符合《混凝土结构工程施工规范》(GB 50666—2011)及《装配式混凝土结构技术规程》(JGJ 1—2014)的规定外,在构件制作、蒸养、起板入库等各关键环节,参照标准图集《桁架钢筋混凝土叠合板(60 mm 厚底板)》(15G366 - 1)做法时,还应满足以下要求。

1. 材料

(1)底板混凝土强度等级为 C30。

(2)底板钢筋及钢筋桁架的上弦、下弦钢筋采用 HRB400 钢筋,钢筋桁架腹杆钢筋采用 HPB300 钢筋。

(3)图集中的 HRB400 钢筋可用同直径的 CRB550 或 CRB600H 钢筋代替。

2. 钢筋保护层

底板最外层钢筋混凝土保护层厚度为 15 mm。

3. 施工要求

(1)同条件养护的混凝土立方体抗压强度达到 22.5MPa 后,方可脱模、吊装、运输及堆放。

(2)底板吊装时应慢起慢落,并避免与其他物体相撞。应保证起重设备的吊钩位置、吊具及构件重心在垂直方向上重合,吊索与构件水平夹角不宜小于 60 度,不应小于 45 度。当吊点数量为 6 时,应采用专业吊具,吊具应具有足够的承载能力和刚度。吊装时,吊钩应同时钩住钢筋桁架的上弦钢筋和腹筋。

(3)堆放场地应平整夯实,并设有排水设施,堆放时底板与地面之间应有一定的空隙。垫木放置在桁架侧边,板两端(至板端 200 mm)及跨中位置均应设置垫木且间距不大于 1.6 m。垫木应上下对齐。不同板号应分别堆放,堆放高度不宜大于 6 层。堆放时间不宜超过两个月。垫木的摆放如图 2 - 151 所示。垫木的长、宽、高均不宜小于 100 mm。

(4)运输时底板的堆放要求同第 3 条,但应在支点处绑扎牢固,防止构件移动或跳动。在底板的边部或与绳索接触的混凝土,应采用衬垫加以保护。

(5)底板混凝土的强度达到设计强度等级值的 100% 后,方可进行施工安装。底板就位前应在跨内及距离支座 500 mm 处设置由竖撑和横梁组成的临时支撑。当轴跨 $L < 4.8$ m 时跨内设置一道支撑;当轴跨 4.8 m$\leq L \leq$6.0 m 时跨内设置两道支撑。支撑顶面应可靠抄平,以保证底板底面平整。多层建筑中各层竖撑宜设置在一条竖直线上。临时支撑拆除应符合现行国家相关标准的规定,一般应保持持续两层有支撑。

4. 质量验收

(1)底板的生产及验收应符合国家标准《混凝土结构工程施工规范》(GB 50666—2011)、《装配式混凝土结构技术规程》(JGJ 1—2014)及《混凝土结构工程施工质量验收规范》(GB 50204—2015)的有关规定。

(2)底板平面几何尺寸允许偏差不得大于表 2 - 9、表 2 - 10 的要求。

表 2 - 9　双向板底板尺寸偏差允许值　　　　　　　　单位:mm

检查项目	长	宽	厚	侧向弯曲	表面平整度	主筋保护层	对角线	翘曲	外露钢筋中心位置	外露钢筋长度
允许偏差	±5	±5	+5	l/750 且 ≤20	5	+5 -3	10	l/750	3	±5

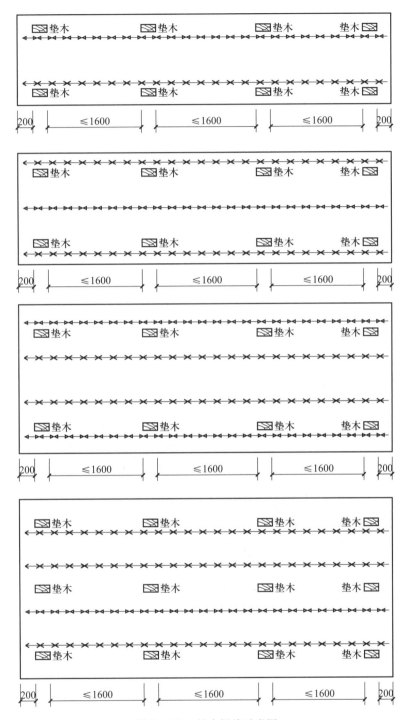

图 2 - 151　垫木摆放示意图

表 2 - 10　单向板底板尺寸偏差允许值　　　　　　　　单位:mm

检查项目	长	宽	厚	侧向弯曲	表面平整度	主筋保护层	对角线	翘曲
允许偏差	±5	−5 0	+5	$l/750$ 且≤20	5	+5 −3	10	$l/750$

133

任务 2.5 构件存放与防护

任务陈述

某工程 ±0.000 以上主体结构主要采用装配式预制混凝土构件,包括预制柱、预制墙、预制梁、预制叠合板。其中标准层构件数量及重量主要如表 2-11 所示。

表 2-11　标准层构件信息表

预制构件	数量	预制截面/mm × mm	构件最大质量
预制柱	20	800 × 800、700 × 700	10.0t
预制暗柱	18	800 × 600、600 × 600	5.86t
预制分布墙	14	5820 × 1110、4320 × 1110	5.35t
预制梁	63	670 × 300、470 × 300	3.88t
预制叠合板	99	4550 × 2400、3050 × 2400	1.75t

现该工程所需构件已生产完毕,构件生产技术员需要将该批预制构件进行信息标识安装、存放及防护(图 2-152)。

图 2-152　构件存放示意图

知识准备

1. 安装构件信息标识的基本内容

为了便于在构件存储、运输、吊装过程中快速找到构件,利于质量追溯,明确各个环节的质量责任,便于生产现场管理,预制构件应有完整的明显标识。

构件标识包括文件标识、内埋芯片标识、二维码标识三种方式。这三个方式的内容依据为构件设计图纸、标准及规范。

(1)文件标识。入库后和出厂前,PC 构件必须进行产品标识,标明产品的各种具体信息。对于在成品构件上进行表面标识的,构件生产企业同时还应按照有关标准规定或合同要求,对供应的产品签发产品质量证明书,明确重要技术参数,有特殊要求的产品应提供安装说明书。构件生产企业的产品合格证应包括:合格证编号、构件编号、产品数量、预制构件型号、质量情况、生产企业名称、生产日期、出厂日期、质检员及质量负责人签字等。

标识中应包括生产单位、工程名称(含楼号)、构件编号(包含层号)、吊点(用颜色区分)、构件重量、生产日期、检验人以及楼板安装方向等信息(图 2 - 153)。

工程名称		生产日期	
构件编号		检验日期	
构件重量		检验人	
构件规格			

图 2 - 153　产品标识图

(2) 内埋芯片(RFID)标识。为了在预制构件生产、运输存放、装配施工等环节,保证构件信息跨阶段的无损传递,实现精细化管理和产品的可追溯性,就要为每个 PC 构件编制唯一的"身份证"——ID 识别码。并在生产构件时,在同一类构件的同一固定位置,置入射频识别(RFID)电子芯片(图 2 - 154)。这也是物联网技术应用的基础。

图 2 - 154　芯片预埋置入

① RFID 技术定义。RFID 技术是一种通过无线电信号对携带 RFID 标签的特定对象进行识别的技术,该技术可通过非接触的方式对物体的身份进行识别;读取其携带的信息;同时可对其信息进行修改与写入。相比于其他如磁卡、条形码、二维码等识别技术,射频识别技术具有诸多优点,包括使用方便、无需建立接触、识别速度快、穿透性极强、识别距离远、数据容量大、数据可改写、可工作于恶劣环境等。由于其所具有的诸多优点,目前射频识别技术已经广泛应用于供应链跟踪、证件识别、车辆识别、门禁识别、生产监控等多种领域,成为物联网发展与应用过程中的关键技术之一。

② RFID 应用。

a. 生产管理:预制件生产完成时,使用 RFID 手持机读取电子标签数据,录入完成时间、完成数量、规格等信息,同步到后台。

b. 出厂管理:在工厂大门内外安装 RFID 阅读器,读装载于车辆上的预制件标签进行读取,判断进出方向,与订单信息匹配,自动同步到后台。

c. 项目现场入场管理:在项目现场安装 RFID 阅读器,自动识读进入现场的预制件

RFID 标签数据,将信息同步到系统平台。

d. 堆场管理:在堆场安装 RFID 阅读器,对堆场预制件进行自动识读,监测其变化,自动同步到后台。

e. 安装管理:在塔吊上安装 RFID 阅读器,在塔吊对预制件进行吊装时,自动识读预制件标签,自动记录预制件安装时间。

f. 溯源管理:对已经安装好的预制件,通过 RFID 手持机进行单件识读,显示该预制件信息。竖向构件埋设在相对楼层建筑高度 1.5 m 处,叠合楼板、梁等水平放置构件统一埋设在构件中央位置。芯片置入深度 3 ~ 5 cm,且不宜过深。

（3）二维码标识。混凝土预制构件生产企业所生产的每一件构件应在显著位置进行唯一性标识,推广使用二维码标识,预制构件表面的二维码标识应清晰、可靠,以确保能够识别预制构件的"身份"（图 2 - 155）。二维码标识信息应包括以下信息:

图 2 - 155 二维码标识

① 工程信息。应包括:工程名称、建设单位、施工单位、监理单位、预制构件生产单位。

② 基本信息。应包括:构件名称、构件编号、规格尺寸、使用部位、重量、生产日期、钢筋规格型号、钢筋厂家、钢筋牌号、混凝土设计强度、水泥生产单位、混凝土用砂产地、混凝土用石子产地、混凝土外加剂使用情况。

③ 验收信息。应包括:验收时混凝土强度、尺寸偏差、观感质量、生产企业验收责任人、驻厂监造监理（建设）单位验收责任人、驻厂施工单位验收责任人、质量验收结果。

④ 其他信息。应包括:预制构件现场堆放说明、现场安装交底、注意事项等其他信息。二维码粘贴简单,相对成本低,但易丢失;芯片成本高,埋设位置安全,不易丢失。

2. 设置多层叠放构件间垫块要求

（1）一般要求。

① 预制构件支承的位置和方法,应根据其受力情况确定,但不得超过预制构件承载力或引起预制构件损伤,且垫片表面应有防止污染构件的措施。

② 异型构件宜平放,标志向外,堆垛高度应根据预制构件与垫木的承载能力、堆垛的稳定性及地基承载力等验算确定。

③ 堆垛应考虑整体稳定性,支垫木方应采用截面积为 15cm × 25cm 的枕木,以增大接触面积。

（2）阳台板。

① 层间混凝土接触面采用 XPS 隔离,防止混凝土刚性碰撞产生碰损。

② 匚形、一字形阳台板层间支垫枕木（截面尺寸 15 cm × 25 cm + XPS 或柔性隔板,54 cm + 3 cm）,支垫点应选择在构件端部,避开洞口且需上下在同一垂直线上,层数不宜超过 3 层,一字形、匚形阳台板支垫点选择在距端部 1/3 位置。

③ 匚形阳台总长度超过 3 m 的要在阳台中间部位自下而上增加支垫点,防止构件发生挠曲变形,不同尺寸的阳台板不允许堆放在同一堆垛上。

（3）楼梯。

① 楼梯正面朝上,在楼梯安装点对应的最下面通长垂直设置一层宽度 100 mm 方木。同种规格依次向上叠放,层与层之间垫平,各层垫块或方木应放置在起吊点的正下方,堆放高度不宜大于 4 层。

② 方木选用长宽高为 200 mm × 100 mm × 100 mm,每层放置四块,并垂直放置两层方木,应上下对齐。

③ 每垛构件之间,其纵横向间距不得小于 400 mm。叠放图如图 2 – 156 所示。

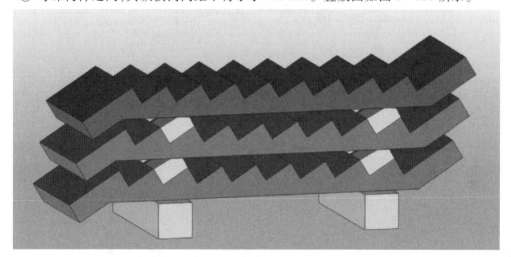

图 2 – 156　预制楼梯堆放示意图

（4）空调板。

① 预制空调板叠放时,层与层之间垫平,各层垫块或方木(长宽高为 200 mm × 100 mm × 100 mm)应放置在靠近起吊点(钢筋吊环)的里侧,分别放置四块,应上下对齐,最下面一层支垫应通长设置,堆放高度不宜大于 6 层。

② 标识放置在正面,不同板号应分别堆放,伸出的锚固钢筋应放置在通道外侧,以防行人碰伤,两垛之间将伸出锚固钢筋一端对立而放,其伸出锚固钢筋一端间距不得小于 600 mm,另一端间距不得小于 400 mm,堆放图如图 2 – 157 所示。

（5）叠合梁。

① 在叠合梁起吊点对应的最下面通长垂直设置一层宽度 100 mm 方木,将叠合梁后浇层面朝上并整齐地放置;各层之间在起吊点的正下方通长放置宽度为 50 mm 方木,要求方木高度不小于 200 mm。

② 层与层之间垫平,各层方木应上下对齐,堆放高度不宜大于 4 层。

③ 每垛构件之间,在伸出的锚固钢筋一端间距不得小于 600 mm,另一端间距不得小于 400 mm。堆放图如图 2 – 158 所示。

（6）预制墙板。

① 预制内外墙板采用专用支架直立存放,吊装点朝上放置,支架应有足够的强度和刚度,门窗洞口的构件薄弱部位,应用采取防止变形开裂的临时加固措施。

② L 形墙板采用插放架堆放,方木在预制内外墙板的底部通长布置,且放置在预制内

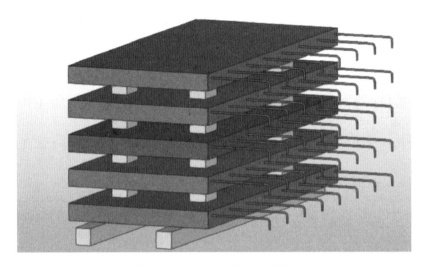

图 2 - 157 空调板堆放示意图

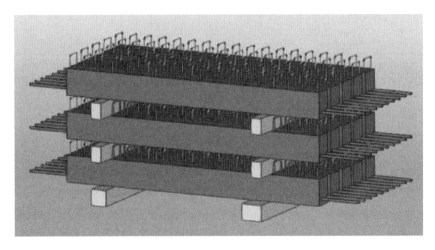

图 2 - 158 叠合梁堆放示意图

外墙板的 200 mm 厚结构层的下方,墙板与插放架空隙部分用方木插销填塞。

③ 一字形墙板采用联排堆放,方木在预制内外墙板的底部通长布置,且放置在预制内外墙板的 200 mm 厚结构层的下方,上方通过调节螺杆固定墙板,如图 2 - 159、图 2 - 160 所示。

图 2 - 159 联排堆放示意图

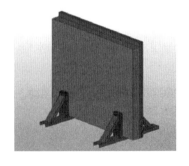

图 2 - 160 插放架堆放示意图

（7）叠合楼板。

① 多层码垛存放构件,层与层之间应垫平,各层垫块或方木(长宽高为 200 mm × 100 mm × 100 mm)应上下对齐。垫木放置在桁架侧边,板两端(至板端 200 mm)及跨中位置均应设置垫木且间距不大于 1.6 m,最下面一层支垫应通长设置。并应采取防止堆垛倾覆的措施。

② 采取多点支垫时,一定要避免边缘支垫低于中间支垫,形成过长的悬臂,导致较大负弯矩产生裂缝。

③ 不同板号应分别堆放,堆放高度不宜大于 6 层。每垛之间纵向间距不得小于 500 mm,横向间距不得小于 600 mm。堆放时间不宜超过两个月,如图 2 - 161、图 2 - 162 所示。

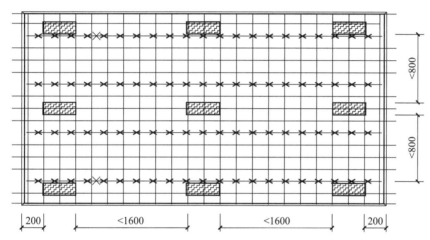

图 2 - 161　叠合板垫木摆放示意图

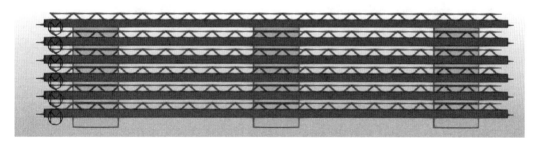

图 2 - 162　叠合板堆放立面图

（8）PCF 板。

① 支架底座下方全部用 20 mm 厚橡胶条铺设。

② L 形 PCF 板采用直立的方式堆放,PCF 板的吊装孔朝上且外饰面统一朝外,每块板之间水平间距不得小于 100 mm,通过调节可移动的丝杆固定墙板。

③ PCF 横板采用直立的方式堆放,PCF 板的吊装孔朝上且外饰面统一朝向,每块板之间水平间距不得小于 100 mm,通过调节可移动的丝杆固定墙板,如图 2 - 163、图 2 - 164 所示。

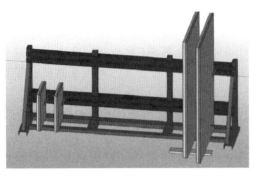

图 2 - 163　PCF 横板堆放立面图

图 2 - 164　PCF 板摆放立面图

3. 构件起板的吊具选择与连接要求

（1）索具的选择与连接要求。索具指为了实现物体挪移，系结在起重机械与被起重物体之间的受力工具，以及用于稳固空间结构的受力构件。索具主要有金属索具和纤维索具两大类。金属索具主要有钢丝绳吊索类、链条吊索类等（如图 2 - 165、图 2 - 166）。纤维索具主要有以天然纤维或锦纶、丙纶、涤纶、高强高模聚乙烯纤维等合成纤维为材料生产的绳类和带类索具。

图 2 - 165　钢丝绳　　　　　　　　　　　　图 2 - 166　链条

吊索的形式如图 2 - 167 所示，主要由钢丝绳、链条、合成纤维带制作、它们的使用形式随着物品形状、种类的不同而有不同的悬挂角度和吊挂方式，同时使得索具的许用载荷发生变化。钢丝绳吊索、吊链、人造纤维索（带）的极限工作荷载是以单垂直悬挂确定的。最大安全工作荷载等于吊挂方式系数乘以标记在吊索单腿分肢上的极限工作荷载。工作中，只要实际荷载小于最大安全工作荷载，即满足索具的安全使用条件。

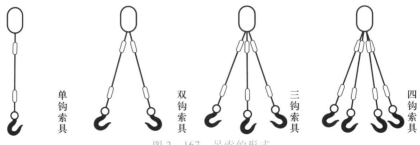

单钩索具　　　双钩索具　　　三钩索具　　　四钩索具

图 2 - 167　吊索的形式

① 钢丝绳。

a. 钢丝绳的选用。钢丝绳是吊装工作中的常用绳索,它具有强度高、韧性好、耐磨性好等优点。同时,磨损后外表产生毛刺,容易发现,便于预防事故的发生。

在结构吊装中常用的钢丝绳由 6 股钢丝和 1 股绳芯(一般为麻芯)捻成、每股又由多根直径为 0.4 ~ 4.0 mm 的高强钢丝组成(图 2 - 168)。其捻制方法有右交互、左交互、右同向和左同向 4 种。结构吊装中常用交互捻绳,因为这一类钢丝绳强度高,吊重时不易扭结和旋转。

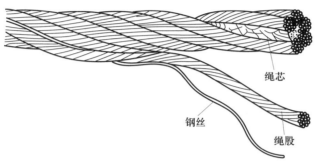

图 2 - 168　钢丝绳的构造

b. 钢丝绳连接要求。每一个索具在每一次使用前必须检查,已损坏的索具不得使用。钢丝绳如有下列情况之一者,应予以报废:钢丝绳磨损或锈蚀达直径的 40% 以上,钢丝绳整股破断,使用时断丝数目增加得很快。钢丝绳每一节距长度范围内,断丝根数不允许超过规定的数值,一个节距是指某一股钢丝搓绕绳一周的长度,约为钢丝绳直径的 8 倍。钢丝绳的捻距及直径的正确量法分别如图 2 - 169 和图 2 - 170 所示。

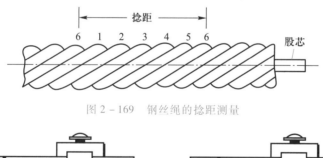

图 2 - 169　钢丝绳的捻距测量

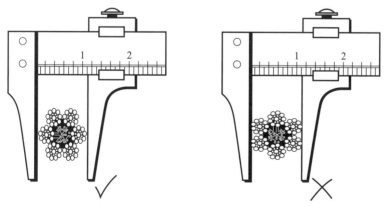

图 2 - 170　钢丝绳的直径测量

② 吊链。

a. 吊链的选用。吊链是由短环链组合成的挠性件。短环链由钢材焊接而成。由于材质不同吊链分为 M(4)、S(6) 和 T(8) 级 3 个强度等级。其最大的特点是承载能力大,可以耐高温,因此多用于冶金行业。其不足是对冲击荷载敏感,发生断裂时无明显的先兆。

b. 吊链连接要求。吊链使用前,应进行全面检查,准备提升时,链条应伸直扭曲、打结或弯折。当发生以下情形时应予报废:链环发生塑性变形,伸长达原长度的 5%;链环之间以及链环与端部配件连接接触部位磨损减小到原公称直径的 80%,其他部位磨损减少到原公称直径的 90%;出现裂纹或高拉应力区的深凹痕、锐利横向凹痕;链环修复后未能平滑过渡或直径减少量大于原公称直径的 10%;扭曲、严重锈蚀以及积垢不能加以排除;端部配件的危险断面磨损减少量达原尺寸的 10%;有开口度的端部配件,开口度比原尺寸增加 10%。

③ 纤维绳。

a. 纤维绳的选用。白棕绳以剑麻为原料,具有滤水、耐磨和富有弹性的特点,可承受一定的冲击荷载。以聚酰胺、聚酯、聚丙烯为原料制成的绳和带因具有比白棕绳更高的强度和吸收冲击能量的特性,已广泛地使用于起重作业中。

b. 纤维绳连接要求。纤维绳索使用前必须逐段仔细检查,避免带隐患作业,不允许和有腐蚀性的化学物品(如碱、酸等)接触,不应有扭转、打结现象。白棕绳应放在干燥木板通风良好处储存保管,合成纤维应避免在紫外线辐射条件下及热源附近存放。为防止极限工作荷载标记磨损不清发生错用,合成纤维吊带以颜色进行区分:紫色为 1000 kg;绿色为 2000 kg;黄色为 3000 kg;银灰色为 4000 kg;红色为 5000 kg;蓝色为 8000 kg;橘黄色为 10000 kg 以上。

(2) 吊具的选择与连接要求。吊具是指起重机械中吊取重物的装置。常用的有吊钩、吊环、扣,钢丝绳夹头(卡扣)和横吊梁等。

① 吊钩。

a. 吊钩的选用。吊钩是起重机械中最常见的一种吊具。吊钩常借助于滑轮组等部件,悬挂在起升机构的钢丝绳上。吊钩按形状分为单钩和双钩(图 2－171),钩挂重量在 80 t 以下时常用单钩形式,双钩用于 80 t 以上大型起重机装置,在吊装施工中常用单钩。吊钩按制造方法分为锻造吊钩和叠片式吊钩。

b. 吊钩连接要求。对吊钩应经常进行检查,若发现吊钩有下列情况之一时,必须报废更换:表面有裂纹、破口,开口度比原尺寸增加 15%;危险断面及钩颈有永久变形,扭转变形超过 10°;挂绳处断面磨损超过原高度 10%;危险断面与吊钩颈部产生塑性变形。

② 吊环。

a. 吊环的选用。吊环主要用在重型起重机上,但有时中型和小型起重机载重量低至 5t 的也有采用。因为吊环为一全部封闭的形状,所以其受力情况比开口的吊钩要好;但其缺点是钢索必须从环中穿过。吊环一般是作为吊索、吊具钩挂起升至吊钩的端部件,根据吊索分肢数的多少可分为主环和中间主环。根据吊环的形状分类,有圆吊环、梨形吊环、长吊环等,如图 2－172 所示。

b. 吊环连接要求。吊环出现以下情况应及时更换:吊环任何部位经探伤有裂纹或用肉眼看出的裂纹;吊环出现明显的塑性变形;吊环的任何部位磨损量大于原尺寸的 2.5%;吊环直径磨损或锈蚀超过名义尺寸的 10%;长吊环内长变形率达 5% 以上。

图 2 - 171　吊钩的分类

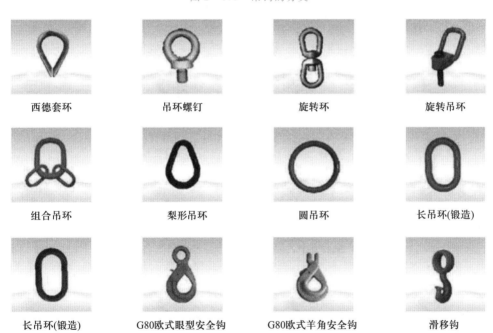

西德套环	吊环螺钉	旋转环	旋转吊环
组合吊环	梨形吊环	圆吊环	长吊环(锻造)
长吊环(锻造)	G80欧式眼型安全钩	G80欧式羊角安全钩	滑移钩

图 2 - 172　吊环的分类

吊环螺栓是一种带螺杆的吊环,属于一类标准紧固件,其主要作用是起吊载荷,通常用于设备的吊装。吊环螺栓在 PC 构件中使用时,要求经设计预埋相应的螺孔,例如预制构件上部起吊位置设置套筒,可以利用吊环螺栓和预埋套筒螺钉进行连接。吊环螺栓(包括螺杆部分)应整体锻造无焊接。

吊环螺栓应定期检查,特别注意以下事项:标记应清晰;螺纹应无磨损、锈蚀及损坏;螺纹中无碎屑;螺杆应无弯曲、无变形、切削加工的直径无减小,还应无裂口、裂纹、擦伤或锈蚀等任何损坏现象。

③ 卸扣。

a. 卸扣的选用。卸扣又称卡环,用于绳扣(如钢丝绳)与绳扣、绳扣与构件吊环之间的连接,是起重吊装作业中应用较广的连接工具。卡环由弯环与轴销(又叫芯子)两部分组成,一般都采用锻造工艺,并经过热处理,以消除卸扣在锻造过程中的内应力,增加卸扣的韧性。按销子与弯环的连接形式,卸扣分为 D 形和弓形两类(图 2 – 173)。

b. 卸扣连接要求。当卸扣出现以下情形时应报废:有明显永久变形或轴销不能转动自如;扣体和轴销任何一处截面磨损量达原尺寸的 10% 以上;卸扣

图 2 – 173 卸扣的分类

任何一处出现裂纹;卸扣不能闭锁;卸扣试验检验不合格。卸扣连接要求如图 2 – 174 所示。

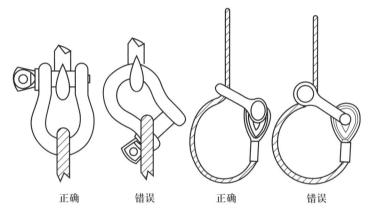

| 正确 | 错误 | 正确 | 错误 |

图 2 – 174 卸扣的连接要求

④ 钢丝绳夹头(卡扣)。

a. 钢丝绳夹头(卡扣)的选用。钢丝绳夹头用来连接两根钢丝绳,也称卡扣、绳卡、线盘,如图 2 – 175 所示。通常用的钢性绳夹头有骑马式、压板式和拳握式 3 种,其中骑马式卡扣连接力最强、目前应用最广泛。

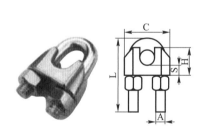

钢丝绳直径	A	C	S	H	L	质量
mm	mm	mm	mm	mm	mm	kg
2	M3	15.5	5	10	19	0.007
3	M4	20	5.5	10	23	0.012
4	M4	20	4.5	10	23	0.013
5	M5	23	4	10	29	0.017
6	M6	26	6	11	33.5	0.028
8	M6	29	6.5	15	35	0.037
10	M8	34	6.5	17	44	0.068
12	M10	40	8.5	20.5	55	0.124
14	M10	43	9	21.5	56	0.136
16	M12	49	9	25	67	0.211
18	M12	52	10	30	79	0.260
20	M12	52	11	30	79	0.261
22	M12	60	12	34	88	0.345
24	M12	67	10	23	86	0.354
26	M14	65	16	37	110	0.531
30	M16	74	13	43	112	0.661
32	M14	74	13	43	115	0.572

图 2 – 175 钢丝绳夹头

b. 钢丝绳夹头(卡扣)连接要求。钢丝绳夹头现被广泛使用,正确选择钢丝绳夹头需要考虑夹头的类型和强度。一般用 U 形螺栓式或者双马鞍形,对于 6 股绳,夹头连接处的强度大概为钢丝绳破断拉力的 80% ;夹头的间距应 ≥钢丝绳径的 6 倍,最后一个夹头距绳头距离≥140 mm;卡子的数量根据钢丝绳直径而定,≤10 mm 设 3 个,10 ~20 mm 设 4 个,21 ~25 mm 设 5 个,26 ~36 mm 设 6 个,37 ~40 mm 设 7 个(图 2 –176、图 2 –177)。

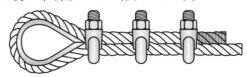

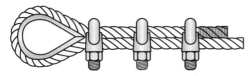
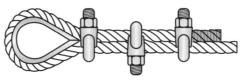

图 2 –176　钢丝绳夹头正确安装方法　　　图 2 –177　钢丝绳夹头错误安装方法

钢丝绳夹头在使用时应注意以下几点:

(a)夹头的大小要适合钢丝绳的粗细,U 形环的内侧净距,要比钢丝绳直径大 1 ~3 mm,净距太大不易卡紧绳子,容易发生事故。

(b)上夹头时一定要将螺栓拧紧,直到绳被压扁 1/4 ~1/3 直径时为止,并在绳受力后,再将夹头螺栓拧紧一次,以保证接头牢固可靠。

4. 外露金属件的防腐、防锈操作要求

装配式建筑工程外露钢材防锈蚀是非常重要的,因为它与结构安全性和耐久性是密切相关的,例如外挂墙板中使用的预埋件与安装支座都是金属的,都需要进行保证耐久性的防锈处理。防锈处理可以采用不锈钢材质或者进行镀锌处理等方式。需注意以下要点:

(1)如果设计中给出了防锈处理要求,按照设计要求去做;如果设计没给出防锈要求,要让设计给出防锈要求。

(2)防锈蚀要求应由设计提出,如果设计没有给出具体要求,施工方可以会同监理提出方案并报设计批准,防锈蚀标准可以参考高压电线塔架的防锈蚀处理方案。

(3)如果采用镀锌方式处理,镀锌层厚度以及镀锌材料要符合规定。

(4)对于现场焊接之后的防锈蚀方案需要设计给出要求,如果采用防锈漆处理,要对防锈漆的耐久性提出要求,采购富锌的防锈漆,从而保证预埋件的耐久性。

(5)采购防锈漆应查看生产日期,禁用过期的产品。防锈漆应按照易燃易爆化学制品的要求保存,注意防火、防潮、防晒等。

(6)外露的连接钢筋或者插筋可以用胶带或者其他材料进行包裹,防止生锈。

任务实施

构件存放与防护是装配式建筑构件制作与安装职业技能等级考核的重要模块之一,其主要工序为施工前准备、起板吊具选择、存放操作、工完料清。具体实施步骤如下:

1. 施工前准备

工作开始前首先进行施工前准备:

（1）正确佩戴安全帽,正确穿戴劳保工装、防护手套等。

（2）正确检查施工设备,如起重机械、吊具等。

（3）对堆放场地进行检查及清扫。

2. 起板吊具选择

根据存放过程所需工具,从工具库领取相应工具,如索具(钢丝绳、吊链、纤维绳)、吊具(吊钩、吊环、卸扣)等。

3. 存放操作

（1）叠合板堆放。

① 堆放场地应平整夯实,堆放时使板与地面之间有一定的空隙,并设排水措施。

② 钢筋混凝土桁架叠合板及装饰板应按型号、规格分别码垛堆放。

③ 垫木应设置在桁架侧边,板两端(至板端 200 mm)及跨中位置均应设置垫木且间距不大于 1.6 m,垫木应上下对齐。

④ 不同型号的板应分别堆放,堆放高度不宜大于 6 层。

⑤ 垫木的长宽高均不宜小于 100 mm。

（2）叠合梁、柱堆放。

① 堆放场地应平整夯实,堆放时使构件与地面之间有一定的空隙,并设排水措施。

② 堆放时除最下层构件采用通长垫木,上层构件宜采用单独的垫木,垫木应放在距板端 200 ~ 300 mm 处,并做到上下对齐,垫平垫实。

（3）预制双 T 板的堆放。

① 堆放场地应平整夯实,进行地面硬化处理,能承受构件堆放荷载和机械行驶、停放要求。

② 堆放时使板与地面之间有一定的空隙,并设排水措施。

③ 堆放时除最下层构件采用通长垫木,上层构件宜采用单独的垫木,垫木应放在距板端 200 ~ 300 mm 处,并做到上下对齐,垫平垫实。

④ 构件应按型号、吊装顺序依次堆放,先吊装的构件应堆放在外侧或上层,并将有编号或有标志的一面朝向通道一侧。

⑤ 堆放位置应尽可能在安装起重机械回转半径范围内,并考虑到吊装方向,避免吊装时转向和再次搬运。

⑥ 构件堆放层数不宜超过 5 层。

（4）预制楼梯的堆放

① 堆放场地应平整夯实,堆放时使板与地面之间有一定的空隙,并设排水措施。

② 预制楼梯放置时采用立放或平放的方式。

③ 堆放楼梯时,板下部两端垫放 100 mm × 100 mm 木方。

④ 垫木层与层之间应垫平,垫实,各层支垫应上下对齐。预制楼梯板进场后堆放不得超过 5 层。

4. 工完料清

（1）拆解复位设备。

（2）工具入库,并对工具进行清理维护,清理施工场地垃圾。

任务拓展

1. 钢丝绳直径的选择计算

为便于计算钢丝绳的直径,国家规范《塔式起重机设计规范》(GB 13752—2017)提供了安全系数法和 C 系数法。

(1) 安全系数法。安全系数法按钢丝绳最大工作静拉力及钢丝绳所属机构工作级别有关的安全系数选择钢丝绳直径,适用于运转钢丝绳和拉紧用钢丝绳。所选钢丝绳的破断拉力 F_{ro} 应满足下式:

$$F_{ro} \geqslant F_{rmax} K_{nr}$$

式中　F_{ro}——所选用钢丝绳的破断拉力,N;

　　　F_{rmax}——钢丝绳最大工作静拉力,N;

　　　K_{nr}——钢丝绳最小安全系数,按表 2 – 12 选取。

表 2 – 12　钢丝绳最小安全系数(K_{nr})表

机构工作级别	M_1	M_2	M_3	M_4	M_5	M_6
安全系数 K_{nr}	3.5	4	4.5	5	5.5	6

注:拉紧用钢丝绳的安全系数不得小于3.5。

(2) C 系数法。钢丝绳直径可由钢丝绳最大工作静拉力按下式确定,适用于运转钢丝绳。

$$D_{min} = C$$

式中　D_{min}——钢丝绳最小直径,mm;

　　　C——钢丝绳选择系数。

选择系数 C 的取值与机构工作级别有关,按表 2 – 13 选取。表中所列是具有纤维芯,其结构形式为 6×19 和 6×37 的钢丝绳的选择系数 C 值。

表 2 – 13　选择系数 C 值

机构工作级别	C 值		
	钢丝公称抗拉强度/MPa		
	1550	**1700**	**1850**
M1	0.085	0.080	0.077
M2	0.090	0.085	0.080
M3	0.095	0.090	0.085
M4	0.100	0.095	0.090
M5	0.106	0.100	0.095
M6	0.109	0.103	0.100

当钢丝绳结构形式和强度极限不同时,选择系数 C 值的计算见下式:

$$C = \sqrt{\frac{K_{nr}}{\kappa_b \sigma_b}}$$

式中　κ_b——对给定的钢丝绳结构最小破断拉力的实验系数,见表 2 – 14;

σ_b——钢丝绳中钢丝的公称抗拉强度,MPa。

表 2－14　κ_b 值

绳芯	钢丝绳结构形式							
	6×7	6×19	6×36	8×19	8×36	17×7	34×7	6×24
纤维芯	0.332	0.330		0.293		0.328	0.318	0.280
钢芯	0.359	0.356		0.346				—

根据不同的使用目的,钢丝绳的构造和捻制方法各不相同。根据钢丝的强度等级可分为 1570 N/mm^2、1770 N/mm^2、1870 N/mm^2、1960 N/mm^2、2160 N/mm^2 等级;根据捻绕次数可分为单绕绳、双绕绳和三绕绳;根据捻制的相互方向可分为右交互捻、左交互捻、右同向捻和左同向捻;根据绳股内钢丝与钢丝之间的接触状态可分为点接触绳、线接触绳和面接触绳;根据股的形状可分为圆形股、三角形股、椭圆股和扁股;根据股的数目可分为 6 股绳、8 股绳和 18 股绳等;根据钢丝绳芯所用材料可分为纤维芯、金属芯和塑胶芯;根据钢丝表面状态可分为光面钢丝绳和镀锌钢丝绳。不同的构造具有不同的特点,适用于不同的场所,因此除按照安全系数法和 C 系数法计算出所需要的钢丝绳直径外,还需综合考虑钢丝绳的强度等级、结构形式、使用场所等诸多因素,从而最终选定钢丝绳的型号。另外,需要注意的是,在任何情况下,受力钢丝绳的实际直径不应小于 6mm。

2. 钢丝绳报废

钢丝绳的报废应参照《起重机钢丝绳保养、维护、安装、检验和报废》(GB/T 5972—2016)中的相关标准执行。

(1)钢丝绳的安全使用判定标准:① 断丝的性质和数量。② 绳端断丝。③ 断丝局部聚集。④ 断丝的增加率。⑤ 绳股断裂。⑥ 绳径减小,包括从绳芯损坏所致的情况。⑦ 弹性降低。⑧ 外部和内部磨损。⑨ 外部和内部锈蚀。⑩ 变形。⑪ 由于受热或电弧的作用引起的损坏。⑫ 永久伸长率。

钢丝绳的检验均应考虑上述各项因素作为标准,但钢丝绳的损坏通常由多因素综合造成,检验人员应根据累计效应判断钢丝绳应报废还是继续使用。

(2)钢丝绳报废断丝数见表 2－15。

表 2－15　钢丝绳报废断丝数

安全系数	《重要用途钢丝绳》(GB/T 8918—2006)			
	绳 6×19		绳 6×37	
	一个节距中的断丝根数(一个节距指每股钢丝绳缠绕一周的轴向距离)			
	交互捻	同向捻	交互捻	同向捻
<6	12	6	22	11
6~7	14	7	26	13
>7	16	8	30	15

钢丝绳报废断丝数的折减系数:钢丝绳有锈蚀或磨损时,报废断丝数应按照表 2－16 折减,并按折减后的断丝数报废。

表 2-16 钢丝绳报废断丝数的折减系数

测得的钢丝表面磨损量或锈蚀量/%	10	15	20	25	30~40	40 以上
在受力计算时应考虑的折减系数/%	85	75	70	60	50	0

常用钢丝绳计算破断力的折算系数：

6×19 钢丝绳:0.85×表 2-17 的总破断力。

6×37 钢丝绳:0.82×表 2-18 中的总破断力。

6×61 钢丝绳:0.80×表 2-19 中的总破断力。

表 2-17 6×19 钢丝绳破断拉力表

直径		钢丝总断面积 /mm²	参考质量 /(kg/100m)	钢丝绳的抗拉力强度/MPa				
钢丝绳 /mm	钢丝 /mm			1400	1550	1700	1850	2000
				钢丝绳的破断拉力总和/kN				
6.2	0.4	14.32	13.53	20.00	22.10	24.30	26.4	28.60
7.7	0.5	22.37	21.14	31.30	34.60	38.00	41.30	44.70
9.3	0.6	32.22	30.45	45.10	49.60	54.70	59.60	64.40
11.0	0.7	43.85	41.44	61.30	67.90	74.50	81.10	87.70
12.5	0.8	57.27	54.12	80.10	88.70	97.30	105.50	114.50
14.0	0.9	72.49	68.50	101.00	112.00	123.00	134.00	144.50
15.5	1.0	89.49	84.57	125.00	138.50	152.00	165.50	178.50
17.0	1.1	108.28	102.3	151.50	167.50	184.00	200.00	216.50
18.5	1.2	128.87	121.8	180.00	199.50	219.00	238.00	257.50
20.0	1.3	151.24	142.9	211.50	234.00	257.00	279.50	302.00
21.5	1.4	175.40	165.8	245.50	271.50	298.00	324.00	350.50
23.0	1.5	201.35	190.3	281.50	312.00	342.00	372.00	402.50
24.5	1.6	229.09	216.5	320.50	355.00	389.00	423.50	458.00
26.0	1.7	258.63	244.4	362.00	400.50	439.50	478.00	517.00
28.0	1.8	289.95	274.0	405.50	499.00	492.50	536.00	579.50
31.0	2.0	357.96	338.3	501.00	554.50	608.50	662.00	715.50
34.0	2.2	433.13	409.3	606.00	671.00	736.00	801.00	—
37.0	2.4	515.46	487.1	721.50	798.50	876.00	953.50	—
40.0	2.6	604.95	571.7	846.50	937.50	1025.00	1115.00	—

表 2 – 18 6 × 37 钢丝绳破断拉力表

直径		钢丝总断面积/mm²	参考质量/（kg/100m）	钢丝绳的抗拉力强度/MPa				
钢丝绳/mm	钢丝/mm			1400	1550	1700	1850	2000
				钢丝绳的破断拉力总和/kN				
8.7	0.4	27.88	26.21	39.00	43.20	47.30	51.50	55.70
11.0	0.5	43.57	40.96	60.90	67.50	74.00	80.60	87.10
13.0	0.6	62.74	58.98	87.80	97.20	106.50	116.00	125.00
15.0	0.7	85.39	80.27	119.50	132.00	145.00	157.50	170.50
17.5	0.8	111.53	104.8	156.00	172.50	189.50	206.00	223.00
19.5	0.9	141.16	132.7	197.00	218.50	239.50	261.00	282.00
21.5	1.0	174.27	163.8	243.50	270.00	296.00	322.00	348.50
24.0	1.1	210.87	198.2	295.00	326.50	358.00	390.00	421.50
26.0	1.2	250.95	235.9	351.00	388.50	426.50	464.00	501.50
28.0	1.3	294.52	276.8	412.00	456.50	500.50		589.00
30.0	1.4	341.57	321.1	478.00	529.00	580.50	631.50	683.00
32.5	1.5	392.11	368.6	548.50	607.50	666.50	725.00	784.00
34.5	1.6	446.13	419.4	624.50	691.50	758.00	825.00	892.00
36.5	1.7	503.64	473.4	705.00	780.50	856.00	931.50	1005.00
39.0	1.8	564.63	530.8	790.00	875.00	959.50	1040.00	1125.00
43.0	2.0	697.08	655.3	975.50	1080.00	1185.00	1285.00	1390.00
47.0	2.2	843.07	792.9	1180.00	1305.00	1430.00	1560.00	—
52.0	2.4	1003.80	943.6	1405.00	1555.00	1705.00	1855.00	—
56.0	2.6	1178.07	1107.4	1645.00	1825.00	2000.00	2175.00	—

表 2 – 19 6 × 61 钢丝绳破断拉力表

直径		钢丝总断面积/mm²	参考质量/（kg/100m）	钢丝绳的抗拉力强度/MPa				
钢丝绳/mm	钢丝/mm			1400	1550	1700	1850	2000
				钢丝绳的破断拉力总和/kN				
11.0	0.4	45.97	43.21	64.30	71.20	78.10	85.00	91.90
14.0	0.5	71.83	67.52	100.50	111.00	122.00	132.50	143.50
16.5	0.6	103.43	97.22	144.50	160.00	175.50	191.00	206.50
19.5	0.7	140.78	132.3	197.00	218.00	239.00	260.00	281.50
22.0	0.8	183.88	172.8	257.00	285.00	312.50	340.00	367.50
25.0	0.9	232.72	218.8	325.00	360.00	395.50	430.50	465.00

续表

直径		钢丝总断面积/mm²	参考质量/（kg/100m）	钢丝绳的抗拉力强度/MPa				
钢丝绳/mm	钢丝/mm			1400	1550	1700	1850	2000
				钢丝绳的破断拉力总和/kN				
27.5	1.0	287.31	270.1	402.00	445.00	488.00	531.50	574.50
30.5	1.1	347.65	326.8	486.50	538.00	591.00	643.00	695.00
33.0	1.2	413.73	388.9	579.00	641.00	703.00	765.00	827.00
36.0	1.3	485.55	456.4	679.00	752.50	825.00	898.00	971.00
38.5	1.4	563.13	529.3	788.00	872.50	957.00	1040.00	1125.00
41.5	1.5	646.45	607.7	905.00	1000.00	1095.00	1195.00	1290.00
44.0	1.6	735.51	691.7	1025.00	1140.00	1250.00	1360.00	1470.00
47.0	1.7	830.33	780.5	1160.00	1285.00	1410.00	1535.00	1660.00
50.0	1.8	930.88	875.0	1300.00	1400.00	1580.00	1720.00	1860.00
55.5	2.0	1149.24	1080.3	1605.00	1780.00	1950.00	2125.00	2295.00
61.0	2.2	1390.58	1307.1	1945.00	2155.00	2360.00	2570.00	—
66.5	2.4	1654.91	1555.6	2315.00	2565.00	2810.00	3060.00	—
72.0	2.6	1942.22	1825.7	2715.00	3010.00	3300.00	3590.00	—

 小结

通过本项目的学习,学生应掌握以下内容,具备以下能力:

1. 掌握模具清理及脱模剂涂刷要求,模台划线、模具组装与校准的步骤和要求。能够识读图纸并进行模具领取;能够依据模台划线位置进行模具摆放、校正及固定;能够对模台和模具涂刷脱模剂及缓凝剂;能够进行模具选型检验、固定检验和摆放尺寸检验。

2. 掌握图纸的阅读内容,钢筋下料的计算要求,钢筋间距设置、马凳筋设置、钢筋绑扎、垫块设置的基本要求。能够识读图纸并进行钢筋下料、预埋件选型与下料;能够进行水平钢筋、竖向钢筋和附加钢筋摆放、绑扎及固定,预埋件摆放与固定、预留孔洞临时封堵;能够进行钢筋与预埋件检验。

3. 掌握布料机布料操作的基本内容,夹心外墙板的保温材料布置和拉结件安装要求。能够识读图纸并计算混凝土用量,利用布料机进行布料,振捣混凝土;能够操作拉毛机进行拉毛操作,操作赶平机进行赶平操作、操作收光机进行收光操作。

4. 掌握养护窑构件出入库操作的基本要求,构件脱模操作的基本要求。能够进行构件养护温度、湿度控制及养护监控,构件出入库操作,构件拆模;能够对涂刷缓凝剂的表面脱模后进行粗糙面冲洗处理。

5. 掌握构件起板的吊具选择与连接要求,外露金属件防腐、防锈操作要求。能够模拟操作行车及翻板机进行构件起板操作;能够模拟操作行车吊运构件入库码放。

习题

1. 简述模具运输存储应注意的事项。

2. 简述模具脱模剂涂刷的要求。

3. 简述剪力墙模具安装检验的方法。

4. 简述剪力墙模具组装的操作步骤。

5. 简述叠合楼板模具校准固定的步骤与要求。

6. 简述预埋件固定及预留孔洞临时封堵的基本要求。

7. 简述钢筋下料的计算要求。

8. 简述钢筋间距设置、马凳筋设置、钢筋绑扎、垫块设置的基本要求。

9. 简述内叶模具吊运、固定与钢筋骨架摆放要求。

10. 简述布料机布料操作的基本内容。

11. 简述夹心外墙板的保温材料布置和拉结件安装要求。

12. 简述 PC 构件的蒸养方式及特点。

13. 简述混凝土板构件蒸养要求与工序。

14. 简述养护设备保养及维修要求。

15. 简述预制构件脱模的方法。

16. 简述预制构件粗糙面的处理方法。

17. 简述预制构件水洗糙面的作用。

18. 简述构件起板的吊具选择与连接要求,外露金属件防腐、防锈操作要求。

19. 为考虑堆垛整体稳定性,支垫木方应采用截面积为多少的枕木为宜?

20. 钢丝绳出现哪些情况,应予以报废处理?

项目 3 主体结构施工

学习目标

本项目包括施工准备、竖向构件安装、水平构件安装、套筒灌浆连接和后浇混凝土施工五个任务,通过五个任务的学习,学习者应达到以下目标:

目标 任务	知识目标	能力目标
施工准备	1. 熟悉劳保用品准备及岗位工具选择要求。 2. 掌握施工前安全、卫生检查内容。 3. 掌握混凝土构件质量检查内容	1. 能够进行施工图纸的识读。 2. 能够进行现场安全、设备安全检查。 3. 能够依据图纸进行吊装构件质量检查,包括尺寸、外观、平整度、埋件位置及数量等。 4. 能够填写构件质量检查确认单。 5. 能够复核并确保现场安装条件,包括施工面凿毛、清理,插筋检查、除锈、校正,放线情况,预制件定位情况等
竖向构件安装	1. 熟悉吊具选择、吊点设置要求。 2. 掌握斜向支撑支设要求。 3. 掌握竖向构件标高和定位控制要求。 4. 掌握构件垂直度调整要求	1. 能够对不同的吊点做法选择合适的吊具,完成构件与吊具的连接。 2. 能够在剪力墙保温外墙合理位置设置固定压条。 3. 能够安全起吊构件,吊装就位,进行标高、位置及垂直度的校核与调整。 4. 能够安装、调整临时支撑,对构件的垂直度进行微调。 5. 能够进行工完料清操作
水平构件安装	1. 熟悉吊具选择、吊点设置要求。 2. 掌握竖向支撑布置要求、水平支撑梁安装要求。 3. 掌握水平构件底板位置及标高调整要求	1. 能够安装临时支撑,微调校正。 2. 能够根据预制构件的重心及吊点的设置合理选择吊具,完成构件与吊具的连接。 3. 能够安全起吊构件,吊装就位,进行标高、位置的校核与调整。 4. 能够进行工完料清操作

153

目标 任务	知识目标	能力目标
套筒灌浆连接	1. 熟悉座浆料、封浆料、灌浆料的配比及制作要求。 2. 掌握灌浆料流动度的检测要求。 3. 掌握分仓与封边的基本要求	1. 能够依照配比进行座浆料制作,并进行单套筒灌浆的座浆操作。 2. 能够依据封浆料说明配比进行封浆料制作。 3. 能够依照配比进行灌浆料制作,并检测灌浆料流动度。 4. 能够根据构件尺寸进行连通腔灌浆的分仓操作,操作封边设备进行封边操作。 5. 能够操作灌浆设备进行灌浆操作,并依序进行出浆孔封堵。 6. 能够在套筒排气孔位置设置排气兼补浆漏斗,进行观察灌浆饱满度及二次灌浆处理。 7. 能够进行工完料清操作
后浇混凝土施工	1. 熟悉楼盖、剪力墙结合面检查和清理内容,包括接触面清理及洒水湿润,钢筋及预埋(预留)检查、除锈及校正等。 2. 掌握楼盖安装后浇带模板及支撑、钢筋绑扎、埋件预埋与固定、混凝土浇筑、混凝土振捣、后浇混凝土养护等基本要求。 3. 掌握剪力墙后浇节点钢筋布置与绑扎、管线预埋固定、垫块摆放与固定、模板选型及组装、模板固定与调整、混凝土分层浇筑与振捣、后浇混凝土养护等基本要求	1. 能够对楼盖、剪力墙预制构件间后浇带结合面进行检查和清理。 2. 能够进行图纸识读并进行后浇节点钢筋下料。 3. 能够进行楼盖、剪力墙后浇构件钢筋连接和绑扎、预埋件安装。 4. 能够进行墙板间后浇段模板支设,混凝土浇筑、振捣及养护。 5. 能够进行预制叠合梁、叠合楼板的模板及支撑安装、混凝土浇筑、混凝土振捣及养护。 6. 能够进行模板、斜支撑、楼面支撑拆除操作。 7. 能够进行工完料清操作

✿ 项目概述 (重难点)

　　某宿舍楼工程项目结构形式为框架 – 剪力墙结构,抗震设防烈度六度,耐火等级二级,屋面防水等级Ⅱ级,设计合理使用年限 50 年。该宿舍楼属于装配整体式建筑,其 PC 体系为装配整体式混凝土框架 – 剪力墙结构。PC 范围为柱、梁、楼板、外墙板、楼梯等,其中梁和楼板为叠合形式。

　　重点:预制构件施工前的准备工作,预制构件的安装施工,预制构件灌浆作业,预制构件后浇连接施工作业。

　　难点:竖向、水平构件的安装施工,预制构件套筒灌浆作业,预制构件连接部位后浇混凝土施工。

任务 3.1　施工准备

任务陈述

　　施工准备工作是装配式混凝土结构预制构件安装施工的重要环节。预制构件安装实施前,需结合现场施工条件,做好施工人员准备、施工机械检查、构件进场验收、灌浆作业准备、吊具索具选用等事宜,以利于后序工作的顺利进行。

知识准备

1. 劳保用品

　　预制构件安装过程施工作业人员应穿戴好作业所必需的劳保用品,以保证施工作业过程中的自我保护和安全防护。施工作业中用到的防护用品主要有:安全鞋、安全帽、安全带、防坠器、防风镜等,如图 3 - 1 所示为常用的劳保用品。

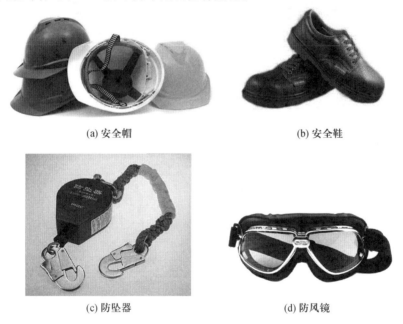

(a) 安全帽　　　　　　　　　　　　(b) 安全鞋

(c) 防坠器　　　　　　　　　　　　(d) 防风镜

图 3 - 1　常用劳保用品

2. 常用施工设备与工具

　　装配式混凝土结构构件安装需要做到精准施工,构件上孔洞的插筋定位、标高定位等各环节要求精准到位,以保证安装施工的质量。同时,由于预制构件、部品件等体积、重量等均较大,属于特殊工种作业,故在施工过程中测量仪器、施工机械和器具等与传统作业有较大的不同。预制构件安装需用到的主要工具和仪器有以下类型:

　　(1) 定位与放样仪器。

　　① 钢筋定位调节器:用于调整或校正柱脚、墙脚等伸出钢筋的校正。如图 3 - 2、图 3 - 3 所示为竖向构件伸出钢筋的定位器。

155

图 3-2 柱伸出钢筋定位器　　　　　　　　　图 3-3 墙伸出钢筋定位器

② 轴线定位与校正:全站仪、经纬仪等,如图 3-4、图 3-5 所示。

图 3-4 全站仪　　　　　　　　　　　　图 3-5 经纬仪

③ 标高定位与校正:采用水准仪等,如图 3-6 所示。

④ 垂直度校正:红外线标线仪、经纬仪等,如图 3-7 所示为红外线标线仪。

图 3-6 水准仪　　　　　　　　　　　　图 3-7 红外线标线仪

(2) 常用索具、吊具及使用要求。预制构件的吊装施工过程中,索具和吊具的合理选用是保证构件安装顺利进行的重要保证,吊装施工人员应根据预制构件的几何尺寸、构件重量、吊点设置等选用合适的吊具。

① 常用的吊索与吊具包括以下几种。

吊索:现场吊装常用的吊索有钢丝绳、化学纤维绳等,钢丝绳宜采用压扣形式制作。如图 3-8 所示。

梁式吊具:也称一字型吊具、起吊扁担,采用型钢制作的带有多个吊点的吊具,通常采用

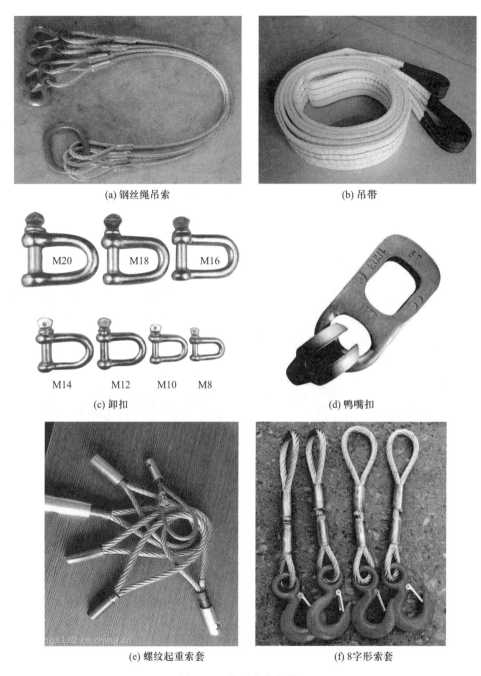

(a) 钢丝绳吊索　　　　　　　　　　(b) 吊带

M20　M18　M16

M14　M12　M10　M8

(c) 卸扣　　　　　　　　　　(d) 鸭嘴扣

(e) 螺纹起重索套　　　　　　　　　　(f) 8字形索套

图 3 – 8　常用吊索与吊扣

20 号槽钢制作,用于吊装线形构件如梁、墙板等,如图 3 – 9 所示。

平面吊具:对于平面面积较大、厚度较薄的叠合楼板、阳台板等预制构件可采用平面吊具,可缩小吊装角度。如图 3 – 10 所示。

② 吊索与吊具的使用要求。预制构件吊装时,应根据柱、梁、墙、板、楼梯等不同构件类型的形状、尺寸及重量等参数进行吊具的配置。吊具应按国家现行有关标准的规定进行设

图 3 - 9 通用吊装平衡梁

图 3 - 10 平面吊具

计、验算或试验检验。

吊索与吊具、构件的水平夹角不宜小于 60°,且不应小于 45°。对尺寸较大或形状复杂的预制构件,宜采用有分配梁或分配桁架的吊具。梁式吊具与构件之间采用吊索连接时,吊索与构件的夹角宜为 90°。架式吊具与构件之间采用吊索连接时,吊索与水平构件的夹角应大于 60°。

钢丝绳吊索宜采用压扣形式制作。所有吊索、卸扣应选用标准产品,且应具备产品检验报告、合格证,并挂设标牌。所有吊具必须经专业检测单位进行检测,钢制吊具应进行探伤检测,检测合格后方可使用。

(3) 临时支撑。

① 临时支撑的类型。临时支撑根据其支撑的预制构件的不同,主要采用斜支撑或单顶支撑。如图 3 - 11 所示为斜支撑、单顶支撑及其相关节点、配件。

② 支撑选用与设计。

a. 竖向构件支撑搭设。竖向构件安装后,需要对其垂直度、位置等进行调整,同时防止构件脱钩前的倾倒等问题,一般采用安装斜支撑的方式解决。设计计算时主要考虑风荷载的影响。如图 3 - 12、图 3 - 13 所示为预制墙板和预制柱斜支撑安装情况。

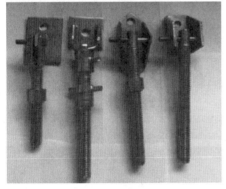

图 3 – 11　斜支撑、单顶支撑及节点配件

图 3 – 12　柱斜支撑

图 3 – 13　墙板斜支撑

b. 水平构件支撑搭设。水平构件包括预制梁、预制楼板、预制楼梯、预制阳台板等。水平构件的支撑设计计算需考虑预制构件重量、施工荷载和风荷载等对于支撑强度的影响，同时要考虑水平支撑体系的刚度和整体稳定性问题。可以采用单顶支撑，也可采用满堂支模架支撑。如图 3 – 14、图 3 – 15 所示为水平预制构件常用支撑方式。

c. 其他构件支撑。对于施工现场数量较少的异形构件，如预制平窗（凸窗）、预制阳台。其支撑需根据构件的形状、重心位置等单独设计和选用。

（4）主要起重设备与选用方法。

① 主要起重设备如下。

a. 预制构件大多为大型构件，重量大。因此，吊装需要起重量大、精度高的起重设备，

图 3 - 14　预制梁支撑

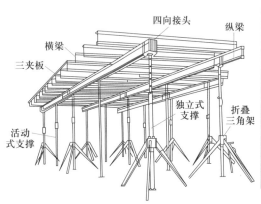

图 3 - 15　预制楼板支撑

如固定式塔式起重机、履带式起重机、汽车式起重机等。设备起重能力越大,其安装越平稳、精度越高。如图 3 - 16 ~ 图 3 - 19 所示为常用的起重设备。

图 3 - 16　平臂塔吊　　　　　　　　　　图 3 - 17　动臂塔吊

　　b. 小型起重设备主要用于辅助大型设备吊装预制构件调平使用,如手拉葫芦等,如图 3 - 20所示。

图 3-18 履带式起重机

图 3-19 汽车起重机

② 高处作业平台。主要用于预制构件安装作业平台和灌浆、注胶、封缝等作业,如剪刀式升降平台、曲(直)臂升降车等。如图 3-21、图 3-22 所示。

图 3-20 手拉葫芦　图 3-21 剪刀式升降平台　　　　图 3-22 曲臂升降车

③ 常用起重机械选用。常用起重机械的选用一般根据施工现场预制构件的吊装需要进行合理选用,如表 3-1 所示为常用起重机械。

表 3-1 常用起重机械型号选用表

序号	塔式起重机型号	形式	臂长/m	最大起重/t	尖端荷载/t	独立高度/m	产商
1	STT553	附着	80	24	3.55	49.6	抚顺永茂
2	C7030	固定附着、行走、内爬	70	16	3.0	53.2	四川建筑
3	QTZ400	附着	80	25	3.0	72.4	中联重科
4	MC480	附着	80	25	3.0	76.11	马尼托瓦克
5	QTP-550	附着	80	25	3.6	72.4	沈阳三洋

为达到安全、高效、拆装便利、施工通用等,起重机械的选用应考虑以下要求:

a. 起吊重量。起吊重量 = (构件重量 + 吊具重量 + 吊索重量) × 1.5(系数)

b. 起重机幅度。起重机幅度是指起重机吊点到起重机中心点的距离。

c. 起重能力。起重机的起重能力应满足最大幅度构件的起吊重量,同时必须满足最大幅度范围内各种构件的起吊重量。

d. 起重高度。塔式起重机起重高度计算时应计算到其独立高度和附着高度时起吊的构件能平行通过建筑外架最高点或构件安装的最高点以上 2 m 处,同步考虑吊索、吊具和构件高度的总和加上安全距离。

e. 起升速度。预制构件的安装效率与起重设备的起升速度有关,在满足安全性能的前提下,应尽可能选择起升速度快的起重设备。

f. 吊装精度。预制构件吊装过程需要精准对位和稳定操作。起重量越大,起重设备的精准度和稳定性越好。对比塔式动臂和平臂两种起重机的使用情况,动臂要比平臂的精准度和稳定性要好。

g. 起重机的常规选择。高层与多层建筑选择塔式起重机,必须考虑安拆方便。

高层建筑的裙房部分的预制构件安装,在塔式起重机无法覆盖的情况下,可选用履带式起重机或汽车式起重机吊装;房屋建筑高度在 20 m 以下的住宅或厂房,可选用履带式起重机或汽车式起重机吊装;高层建筑在采用内爬式塔式起重机时,拆除时可在屋面安装小型起重机来拆除主塔起重机。

(5)灌浆设备与工具。灌浆作业是预制构件安装施工的主要工序之一,一般采用机械灌浆和手动灌浆两种方式,现场需结合施工条件选用合适的灌浆作业工具,以保证灌浆作业效果。

① 灌浆料制备工具。灌浆料的制备是灌浆作业过程的重要环节,制备过程中应选择合适的灌浆料制备工具。常用的灌浆料制备工具有砂浆搅拌机、搅拌桶、电子秤、量杯、平板手推车等。如图 3 - 23 所示为常用的灌浆料制备工具。

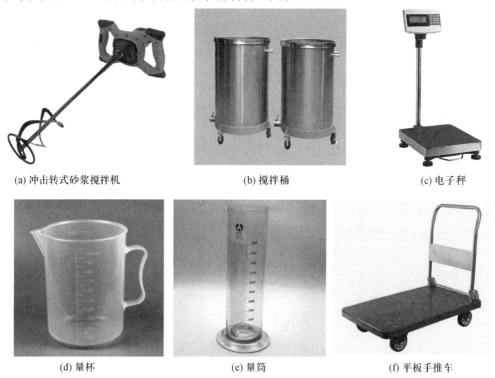

(a) 冲击转式砂浆搅拌机　　　(b) 搅拌桶　　　(c) 电子秤

(d) 量杯　　　(e) 量筒　　　(f) 平板手推车

图 3 - 23　常用的灌浆料制备工具

②灌浆设备。灌浆设备分为电动灌浆设备和手动灌浆设备,常用的灌浆设备有电动灌浆泵、手动灌浆枪等。如图 3 – 24 ~ 图 3 – 26 为灌浆施工过程中常用的设备。

图 3 – 24　电动灌浆泵

图 3 – 25　手动灌浆枪

图 3 – 26　测温计

③灌浆料检验工具。灌浆料制备完成后,需对灌浆料进行现场检测,以保证灌浆料各项性能符合施工要求。灌浆料检验主要有流动度测试和抗压强度检测,常用的工具有圆截锥试模、试块试模和钢化玻璃板等,如图 3 – 27、图 3 – 28 所示。

(6)某装配式工程项目主要施工机械设备清单如表 3 – 2 所示。

图 3 – 27　圆截锥试模和试块试模

图 3 – 28　钢化玻璃板

表 3 – 2　主要施工机具和工艺设备清单

序号	名称	型号	单位	数量
1	塔吊	QTZ100(6015)	台	1
2	塔吊	QTZ200(7020)	台	11
3	汽车吊	QY35K	台	2
4	高压灌浆机	GSW04	台	2
5	手提搅拌机		台	2
6	全站仪	新瑞德 RTS – 822R4X	台	1
7	精密水准仪	DZS3 – 1	套	2
8	铅垂仪	新瑞德	台	2
9	钢卷尺	50 m	把	2
10	钢卷尺	100 m	把	2

续表

序号	名称	型号	单位	数量
11	吊具		套	4
12	锤子	3 kg	把	2
13	撬棍		根	2
14	地秤	100 kg	台	1

3. 现场施工条件检查内容

装配式混凝土建筑施工对现场作业条件的要求比传统现浇结构施工要更高,必须具备以下基本条件方可开展施工作业,以确保施工作业安全。

（1）安全条件。

① 人的安全：

a. 建立安全责任制,落实责任人,现场作业人员均需进行安全技术交底；

b. 完成所有作业人员的操作规程、关键作业环节、安全等培训项目；

c. 进入工地人员的安全帽、工作服等个人防护用品穿戴到位,高处作业人员需佩戴安全带等；

d. 起重工、信号工均为专业作业人员,需取得相关作业证书并持证上岗。

② 工具安全：

a. 检查吊装所用的绳索、吊具等的完整性,检查吊具表面是否有裂纹,吊索是否有断丝等现象,确保其可靠性。

b. 登高用人字梯梯脚做好防滑措施且梯子无缺挡等安全隐患。如图3-29所示为施工现场不同形式的人字梯。

图3-29 人字梯

③ 机械安全：

a. 检查起重设备司机是否经过专业安全培训,并经有关部门考核批准后,持证上岗。

b. 遵守现场管理,严禁酒后开车。驾驶时,不准吸烟、饮食和闲谈。

c. 工作前必须检查各操作装置是否正常,钢丝绳是否符合安全规定,制动器、液压装置和安全装置是否齐全和灵敏可靠。严禁机件带病运行。

d. 司机服从现场指挥,信号不清时严禁作业。

e. 起重机在运行时,严禁无关人员进入驾驶室和上下搭梯。

f. 机身必须固定平稳,支撑必须安放牢固,作业区内应有足够的空间和场地。

g. 在起吊较重物件时,应先将重物吊离地面 10 cm 左右,检查起重机的稳定性和制动器等是否灵活和有效,在确认正常的情况后方可继续工作。

h. 起重机在进行满负荷或接近满负荷起吊时,禁止同时进行两种或两种以上的操作动作。起重臂的左右旋转角度都不能超过 45°,并严禁斜吊、拉吊和快速起落。不准吊拔埋入地面的物件。

i. 汽车吊不得在斜坡上横向运行,更不允许朝坡的下方转动起重臂。如果必须运行或转动时,必须将机身先垫平。

j. 起重机在工作时,作业区域、起重臂下、吊钩和被吊垂物下面严禁任何人站立、工作或通行。

k. 起重机严禁超载使用。

l. 起重机在工作时,吊钩与滑轮之间应保持一定的距离,防止卷扬过限把钢丝绳拉断或起重臂后翻。在起重臂起升到最大仰角和吊钩在最低位置时,卷扬筒上的钢丝绳应至少保留三圈以上。

m. 起重臂仰角不得小于 30°,起重机在载荷情况下应尽量避免起落起重臂。严禁在起重臂起落稳妥前变换操纵杆。

n. 严禁乘坐或利用起重机载人升降,工作中禁止用手触摸钢丝绳和滑轮。

o. 起重机在工作时,不准进行检修和调整机件。

p. 无论在停工或休息时,不得将吊物悬挂在空中。夜间作业要有足够的照明。

q. 工作完毕,吊钩和起重臂应放在规定的稳妥位置,将所有控制手柄放至零位,并切断电源。塔吊、平板吊应停在轨道中间位置,并锁住夹轨钳。

④ 安全设施:

a. 安全防护栏。用于预制构件吊装和灌浆作业施工的带安全防护作业平台。如图 3 -30、图 3 -31 所示为不同形式的作业平台。

图 3 -30　附墙作业平台

图 3 -31　吊篮施工

b. 提升式脚手架。附着在预制构件随楼层吊装施工并逐层提升的外围护脚手架。如

图 3 – 32 所示。

　　c. 安全带。高处作业时,用于高挂低用的防坠落安全措施,如图 3 – 33 所示。

图 3 – 32　提升式脚手架　　　　　　　　图 3 – 33　高处作业用安全带

　　d. 救生索。在安全带无处挂设的楼层安装叠合楼板、叠合梁等预制构件时,用于安装操作人员挂设安全带的绳索,如图 3 – 34 所示。

图 3 – 34　水平救生索

　　e. 临时防护栏杆。在安装完成的预制楼梯板边及洞口、临边等安装的临时防护栏杆。如图 3 – 35、图 3 – 36 所示。

图 3 – 35　临边防护栏杆　　　　　　　　图 3 – 36　楼梯临边栏杆

f. 安全警示设施。施工现场采用的警示牌、警示带、警示杆、警示锥等,如图 3 – 37 ~ 图 3 – 40 为各类安全警示设施。

图 3 – 37　警示牌

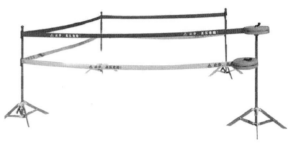

图 3 – 38　警示带

图 3 – 39　警示杆

图 3 – 40　警示锥

（2）环境条件。

① 现场运输道路和构件存放场地应坚实平整,有良好的排水措施。

② 构件运输车辆进出施工现场道路通畅,保证构件按吊装进度进入现场。

③ 构件吊装作业区设置标识、警戒线等,做好隔离措施,并有专人值守。

④ 现场无雨、雪、雾及 6 级以上大风等不能进行吊装作业的天气条件。

（3）安装条件。

① 有详细完整的构件吊装施工技术方案,包括构件运输吊装流程、构件进场验收、构件安装顺序等。

② 预制构件按吊装顺序运至现场就位;

③ 已完成对预制构件进场后的验收工作;

④ 安装部位清理、放线、校正等工序已完成;

⑤ 临时支撑、悬空作业处的防护栏杆等准备到位。

⑥ 吊装机械设备(塔吊、汽车吊)等检查、运行正常。

4. 预制构件质量检查内容与方法

预制构件进场时作为产品进行验收,应检查其质量证明文件和表面标识。预制构件的质量、标识应符合有关验收规范及国家现行相关标准、设计的有关要求。质量证明文件包括产品合格证和混凝土强度检验报告,需要进行结构性能检验的预制构件,尚应提供有效的结构性能检验报告。对于钢筋、混凝土原材料及构件制作过程中应参照规范的有关规定进行检验,过程检验的各种合格证明文件在预制构件进场时可不提供,但应保留在构件生产企业,以便需要时查阅。预制构件表面的标识应清晰、可靠,以确保能够识别预制构件的"身份",并在施工全过程中对发生的质量问题做到可追溯。

（1）预制构件进场检验内容和验收标准,如表 3 – 3 所示。

表 3 – 3　预制构件进场检验内容和验收标准

序号	检验内容		检验标准
1	资料交付	构件出厂合格证	资料合格、齐全
		混凝土强度检验报告	
		钢筋套筒检验报告	
		合同要求的其他证明文件	
2	构件表观质量	构件几何尺寸	不应有缺陷
		缺棱掉角情况	
		甩出钢筋弯折情况	
		裂缝、蜂窝、麻面等质量缺陷	
		叠合面的处理情况	
		有装饰层的表面损坏情况	
3	涉及吊装与安装环节安全部件	套筒、预埋件的规格、数量和位置	参照 GB/T 51231—2016
		套筒内是否堵塞	
		甩出钢筋的规格、位置、数量、长度等	
		配件是否齐全	

预制构件上的预埋件、预留钢筋、预埋管线及预留孔洞等规格、位置和数量应符合设计要求。预制构件的结合面应符合设计要求。

（2）预制构件进场验收的方法。

① 核实构件数量及规格、型号。

a. 对照厂家发货单,核对进场构件的数量、规格和型号,如果有误,及时与工厂联系;检查构件标识是否准确、齐全,型号标识应注明构件类别、连接方式、混凝土强度等级、尺寸等,安装标识应包括构件位置、连接位置等。

b. 对照构件安装图,核实构件位置、数量,统计发货情况,做好未发货计划。

c. 检查随构件配置的安装附件,对照清单做好验收。

d. 按检验批的要求进行构件质量验收。表 3 – 4 为装配式结构预制构件检验批质量验收记录表示例。

表 3 - 4　装配式结构预制构件检验批质量验收记录表示例

单位(子单位)工程名称			分部(子分部)工程名称	主体结构 - 混凝土结构	分项工程名称	装配式结构
施工单位			项目负责人		检验批容量	
分包单位			分包单位项目负责人		检验批部位	1
施工依据		《混凝土结构施工规范》GB 50666—2011		验收依据	《混凝土结构工程施工质量验收规范》GB50204—2015	

		验收项目		设计要求及规范规定	最小/实际抽样数量	检查记录	检查结果
主控项目	1	预制构件质量检验		第9.2.1条	/		
	2	预制构件进场检验		第9.2.2条	/		
	3	预制构件外观质量		第9.2.3条	/		
	4	预制构件的埋件等		第9.2.4条	/		
一般项目	1	预制构件标识		第9.2.5条	/		
	2	外观质量一般缺陷		第9.2.6条	/		
	3	长度(mm)	楼板、梁、柱、桁架	< 12 m	±5	/	
				≥12 m 且 < 18 m	±10	/	
				≥18 m	±20	/	
			墙板	±4	/		
	4	楼板、梁、柱、桁架宽度、高(厚)度(mm)		±5	/		
		墙板宽度、高(厚)度(mm)		±4	/		
	5	表面平整度	楼板、梁、柱、墙板内表面	5	/		
			墙板外表面	3	/		
	6	侧向弯曲(mm)	梁、柱、板	$l/750$ 且 ≤20	/		
			墙板、桁架	$l/1000$ 且 ≤20	/		
	7	翘曲	楼板	$l/750$	/		
			墙板	$l/1000$	/		
	8	对角线	楼板	10	/		
			墙板	5	/		
	9	预留孔	中心线位置	10	/		
			洞口尺寸、深度	±10	/		

续表

	验收项目		设计要求及规范规定	最小/实际抽样数量	检查记录	检查结果
一般项目	10 预留洞	中心线位置	10	/		
		洞口尺寸、深度	±10	/		
	11 预埋件	预埋板中心线位置	5	/		
		预埋板与混凝土面平面高差	0，−5	/		
		预埋螺栓	2	/		
		预埋螺栓外露长度	+10，−5	/		
		预埋套筒、螺母中心线位置	2	/		
		预埋套筒、螺母与混凝土面平面高差	±5	/		
	12 预留插筋	中心线位置	5	/		
		外露长度	+10，−5	/		
	13 键槽	中心线位置	5	/		
		长度、宽度	±5	/		
		深度	±10	/		
	14 预制构件粗糙面质量及键槽数量		第 9.2.8 条	/		

施工单位检查结果	专业工长： 项目专业质量检查员： 年　月　日
监理单位验收结论	专业监理工程师： 年　月　日

② 检查质量证明文件。预制构件质量证明文件为进场检测的主控项目，需全数检查。质量证明文件包括：

a. 预制构件产品合格证明书，如表 3−5 所示；

表 3 - 5　某工厂预制构件出厂合格检查表示例

编号：

<table>
<tr><td>工程名称</td><td colspan="5"></td><td>生产单位</td><td colspan="2"></td></tr>
<tr><td>使用部位</td><td colspan="5"></td><td>使用单位</td><td colspan="2"></td></tr>
<tr><td>构件名称</td><td colspan="2"></td><td>规格、型号</td><td colspan="2"></td><td colspan="2">批　号</td><td></td></tr>
<tr><td>生产日期</td><td colspan="2"></td><td>出厂日期</td><td colspan="2"></td><td colspan="2">代表数量</td><td></td></tr>
<tr><td rowspan="13">主要质量技术指标</td><td rowspan="2">配合比</td><td>水泥</td><td>细集料</td><td>粗集料</td><td>外加剂</td><td>水</td><td>掺合料</td><td colspan="2">试验编号</td></tr>
<tr><td></td><td></td><td></td><td></td><td></td><td></td><td colspan="2"></td></tr>
<tr><td rowspan="3">混凝土强度</td><td>项目</td><td>设计强度（MPa）</td><td colspan="2">标准养护强度（MPa）</td><td colspan="2">出厂强度（MPa）</td><td>检查结果</td></tr>
<tr><td>实测值</td><td></td><td colspan="2"></td><td colspan="2"></td><td rowspan="2"></td></tr>
<tr><td>试验编号</td><td></td><td colspan="2"></td><td colspan="2"></td></tr>
<tr><td rowspan="3">结构性能</td><td>项目</td><td>承载能力</td><td colspan="2">挠度</td><td colspan="2">裂缝宽度（mm）</td><td>检查结果</td></tr>
<tr><td>实测值</td><td></td><td colspan="2"></td><td colspan="2"></td><td rowspan="2"></td></tr>
<tr><td>试验编号</td><td></td><td colspan="2"></td><td colspan="2"></td></tr>
<tr><td rowspan="2">尺寸规格</td><td>设计</td><td colspan="5"></td><td>检查结果</td></tr>
<tr><td>实测值</td><td colspan="5"></td><td></td></tr>
<tr><td rowspan="3">主钢筋</td><td>项目</td><td colspan="5">力学强度（MPa）</td><td>检查结果</td></tr>
<tr><td>实测值</td><td colspan="5"></td><td></td></tr>
<tr><td>试验编号</td><td colspan="5"></td><td></td></tr>
<tr><td>外观质量</td><td colspan="8"></td></tr>
<tr><td rowspan="4">质保资料</td><td colspan="5">内　容</td><td colspan="3">检查结果</td></tr>
<tr><td colspan="5">各种原材料、构配件出厂质量合格证和复试报告</td><td colspan="3"></td></tr>
<tr><td colspan="5">混凝土配合比试验报告及强度试验报告</td><td colspan="3"></td></tr>
<tr><td colspan="5">结构性能检验报告和混凝土预制构件质量评定记录</td><td colspan="3"></td></tr>
<tr><td>出厂质量评定意见</td><td colspan="8">生产单位：　　　　　　　　　　　　　　（盖章）</td></tr>
</table>

技术负责人：　　　　质检员：　　　　材料员：　　　　　　　年　月　日

　　b. 混凝土强度检验报告；

　　c. 钢筋套筒等构件钢筋连接类型的工艺检验报告；

　　d. 结构性能检验报告，针对构件的承载力、挠度、裂缝控制性能等各项指标进行检验；

　　e. 设计或合同约定的混凝土抗渗、抗冻等性能的试验报告；

　　f. 合同要求的其他质量证明文件。

　　③ 质量检验。

　　a. 表面观感质量检查应符合《装配式混凝土建筑技术标准》(GB/T 51231—2016)的有关规定，预制构件质量缺陷根据其影响结构性能、安装和使用功能的严重程度，划分为严重缺陷和一般缺陷。

　　预制构件的现场质量检查验收在预制工厂检验合格的基础上进行进场验收工作。构件外观质量应全数目测检查，如表 3 – 6 所示。

表 3 – 6　构件外观质量缺陷检查内容和方法

名 称	现 象	严重缺陷	一般缺陷
露筋	构件内钢筋未被混凝土包裹而外露	纵向受力钢筋有露筋	其他钢筋有少量露筋
蜂窝	混凝土表面缺少水泥砂浆而形成石子外露	构件主要受力部位有蜂窝	其他钢筋有少量蜂窝
孔洞	混凝土中孔穴深度和长度均超过保护层厚度	构件主要受力部位有孔洞	其他钢筋有少量孔洞
夹渣	混凝土中夹有杂物且深度超过保护层厚度	构件主要受力部位有夹渣	其他钢筋有少量夹渣
疏松	混凝土中局部不密实	构件主要受力部位有疏松	其他钢筋有少量疏松
裂缝	裂隙从混凝土表面延伸至混凝土内部	构件主要受力部位有影响结构性能和使用功能的裂缝	其他钢筋有少量不影响结构性能和使用功能的裂缝
连接部位缺陷	构件连接处混凝土缺陷及连接钢筋、连接件松动。钢筋严重锈蚀、弯曲。灌浆套筒堵塞、变异，灌浆孔洞堵塞、偏位、破损等缺陷	连接部位有影响结构传力性能的缺陷	连接部位有基本不影响结构传力性能的缺陷
外形缺陷	缺棱掉角、棱角不直、翘曲不平、飞出凸肋等，装饰面砖黏结不牢、表面不平、砖缝不顺直等	清水或具有装饰的混凝土构件内有影响使用功能或装饰效果的外形缺陷	其他混凝土构件内有不影响使用功能的外形缺陷
外表缺陷	构件表面麻面、掉皮、起砂、沾污等	具有重要装饰效果的清水混凝土构件有外表缺陷	其他混凝土构件内有不影响使用功能的外表缺陷

b. 预制构件不应有影响结构性能、安装和使用功能的尺寸偏差。尺寸偏差按批抽样检查,尺寸允许偏差及检验方法见表 3 - 7。

表 3 - 7 预制构件尺寸允许偏差及检验方法

项　目			允许偏差/mm	检验方法
长度	板、梁、柱、桁架	< 12 m	± 5	尺量检查
		≥12 m 且 < 18 m	± 10	
		≥18 m	± 20	
	墙板		± 4	
宽度、高(厚)度	板、梁、柱、桁架		± 5	钢尺量一端及中部,取其中偏差绝对值较大处
	墙板的高度、厚度		± 3	
表面平整度	板、梁、柱、墙内表面		5	2 m 靠尺和塞尺检查
	墙板外表面		3	
侧向弯曲	板、梁、柱		$l/750$ 且 ≤20	拉线、钢尺量最大侧向弯曲处
	墙板、桁架		$l/1000$ 且 ≤20	
翘曲	板		$l/750$	调平尺在两端量测
	墙板		$l/1000$	
对角线差	板		10	钢尺量两个对角线
	墙板、门窗口		5	
挠度变形	梁、板、桁架设计起拱		± 10	拉线、钢尺量最大弯曲处
	梁、板、桁架下垂		0	
预留孔	中心线位置		5	尺量检查
	孔尺寸		± 5	
预留洞	中心线位置		10	尺量检查
	洞口尺寸、深度		± 10	
门窗口	中心线位置		5	尺量检查
	宽度、高度		± 3	
预埋件	预埋件锚板中心线位置		5	尺量检查
	预埋件锚板与混凝土面平面高差		0, − 5	
	预埋螺栓中心线位置		2	
	预埋螺栓外露长度		+ 10, − 5	
	预埋套筒、螺母中心线位置		2	
	预埋套筒、螺母与混凝土面平面高差		0, − 5	
	线管、电盒、木砖、吊环在构件平面的中心线位置偏差		20	
	线管、电盒、木砖、吊环与构件表面混凝土高差		0, − 10	

续表

项目		允许偏差/mm	检验方法
预留插筋	中心线位置	3	尺量检查
	外露长度	+5，-5	
键槽	中心线位置	5	尺量检查
	长度、宽度、深度	±5	

注:1. l 为构件最长边的长度(mm);

2. 检查中心线、螺栓和孔道位置偏差时,应沿纵横两个方向量测,并取其中偏差较大值。

任务实施

1. 装配式施工图纸识读

装配式混凝土结构建筑施工前,应熟悉和研究设计图纸。施工图的识读过程旨在进一步了解设计意图,了解建筑的结构形式,与设备等其他专业之间的关系,对照了解预制构件的平面布置情况等。根据施工图样,可编制详细的预制构件吊装方案。

(1)施工图识读需重点关注的内容。

① 预制构件的平面分布情况:包括预制构件的定位、构件在平面中的编码方式、平面排布顺序、预留孔洞位置等。

② 工程项目所采用的结构形式。

③ 设备管线与内装等专业内容与预制构件安装之间的协同关系。

④ 预制构件与后浇连接部位的位置、形式,以确定如何组织后续支模等工序。

⑤ 构件上预留孔洞位置、几何尺寸等是否与平面布置图相一致。

⑥ 识读连接节点施工图,复核预制构件、后浇部位的预留钢筋类型、长度等与对应部位预制构件的连接形式、连接位置等是否一致。

⑦ 识读预制构件生产工艺图,检查验收进场的预制构件,复核构件尺寸、吊点、连接钢筋、甩筋长度等。

⑧ 结合施工图,编制预制构件施工专项方案,指导预制构件的安装施工。

(2)竖向构件施工图识读。

① 明确竖向构件的平面布置情况,确定柱、墙等预制构件的相互位置情况,便于合理安排构件吊装顺序。

② 了解各纵向构件与轴线间的定位关系,纵向构件后浇连接部位的情况。

③ 识读柱、剪力墙等预制构件详图,熟悉吊装点、翻身点、灌浆套筒、伸出钢筋等部位的设置,对照进场的预制构件进行检查验收和安装施工。如图3-41、图3-42所示为某工程预制墙、预制剪力柱平面布置图。

(3)水平构件施工图识读。

① 明确水平构件(梁、板等)的平面布置情况,确定梁、板等预制构件的相互位置情况,便于合理安排水平构件吊装顺序。

② 了解各水平构件预埋水电等平面布置情况以及后浇连接部位的情况,合理安排后浇前的设备施工和后浇混凝土施工工序。

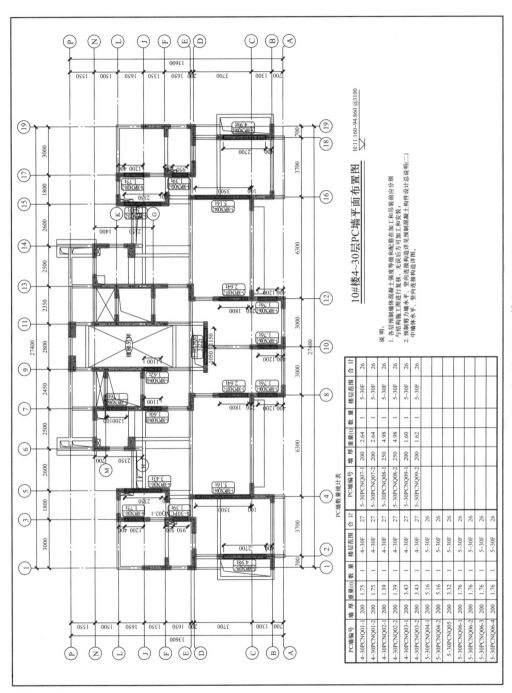

图3-41 某工程预制剪力墙平面布置图

175

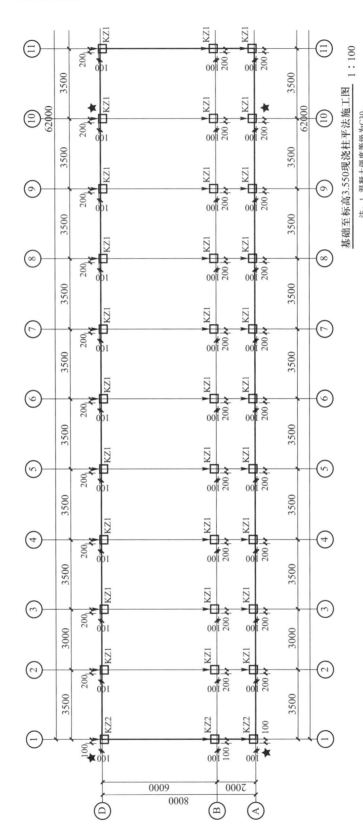

基础至标高3.550现浇柱平法施工图　1:100

注：1.混凝土强度等级为C30。
2.标配筋见柱详图图。
3.★表示沉降观测点，共6点。

图3-42　某工程预制制柱平面布置图（局部）

③ 识读叠合楼板、叠合梁等预制构件详图,熟悉吊装点、灌浆套筒、伸出钢筋等部位的设置,对照进场的预制构件进行检查验收和安装施工。如图 3 - 43、图 3 - 44 所示为某工程叠合梁、叠合楼板平面布置图。

（4）连接节点构造图识读。装配整体式混凝土结构预制构件安装后,其连接区、叠合层需现场浇筑混凝土。因此,后浇区域的施工图即连接节点构造图是保证预制构件有效连接和结构整体性的重要部分。

连接节点构造图根据不同结构形式有所不同,在装配式框架结构中,主要有梁柱核心区构造、预制梁连接构造、预制叠合板连接构造、梁板连接构造等。在装配式剪力墙结构中,一般包含预制墙板连接构造,预制墙板与连梁连接构造,预制墙或梁与板连接构造,预制墙板与预制阳台板、空调板等连接构造,预制叠合楼板连接区等。如图 3 - 45 所示为某工程后浇连接区节点构造图。

识读连接节点构造图,应关注以下内容:

① 构造节点处纵向钢筋、箍筋等的规格、形状、位置、数量等;

② 预制构件伸出钢筋情况,与后浇部分的钢筋连接、位置情况等;

③ 预埋件、预埋管道等位置、规格、数量等;

④ 连接区后浇混凝土模板尺寸、支模方式、预留螺母或对拉孔位置;

⑤ 后浇混凝土强度等级及其他要求。

2. 现场与设备安全检查

（1）现场安全检查。

① 现场临时支撑体系受力验算与验收检查。

② 现场安全防护设施设置、固定与检查。

③ 高处作业安全措施与设施检查。

④ 作业人员劳保用品配置、发放与使用情况检查。

（2）设备安全检查。预制构件安装设备是预制构件吊装、安装、灌浆作业等工序的主要施工机械,使用前应对其进行安全检查,确保施工过程的安全。主要做好以下几方面的检查工作:

① 起重机械设备的主要性能和参数满足吊装要求,现场运转正常。

② 对起重机本身影响安全的部位和支撑架设进行检查。

③ 对灌浆设备使用安全性能检查。

3. 明确构件进场计划

依据工程项目的施工计划,明确吊装顺序和时间,编制预制构件的进场计划,对于顺利开展吊装作业和现场进场构件的堆放场地设置等具有指导意义。同时,明确构件进场计划,可合理调配现场人员、机械等资源。

施工人员需明确以下内容:

（1）确定构件的加工制作时间,同时考虑不可预见风险因素,如不良天气影响等。

（2）按构件安装顺序,明确不同构件的到场时间,现场检验耗费时间等。

（3）预制构件安装相关的其他内容和注意事项。

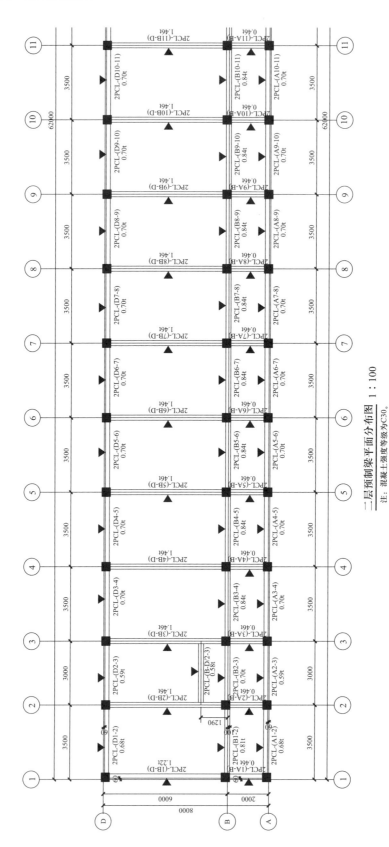

二层制梁平面分布图 1 : 100

注：混凝土强度等级为C30。

图3—43　某工程预制梁平面布置图（局部）

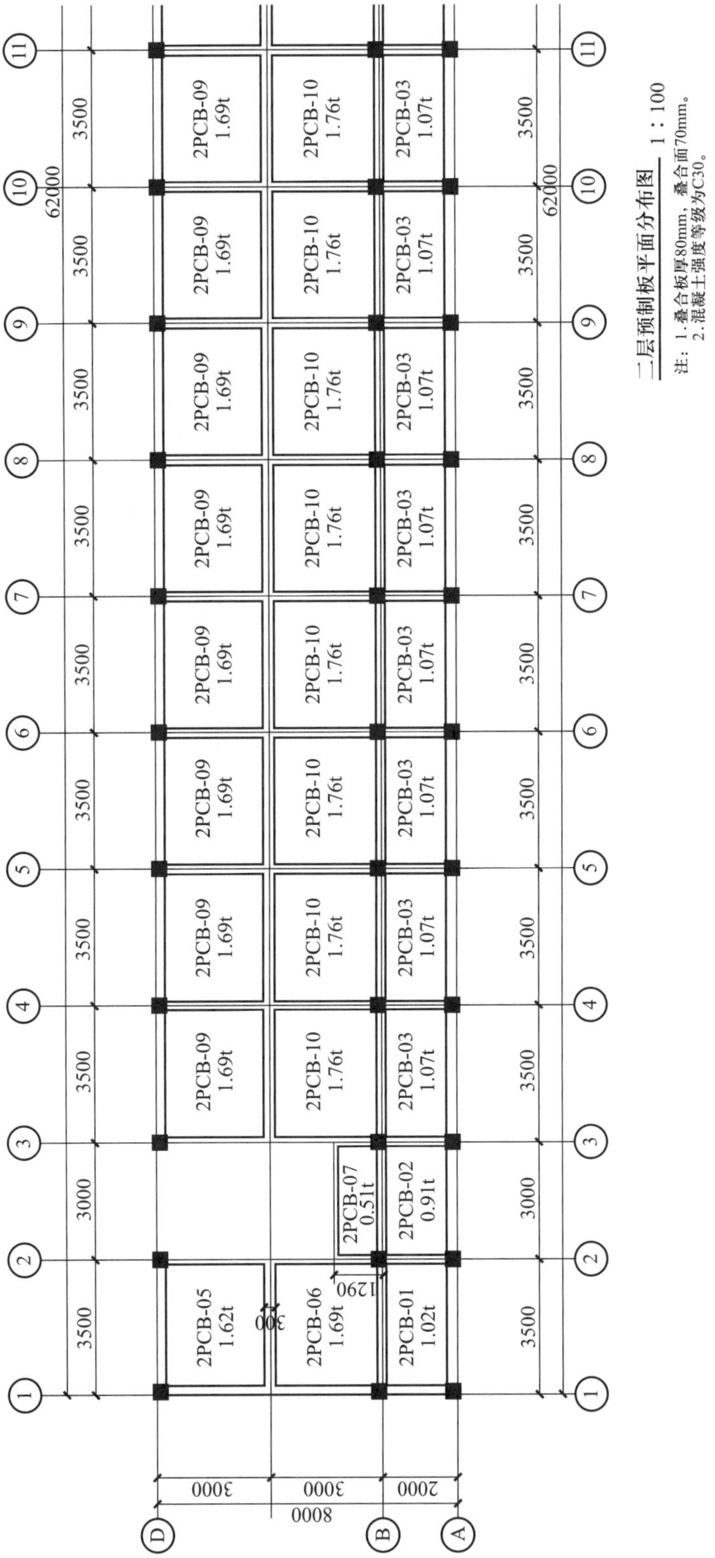

图3-44　某工程预制楼板平面布置图(局部)

二层预制板平面分布图　1：100
注：1. 叠合板厚80mm，叠合面70mm。
　　2. 混凝土强度等级为C30。

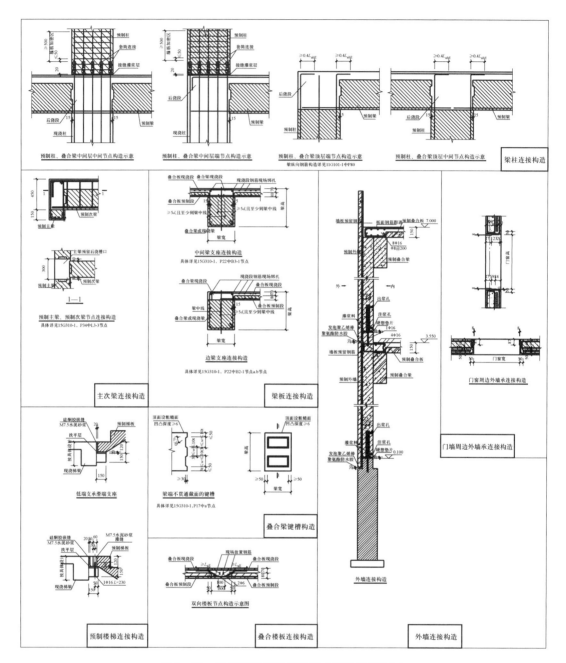

图 3-45　某工程后浇连接区节点构造图(部分)

4. 构件质量检查

（1）根据现场进场的预制构件情况,核对进场构件的数量、规格和型号,检查质量证明文件等进场材料。

（2）依据 GB/T 51231—2016 有关规定,对进场预制构件的表面观感质量、尺寸偏差等进行检查并填写预制构件质量验收记录表。

5. 现场安装条件复核

（1）构件安装施工面清理。构件吊装前,需将构件连接部位的板面、钢筋表面清理干净,不得有混凝土残渣、油污、灰尘等。

（2）测量放线与构件定位。

① 测量放线。结合预制构件平面布置图中轴线、标高等,根据预制构件的安装施工顺序,由专业技术人员做好放线工作,并由项目的相关技术人员进行复核确认,放线的基本程序如下:

a. 使用垂线仪或经纬仪将建筑首层轴线控制点引测至施工层楼面;

b. 根据预制构件平面定位图弹出轴线控制线;

c. 根据施工层的基准线将构件位置边线按施工图样放样到位;

d. 用醒目的颜色笔做好构件的定位标识,对于轴线控制线、构件边线、构件中心线及标高控制线等应有明显的区分;

e. 预制构件的安装控制线一般以中心线控制位置,误差由两边分摊。因此,一般需将中心线分别弹在施工层楼面和预制构件上。

② 构件定位。柱、内墙板等预制构件用中心线定位法按轴线定位。外墙板、阳台板、飘窗等构件,平行于墙面方向（也称左右方向）按轴线定位,垂直于墙面方向（也称前后方向）按表面界面定位。楼板、楼梯板、梁等构件的平面位置按轴线定位,竖向位置按板面标高定位。

③ 伸出钢筋定位。装配式建筑现浇部位的伸出钢筋的位置如果误差超过 2 mm,就会影响与预制构件的准确对接,因此需要采用可靠措施,保证伸出钢筋定位准确且不会因混凝土振捣而发生移位或偏斜。目前,现场常用的方法是通过安装带孔钢模具进行定位。如图3-46 所示为预制构件伸出钢筋定位钢板。

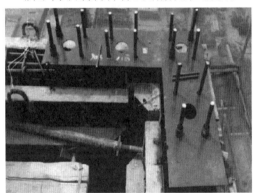

图 3-46 预制构件伸出钢筋定位钢板

④ 允许误差控制。根据施工图,列出各类构件的安装允许误差,在安装现场相应的预制构件安装部位做好控制标识或拉线控制。

（3）预制构件试安装。装配式结构施工前,宜选择有代表性的单元进行预制构件试安装,并根据试安装结果及时调整完善施工方案和施工工艺。

任务拓展

1. 预制构件施工技术安全交底的内容

（1）装配式混凝土结构工程施工技术交底的主要内容:

① 构件装卸车及构件的场内运输安全技术交底；

② 构件吊装、校正、加固安装技术交底，柱、墙封模（座浆）安全技术交底；

③ 灌浆作业安全技术交底；

④ 后浇混凝土部分施工安全技术交底；

⑤ 构件支撑系统安装与拆除安全技术交底；

⑥ 安全设施设置技术交底。

（2）安全技术交底的要求和交底方式：

① 依据审批确认的专项施工方案；

② 依据专项施工方案工艺流程，详细说明各个操作环节技术要求；

③ 采用简明、直观的易被技术工人领会和接受的安全技术交底方式；

④ 针对工程施工全过程，明确施工安全措施；

⑤ 要有围绕每个操作环节的安全设施的设置方法和要求；

⑥ 有条件的尽可能利用代表性单元进行预制构件安装施工安全技术交底；

⑦ 采用专项培训方式进行安全技术交底；

⑧ 改变施工工艺或有新员工入场，必须重新进行安全技术交底。

安全技术交底的内容见表 3 – 8。

表 3 – 8　某工程 PC 吊装施工安全技术交底的内容

工程名称	新建生产用房		
施工单位	×××有限责任公司		
交底部位	本工程所含装配式构件所有单体	工种	装配式构件安装
交底内容：			

交底内容：

1. 吊装准备

　1.1 技术准备

　1.1.1 所有需在结构中预埋的预埋件必须在构件图绘制前将每个埋件进行定位，并准确地反映在构件图中。

　1.1.2 构件模具生产顺序和构件加工顺序及构件装车顺序必须与现场吊装计划相对应，避免因为构件未加工或装车顺序错误影响现场施工进度。

　1.1.3 预制构件型号符合设计要求，有出厂合格证，并应符合现行标准要求。对于有裂纹、翘曲等有质量缺陷的楼板不准进场，按型号分类码放整齐并做好标识。钢筋、灌浆材料、砂、石子、水泥等均要求有出厂合格证，并应进行取样复试，合格后方准使用。

　1.1.4 构件图出图后，第一时间必须对构件图中的预留预埋部分认真核对，确保无遗漏、无错误。避免构件生产后无法满足施工措施和建筑功能的要求。

　1.1.5 必须向吊装工长及吊装班组长和一线作业人员进行透彻的技术交底，吃透 PC 构件图，熟悉掌握每一道工序流程和施工方法。

　1.1.6 必须保证底层预留插筋位置的准确性，根据构件图纸上的尺寸逐一核对校正，确保不因插筋问题影响吊装进度。

　1.2 现场准备

　1.2.1 现场场地应平整、夯实，确保构件堆场不出现沉陷，运输构件车辆行走的临时道路要按规定等级施工，并配备好钢板道板备用。

1.2.2 现场车辆行走通道宽度必须能满足车辆可同时进出,避免因道路问题影响吊装衔接。

1.2.3 塔吊型号和位置根据构件重量和范围进行确定,原则上距离最重构件和吊装难度最大的构件最近。

1.3 吊装前准备

1.3.1 依据吊装图组织构件进场,按图码放,垫木距板端 30cm,上下对齐。楼板堆放高度不超过 8 块,并检查构件质量,对有裂纹、翘曲或断裂损坏的构件不得采用。

1.3.2 构件吊装前必须整理吊具,并根据构件不同形式和大小安装好吊具,这样既节省吊装时间又可保证吊装质量和安全。

1.3.3 构件进场后根据构件标号和吊装计划的吊装序号在构件上标出序号,并在图纸上标出序号位置,这样可直观表示出构件位置,便于吊装施工和指挥操作,减少误吊几率。

1.3.4 所有构件吊装前必须在相关构件上将各个截面的控制线提前放好,并办完相应预检手续,可节省吊装、调整时间并利于质量控制。

1.3.5 墙体吊装前必须将调节工具埋件提前安装在墙体上,可减少吊装时间,并利于质量控制。

1.3.6 墙、板构件吊装前必须测量并修正墙顶标高,确保与板标高一致,便于板就位。

1.3.7 设备工具:TZ – 7533 塔吊、撬棒、圆形套管、40 mm ×90 mm 方木、线锤、水平尺、扳手、斜撑杆、水平撑杆、水准仪、经纬仪、墨斗、塔尺、米尺、5 m 钢尺、50 m 长钢尺等。

1.3.8 吊装构件以前按设计图纸核对板型号,对设计中与施工规范要求或实际情况发生冲突的部位应提前与设计进行协商解决,按照每层的构件平面吊装图,作为施工中的吊装依据。

2. PC 构件吊装

2.1 吊装流程一般可按同一类型的构件,以顺时针或逆时针方向依次进行,这样对构件吊装的条理性和楼层安全围挡、作业安全有利。根据图纸及控制线现场用墨线弹出构件边线(内墙柱构件)及 200 mm 构件控制线、洞口边线及构件边缘线、剪力墙暗柱位置线。

2.2 构件起吊离开地面时如顶部(表面)未达到水平,必须调整水平后再吊至构件就位处,这样便于钢筋对位和构件定位;楼梯、墙板构件等同一构件上吊点高低有不同的,低处吊点采用吊葫芦进行拉吊,起吊后调平,落位时利用葫芦紧松调整标高。

2.3 梁吊装前应将所有标高进行统计,有交叉部分吊装方案根据先低后高进行安排施工。

2.4 选择构件吊装机型,遵循小车回转半径和大臂的长度距离、最大吊点的单件不利吨量与起吊限量、建筑物高度与吊机的可吊高度的一致。构件高空吊装,要避免小车由外向内水平靠放的作业方式和猛放、急刹等现象,以防构件碰撞破坏。

2.5 先粗放,后精调,充分利用和发挥垂直吊运工效,缩短吊装工期。采用"先墙、后外板构件安装"的施工体系,要注意对连接件的固定与检查,脱钩前,螺栓与外墙构件必须连接稳固、可靠。

2.6 临时调节杆与限位器的固定,是构件安装不跑位与构件吊装安全的保证。

2.7 PC 梁、PC 柱、PC 叠合板、PC 楼梯等安装,按计算结果布置支撑,支撑体系采用钢管排架等。

2.8 支撑体系拆除应满足《混凝土结构工程施工质量验收规范》(GB 50204—2012)底模拆除时的混凝土强度要求。

2.9 根据构件平面布置图及吊装顺序平面图,对竖向构件顺序就位。吊装前应放置垫片,垫片厚度根据测定的标高进行计算。吊装时应根据定位线对构件位置采用撬棍、撑顶等形式进行调整,以保证构件位置的准确。构件就位后应立即安装斜向支撑,应将螺钉收紧拧牢后方可松吊钩。使用 2m 靠尺通过斜撑的调节撑出或收紧对构件垂直度进行校正,满足相应规定要求。

3. 吊装质量控制

吊装质量的的控制是装配整体式结构工程的重点环节,也是核心内容,主要控制重点在施工测量的精度上。为达到构件整体拼装的严密性,避免因累计误差超过允许偏差值而使后续构件无法正常吊装就位等问题的出现,吊装前须对所有吊装控制线进行认真的复检。

3.1 吊装质量控制流程。

3.2 梁吊装控制。

3.2.1 每层构件吊装按照吊装顺序图进行吊装,不得混淆吊装顺序。

3.2.2 先吊装叠合梁后吊装叠合楼板,先主梁后次梁。

3.2.3 根据控制线的位置,指挥塔吊把叠合梁放置到指定位置。

3.2.4 叠合梁两端锚固钢筋与柱顶部预留锚固钢筋进行加固。

3.3 板吊装控制。

3.3.1 板吊装顺序尽量依次铺开,不宜间隔吊装。

3.3.2 板底支撑与梁支撑基本相同,板底支撑水平间距不得大于 1.5 m,每根支撑之间高差不得大于 2 mm、标高差不得大于 3 mm,悬挑板外端比内端支撑尽量调高 3 mm。

3.3.3 每块板吊装就位后偏差不得大于 2 mm,累计误差不得大于 5 mm。

3.4 其他构件吊装控制。其他小型构件的吊装标高控制不得大于 5 mm,定位控制不大于 8 mm。

3.5 进入现场的预制构件,其外观质量、尺寸偏差及结构性能应符合标准图或设计要求。预制构件与结构之间的连接应符合设计要求。连接处钢筋或埋件采用焊接或搭接连接时,接头质量应符合现行标准《钢筋焊接及验收规程》(JGJ 18—2013)或相应的搭接长度要求。

3.6 承受内力的接头和拼缝,当其混凝土强度未达到设计要求时,不得吊装上一层结构构件;当设计无具体要求时,应在混凝土强度不小于 10 N/mm² 或具有足够的支撑时方可吊装上一层构件。已安装完毕的预制构件,应在混凝土强度达到设计要求后,方可承受全部设计荷载。

3.7 预制构件码放和运输时的支撑位置和方法应符合标准图或设计要求。

3.8 预制构件吊装前,应按设计要求在构件和相应的支承结构上标出中心线、标高等控制尺寸,按标准图或设计文件校核预埋螺杆(套筒)、连接钢筋等,并作出标识。

3.9 预制构件应按标准图或设计的要求吊装。起吊时绳索与构件水平面的夹角不宜小于 45°,否则应采用吊架。

3.10 预制构件安装就位后,应采取保证构件稳定的临时固定措施,并应根据水准点和轴线(或控制线)校正位置。

3.11 装配式结构中的接头和拼缝应符合设计要求。工序检验到位,工序质量控制必须做到有可追溯性。

3.12 其他注意事项:构件吊装标识简单易懂;吊装人员在作业时必须分工明确,协调合作意识强。指挥人员指令清晰,不得含糊不清。

4. PC 构件与现浇结构连接

4.1 PC 构件与现浇混凝土接触面,可采用凿毛或拉毛处理,或采用缓凝、汰石子、露石等处理方法,但要符合设计图纸要求。

4.2 锚筋与预埋伸出钢筋,是保证构件连接可靠与结构整体性的要求,必须按设计图纸和现场规范、规程执行。

5. PC 吊装原则

5.1 塔吊起重机的行走限位是否齐全、灵敏;止档离端头一般为 2~3 m;吊钩的高度限位器要灵敏可靠;吊臂的变幅限位要灵敏有效;起重机的超载限位装置也要灵敏、可靠;使用力矩限制器的塔吊,力矩限制器要灵敏、准确、灵活、有效,力矩限制器要有技术人员调试验收单;塔吊吊钩的保险装置要齐全、灵活。

续表

5.2 塔身、塔臂的各标准节的连接螺栓应坚固无松动,塔的结构件应无变形和严重腐蚀现象且各个部位的焊缝及主角钢不得有开焊、裂纹等现象。 　 5.3 塔吊司机及指挥人员需经考核、持证上岗。信号指挥人员应有明显的标识,且不得兼任其他的工作。要执行"十不吊"的原则,即被吊物重量超过机械性能允许范围不准吊;信号不清不准吊;吊物下方有人站立不准吊;吊物上站人不准吊;埋在地下物不准吊;斜拉斜牵物不准吊;散物捆扎不牢不准吊;零散物(特别是小钢横板)不装容器不准吊;吊物重量不明,吊、索具不符合规定,立式构件、大模板不用卡环不准吊;六级以上强风、大雾和大雨天影响视力时不准吊。			
交底人签名		日　期	
被交底人(施工班组长)			
被交底人(施工班组)			

2. 装配式混凝土结构工程项目施工组织设计的主要内容

（1）工程项目概况；

（2）工程项目所在地理位置及道路交通情况；

（3）编制依据；

（4）施工总部署,包括总体安装顺序、施工组织机构设置等；

（5）现场总平面布置图；

（6）施工现场构件堆放、运输及道路等设计方案；

（7）现场起重机选型及安装位置、提升方案、安拆方案；

（8）吊具、吊索设计方案(附计算书、检测方案)及起重方案；

（9）现场测量放线、构件定位方案；

（10）支撑系统设计、制作加工与安拆方案；

（11）各类预制构件的吊装、校正、灌浆作业等详细施工工艺方案；

（12）现浇连接部分的施工方案；

（13）施工人员配置计划与方案；

（14）各类大型设备、安装工具、加固支撑、测量与检测仪器及配套材料的进场计划；

（15）总进度计划、分项工程施工计划；

（16）质量保证措施,含测量放线、构件进场质量验收、构件安装进度、灌浆料检测等质量控制的要求与记录等；

（17）各工序验收计划和安全文明保证措施。

　 图 3-47 所示为某工程施工进度计划横道图。图 3-48 所示为某工程楼层预制构件与结构施工流程图。

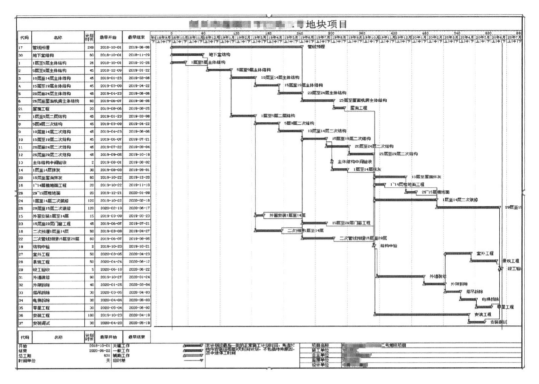

图 3 - 47　某装配式工程项目施工进度计划横道图

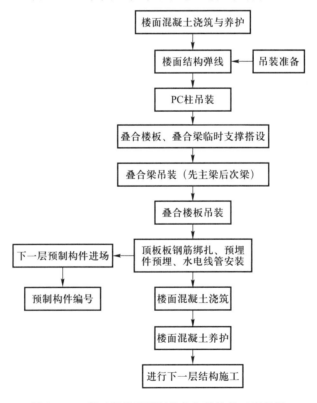

图 3 - 48　某工程楼层预制构件与结构施工流程图

3. 装配式混凝土结构工程施工组织的要点

（1）起重机等大型设备的选型；

（2）预制构件和部品件的进场验收；

（3）各类预制构件的吊装方案；

（4）支撑系统安拆方案；

（5）灌浆作业施工方案；

（6）全面系统的安全技术交底。

4. 预制构件安装工程主要工种和人员配置

预制构件安装工程需配置的主要工种有：起重司索工、信号工、起重机操作工、测量放线工、安装工、封模工、灌浆工、混凝土工、架子工、电焊工等。

（1）起重司索工：现场特种作业工种，需持证上岗。从事构件装卸和吊装挂索工作。

（2）信号工：现场特种作业工种，需持证上岗。从指挥预制构件的起吊与安装，与起重司索工、起重机操作工、构件安装人员协同工作。

（3）起重机操作工：现场特种作业工种，需持证上岗。在信号工的指挥下进行起重吊装作业。

（4）测量放线工：进行现场测量放线、预制构件的定位线测定等作业。

（5）安装工：进行预制构件的安装、校正和加固。

（6）封模工：进行灌浆部位的封模，后浇混凝土模板施工等；

（7）灌浆工：现场特种作业工种，从事现场灌浆作业相关工作；

5. 装配式建筑项目现场人员培训主要内容

（1）全员岗前培训：① 项目总体管理；② 项目管理能力和技巧；③ 技术标准和规范；④ 全面质量管理；⑤ 装配式建筑施工技术；⑥ 项目安全管理；⑦ 项目消防管理等。

（2）专项操作技能培训：① 安装施工顺序模拟培训；② 安装工器具使用方法培训；③ 安装技术、方法及偏差控制等培训；④ 灌浆作业专项培训。

（3）安全操作培训：① 吊装作业安全注意事项及防范措施培训；② 各工序安全设施使用方法与要求；③ 高处作业安全措施；④ 起重机、吊具吊索安全使用要求；⑤ 个人防护用品使用要求；⑥ 进场三级安全教育培训。

（4）每日班前教育培训：① 个人防护用品的穿戴，内场各作业人员需佩戴安全帽、防尘口罩等劳动防护用品；② 现场一般安全知识，工完料清的落实，危险物品的正确处理；③ 当前作业环境应掌握的安全技术操作规程、安全责任和必须把住的安全环节；④ 季节性生产作业环境、作业位置安全，作业人员身体状况、情绪的检查；⑤ 上一班现场情况和存在的问题，现场主要的安全措施；⑥ 施工操作注意事项；⑦ 有问题、有隐患地点作业人员必须注意的安全事项。

任务 3.2　竖向构件安装

任务陈述

装配式混凝土结构的竖向结构构件主要有预制柱和预制剪力墙板。通过本任务的实施,要求能按施工流程和施工工艺要求完成预制柱和预制剪力墙板吊具选用与安装、构件的平稳起吊、伸出钢筋的插入就位、垂直度校正以及临时支撑的固定等工作内容,掌握竖向结构构件的吊装施工要点。

知识准备

1. 竖向构件的吊具与安装吊点位置

(1) 常用吊具及安装方法。

① 常用吊具。对于竖向构件的吊装,根据竖向构件的尺寸和吊点位置,主要采用吊索和梁式吊具。如图 3-49、图 3-50 所示。

图 3-49　采用梁式吊具吊装预制墙板　　图 3-50　采用吊索吊装预制柱

② 吊具的使用要求。

a. 吊具、吊索的使用应符合施工安装的安全规定。构件起吊前,应对施工人员进行吊具的使用交底。构件起吊时的吊点合理,应与构件重心重合,宜采用标准吊具均衡起吊就位。

b. 吊具可采用预埋吊环或埋置式接驳器的形式,吊具的选择必须保证被吊构件不变形、不损坏,起吊平稳,不转动、不倾斜、不翻倒。

c. 吊具的选择应根据现场构件的形状、重量、体积、结构形式、吊点位置等,结合现场作业条件综合确定。

d. 构件起吊前,应根据预制柱的情况准备好相应的吊具,严禁施工人员私自混用、乱用吊具。各吊索与构件的水平夹角一般不宜小于60°,不应小于45°,并确保各吊索受力均匀。如果角度不满足要求应在吊具上对吊索角度进行调整。

(2) 构件上的安装吊点位置。预制柱的安装吊点和翻转吊点共用,设置于柱子顶部。断面大的柱子一般设置 4 个吊点,也可设置 3 个吊点,断面小的柱子可设置 2 个或 1 个吊点,如图 3-51 所示。

预制墙板的安装吊点一般设置在墙板的上边或者墙板的侧边,一般设置 2 个或 2 组。如图 3-52 所示。

图 3 - 51　预制柱上的吊点　　　　　　　　图 3 - 52　预制墙板上的吊点

2. 竖向构件的支撑设置要求

竖向构件安装后,为防止构件倾倒,需安装临时可调斜支撑,并通过调整斜支撑的方式调整构件的垂直度。其中预制柱需对 *X*、*Y* 两个方向进行垂直度调整,墙体需对前面进行垂直度调整。根据以上垂直度调整的要求,竖向构件临时斜支撑的设计和安装需满足以下要求:

（1）构件上的支点一般设在构件高度的 2/3 处。

（2）斜支撑与地面的水平夹角一般为 45°～60°,根据现场情况一端与地面上的支点相连。

（3）斜支撑宜采用无缝钢管加工制作,并设计成长度可调式。如图 3 - 53、图 3 - 54 所示。

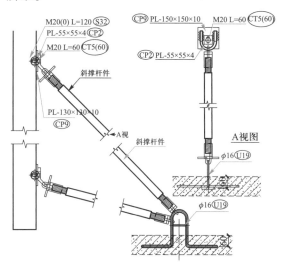

图 3 - 53　某工程斜支撑设计图　　　　　　　图 3 - 54　斜支撑

（4）预制柱斜支撑设置在相邻的两个面上,每个预制柱至少设置两个,如图 3 - 55 所示。

（5）预制墙板的斜支撑一般设置两组,每组采用设置上下两道长短支撑的形式。上部支撑点位置为 1/2～2/3 构件高度,下部支撑点宜设置在 1/4 构件高度附近,如图 3 - 56

所示。

图 3-55　预制柱可调斜支撑　　　　　　　　图 3-56　预制墙板可调斜支撑

（6）预制构件上的支点由设计部门确定支撑方案并提供给构件生产厂家预埋。现场支点应在现浇部分浇筑前提前预埋，且连接可靠。如图 3-57 所示为斜支撑预埋件。

图 3-57　某工程斜支撑预埋件

3. 竖向构件的安装工艺流程与要求

（1）预制柱的安装流程和施工要求。

① 预制柱的安装工艺流程如下：

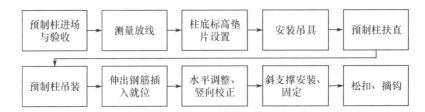

各工序基本操作要求如下：

a. 检查预制柱外观质量有无破损，板面基层清理干净；

b. 预制柱吊装就位，待距板面 300 mm 时停止下落；

c. 调整预制柱位置,使预制柱底部灌浆套筒与下层柱伸出钢筋准确对位;

d. 缓慢下落至定位标高;

e. 固定柱斜支撑,朝内一层固定一个,相邻一面固定一个;

f. 用 2 m 靠尺检验柱垂直度并通过斜支撑调整柱的垂直度,直至达到规范允许偏差范围内。

g. 松扣,进行下一个柱吊装。如图 3 – 58 所示为某工程预制墙板吊装顺序图。

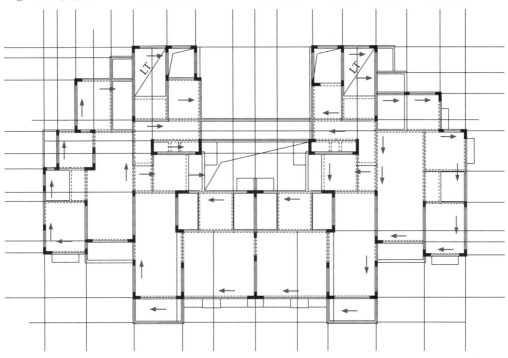

图 3 – 58　某工程预制墙板吊装顺序

② 预制柱的吊装要求。

a. 测量放线。使用经纬仪或全站仪准确定出首层的定位轴线,并加以复核。其他各层采用铅垂仪引测至各施工作业层。完成后,采用钢卷尺准确放出柱的安装位置线。使用水准仪或全站仪准确引入首层标高,作为柱下垫块标高控制的控制点。

b. 标高与垂直度控制。预制柱的标高可采用在柱底设置垫片控制,每根柱下设置三至四个点,一般设置在距离柱边缘 100 mm 处,并按设计标高,结合柱长度尺寸,提前用水准仪测好垫片的标高。过高或过低可通过增减垫片的形式进行调节。同时,配合经纬仪调整柱的垂直度达到设计要求。

c. 柱的吊装。做好吊具、吊索的选用,用卸扣、螺旋吊点将吊索与柱顶预埋吊点连接紧固后,方可起吊。考虑柱的翻转起立,需在起立前垫好橡胶垫块,防止构件起立时造成破损。柱缓慢吊起后,提升至距地面 300 mm 时稍作停顿,利用手拉葫芦将构件调平,并检查吊挂牢固情况,确认无误后方可继续提升转运至安装作业层。

d. 吊装就位。柱吊至距离作业面 600 mm 处稍作停顿,由作业人员手扶柱控制下落方向至预埋伸出钢筋上方,用镜子控制柱底套筒孔位与伸出钢筋的位置对正。对准后,引导柱子缓慢下降,平稳就位。

e. 调节就位。柱安装时要有专人负责柱下口的定位,待柱落位后,随即安装可调斜支撑进行固定,每根柱设两个方向的临时支撑不少于 2 道,其支点按设计要求进行安装,并复核。

通过调节斜支撑螺杆上的可调螺杆,调节垂直方向和水平方向的垂直度达到设计和安装偏差的要求。斜支撑需在现浇混凝土和灌浆料达到设计强度后方可拆除。

（2）预制剪力墙板的安装工艺流程与要求。

① 预制剪力墙板的安装工艺流程如下:

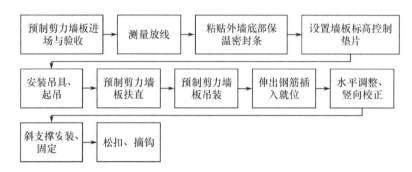

预制剪力墙板安装各工序基本操作要求如下:

a. 检查墙板外观质量有无破损;墙体基层清理干净;

b. 在墙板内侧弹出标高控制线,用扁担钢梁连接墙板吊装孔,吊装墙板至其准确位置上方,待墙板下落至距操作面 30 cm 时,停止下落;

c. 将调节标高螺杆拧进墙板底部调节标高预埋件,调节拧进的长度至要求长度;调整墙板位置,使墙板底部的灌浆套筒与预埋插筋准确对位后缓慢下落至底部;

d. 根据墙板上的标高控制线复核墙板标高,若不到位则重新调整调节标高螺杆,直至调整到位;

e. 固定墙体斜支撑,观察墙板位置并用斜支撑微调墙板至准确位置,用 2 m 靠尺检验墙板垂直度,用斜支撑调整墙板垂直度至规范允许偏差内(≤5 mm)。

f. 松扣,进行下一块墙板吊装。

② 预制剪力墙板的吊装要求。

a. 测量放线。使用经纬仪或全站仪准确定出首层的定位轴线,并加以复核。根据首层控制线,采用垂准仪引测至各施工作业层。完成后,采用钢卷尺准确放出外墙的安装位置线。在外墙内侧,内墙两侧 200 mm 处分别放出墙体安装控制线。如图 3 – 59 所示。

b. 标高与垂直度控制。预制墙板的标高可采用在墙底设置垫片或定位角码进行控制。使用水准仪或全站仪准确引入首层标高,按设计标高,结合墙体高度尺寸,提前用水准仪测好垫片的标高,控制好墙体下部垫块表面的标高。

c. 墙体的吊装。墙体吊装可采用带手拉葫芦的梁式吊具,并加设缆风绳。用卸扣、螺旋吊点将吊索与墙顶预埋吊点连接紧固后,方可起吊。待墙板缓慢吊起后,提升至距地面 300 mm 时稍作停顿,利用手拉葫芦将构件调平,并检查吊挂牢固情况,确认无误后方可继续提升转运至安装作业层。

d. 吊装就位。墙板吊至距离作业面 600 mm 处稍作停顿,由作业人员手扶墙板控制下落方向至预埋伸出钢筋上方,用反光镜观察控制墙板底部套筒孔位,使其与伸出钢筋的位置

图 3 - 59　预制墙定位控制线

对正。对准后,引导墙板缓慢下降,平稳就位。

e. 调节就位。墙板准确落位后,使用水准仪复核水平偏差,无误差后,随即安装可调斜支撑进行临时固定。通过调节斜支撑螺杆上的可调螺杆,调节墙体的垂直度达到设计和安装偏差的要求,方可松开吊钩。调节斜支撑时必须由两名作业人员同时同方向进行调节操作。

调节完成后,需再次对墙体的水平位置、标高、垂直度、相邻墙体的平整度等进行校核。如图 3 - 60 所示。

图 3 - 60　墙体垂直度测量

任务实施

1. 吊具的检测与安装

(1)吊具的可靠性检查。

① 目测检查。检查吊具的钢丝绳或吊索链、吊钩、卡具、吊点、钢梁或钢架等是否存在断丝、锈蚀、破损和开焊等现象,发现问题及时更换或处理,做好日常维护,填写日常检查与保养记录表,如表 3 - 9 所示。

表 3-9 某工程吊索日常检查与保养记录表

年　　月　　　　　　　班组名称：

	检查标准	1	2	3	4	5	6	7	8	9	10	11	12	13	14	15	16	17	18	19	20	21	22	23	24	25	26	27	28	29	30	31
钢丝绳	钢丝绳一个捻距内断丝不超过 10%																															
	钢丝绳表面的磨损量和腐蚀量不超过 40%																															
	钢丝绳直径减少不超过 7%																															
	钢丝绳无扭结、死角、硬弯、塑性变形																															
	钢丝绳锁紧扣螺栓、螺帽无松动																															
	钢丝绳与金属环或其他连接件之间无松动、缝隙																															
	钢丝绳无绳芯脱出等严重变形																															
	钢丝绳润滑良好																															
	钢丝绳无焊伤、氧化层																															
	钢丝绳无接长现象																															
吊钩	吊钩防脱扣装置齐全、可靠																															
	吊钩无明显裂纹、变形																															
	吊钩磨损量不超过 10%																															
链条	链环直径磨损不超过 10%																															
	链环焊缝无脱焊、裂纹等																															
	链环无拉伸变形																															
	链环连接件包括紧固件、销子、轮轴等紧固无磨损																															
卸扣	卸扣表面光滑，无毛刺、裂纹、变形																															
	卸扣无补焊现象																															
	卸扣螺纹旋入时顺利自如，能全部拧入螺口内																															
其他	吊索具定置管理，规范存放																															
	现场无违规使用吊索具现象																															
备注																																	

② 试吊检查。构件吊装前,通过试吊检查的方式对起重设备和吊具的全面试验检测。同时,应满足构件水平运输最远距离的要求,及时做好试吊问题反馈和处理。

(2)吊具的选择和安装。根据构件的形状、重量等选择合适的吊具,将吊具索具安装到起重设备的吊钩上,并与构件上的吊点安装连接牢固。

2. 剪力墙板底部处理

(1)粘贴底部密封条。剪力墙外墙板底部的缝隙在安装前要提前粘贴保温密封条,密封条用胶粘贴在下层墙板保温层的顶面上,粘贴位置距保温层内侧不得小于 10 mm。保温密封条采用橡塑棉条,其宽度为 40 mm、厚度为 40 mm。

(2)安放墙板标高控制垫片。墙板标高控制垫片设置在墙板下面,垫片厚度不同,最薄厚度为 1 mm,总高度为 20 mm,每块墙板在两端角部下面设置三点或四点,位置均在距离墙板外边缘 20 mm 处。

根据墙板安装标高控制点,垫片要提前用水平仪测好标高,标高以本层板面设计结构标高 +20 mm 为准。

3. 构件吊装就位

(1)构件起吊。

① 清理预制柱、剪力墙板表面混凝土表面上的灰浆、油污及杂物,清理吊点凹槽内的砂浆等。

② 安装吊具,检查吊索与构件夹角是否符合要求,如不满足,应对吊索角度进行调整。检查吊点与绳索的安装,确保吊点安装牢固。在吊装柱上系好牵引绳,保证安全牢固。

③ 构件起吊。构件应缓慢起吊,提升到 600 mm 左右的高度,先观察有没有异常现象,吊索平衡,继续起吊。预制柱由平躺到竖直,翻转时,柱底需垫橡胶轮胎等软垫,如图 3 – 61、图 3 – 62 所示。

当吊至比作业面高出 3 m 以上且高出作业面最高设施 1 m 以上时,将构件平移至安装部位上方,然后缓慢降低高度。

图 3 – 61　预制柱起吊

图 3 – 62　预制剪力墙吊装

(2)钢筋对孔与构件就位。墙板在距安装位置上方 600 mm 左右略作停顿,施工人员可以手扶墙板,控制墙板下落方向,墙板在此缓慢下降。待到距预埋钢筋顶部 20 mm 处,两侧安装人员确认地面上的控制线,将构件尽量控制在边线上,利用反光镜进行钢筋与套筒的对位,预制墙板底部套筒位置与地面预埋钢筋位置对准后,使伸出钢筋准确插入套筒孔洞中,将墙板缓慢下降,对准位置控制线平稳就位。如果就位后偏差较大,可将构件重新吊起至距地面50 mm左右的位置,安装员重新调整后,再次下放,直到基本到达正确位置为止,如图3-63所示。

图3-63　预制柱对孔与就位

4. 斜向支撑安装

竖向预制构件安装就位后,由安装人员及时调整安装位置和标高,保证安装误差在允许范围内。外墙板采用可调节钢支撑进行固定,塔吊卸力的同时,需要采用可调节斜支撑螺杆将墙板进行固定。安装支撑时,先安装支撑的托板到墙板和楼板上,然后再安装支撑螺杆到已安装的支撑托板上。每块剪力墙构件需要二长二短共计四个斜支撑。检查支撑受力状态,对未受力或受力不平衡的情况进行调节,如图3-64所示。

图3-64　安装完成的墙板斜支撑

5. 标高与定位、垂直度调节

墙板安装固定后,需对安装就位的剪力墙板进行位置和垂直度的校核和调整。通过调节下部短支撑螺杆来调节墙板的里外位置,调节上部长支撑螺杆来调节墙板垂直度。调节完成后,再次复核构件的水平位置、标高、垂直度、相邻墙体的平整度等。调整顺序建议按高度、位置、倾斜来进行,避免重复吊起。预制结构构件安装尺寸允许偏差及检验方法见表 3 – 10。

表 3 – 10　预制结构构件安装尺寸的允许偏差及检验方法

项目		允许偏差/mm	检验方法
构件中心线对轴线位置	基础	15	尺量检查
	竖向构件(柱、墙板、桁架)	10	
	水平构件(梁、板)	5	
构件标高	梁、板底面或顶面	±5	水准仪或尺量检查
构件垂直度	柱、墙板 < 5 m	5	经纬仪量测
	柱、墙板 ≥ 5 m 且 < 10 m	10	
	柱、墙板 ≥ 10 m	20	
构件倾斜度	梁、桁架	5	垂线、钢尺量测
相邻构件平整度	板端面	5	钢尺、塞尺量测
	梁、板下表面 抹灰	5	
	梁、板下表面 不抹灰	3	
	柱、墙板侧表面 外露	5	
	柱、墙板侧表面 不外露	10	
构件搁置长度	梁、板	±10	尺量检查
支座、支垫中心位置	板、梁、柱、墙板、桁架	±10	尺量检查
接缝宽度	板 < 12 m	±10	尺量检查

6. 斜支撑的拆除

临时斜支撑必须在本层现浇混凝土达到设计强度后,方可进行拆除。

某工程预制柱、预制剪力墙吊装施工现场如图 3 – 65、图 3 – 66 所示。

🚜 **任务拓展**

某工程员工宿舍楼工程项目,采用装配整体式混凝土框架结构。其预制构件吊装施工方案和支撑系统施工方案如下:

1. 预制构件吊装施工方案

(1)吊装施工整体部署。装配式混凝土预制构件共计 441 件,最重的达 5.93t(WGY – 1F – 02),最轻的 0.37t(2PCL – (1A – B)/wPCL – 1A – B)。经过吊运分析,现场吊装决定采用 2 台 80t 汽车吊(2 个吊装队伍),由两侧向中间对称施工,分三次站位,完成所有预制构件的吊装,如图 3 – 67 所示。

(a) 预制柱吊装就位

(b) 柱套筒对位

(c) 斜支撑安装

(d) 柱垂直度校正

图3-65 某工程预制柱吊装施工现场

（2）吊运分析。根据图纸和相关计算,在宿舍楼的区域内,构件质量最大的是外墙WGY-1F-02和WGY-1F-05,重量为5.93t。计算吊重 =（构件自重 + 吊钩重量）× 安全系数0.75,结合汽车吊技术参数,汽车吊平面位置的三个站位分别在4轴、10轴、16轴与距离建筑物安全工作距离4 m交接处。如图3-68所示。

（3）吊装流程:完成基础及一层现浇柱的施工→吊装预制楼梯（第一跑）→吊装二层预制梁（先吊装 Y 向,后吊装 X 向）→吊装一层预制外墙板→吊装二层预制楼板→二层楼面现浇层施工→吊装二层预制外墙板→吊装二层预制柱→吊装预制屋面梁（先吊装 Y 向,后吊装 X 向）→吊装预制屋面板→屋面现浇层施工。

2. 支撑系统施工方案

根据本工程特点,决定采用以下支撑系统,在满足受力安全的情况下,搭拆方便,易于施工。

（1）装配式叠合板下工具式支撑系统。叠合板下工具式支撑系统由铝框木工字梁、木梁托座、独立钢支柱和稳定三脚架组成。

① 铝框木工字梁,如图3-69所示。

② 独立钢支柱。主要由外套管、内插管、微调节装置、微调节螺母等组成,是一种可伸缩微调的独立钢支柱,主要用于预制构件水平结构作垂直支撑,能够承受梁板结构自重和施工荷载。内插管上每间隔150 mm有一个销孔,可插入回形钢销,调整支撑高度。外套管上焊有一节螺纹管,同微调螺母配合,微调范围170 mm。本工程独立钢支柱的可调高度范围

(a) 基层清理

(b) 铺设橡胶条

(c) 预制墙吊装落位

(d) 墙脚标高调节

(e) 安装斜支撑

(f) 垂直度检查、记录

图 3-66　某工程预制剪力墙吊装施工现场

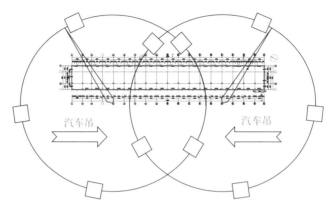

图3-67　吊装施工顺序图

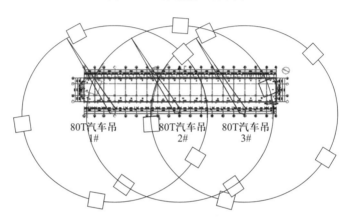

图3-68　汽车吊平面站位图

图3-69　铝框木工字梁

是2.53~3.00 m;单根支柱可承受的荷载为25 kN。

③折叠三脚架。折叠三脚架的腿部用薄壁钢管焊接制作,核心部分有1个锁具,靠偏心原理锁紧。折叠三脚架打开后,抱住支撑杆,敲击卡棍抱紧支撑杆,使支撑杆独立、稳定。搬运时,收拢三脚架的三条腿,手提搬运或码放入箱中集中吊运均可。折叠三脚架如图3-70所示。

(2)墙体斜支撑。墙体支撑体系由U形卡座、可调螺杆、正反螺母和连接件组成。如

图 3 - 71 所示。

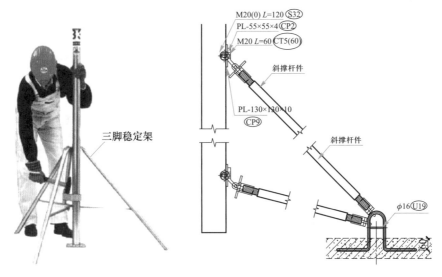

图 3 - 70　折叠三脚架　　　　　图 3 - 71　墙板斜撑体系

　　墙板临时固定:采用可调节斜支撑将墙板进行固定。先将固定 U 形卡座安装在预制墙板上,根据楼板膨胀螺栓定位图将固定 U 形卡座安装在楼面上,吊装完成后将斜支撑安装在墙板楼面上,长螺杆长 2400 mm,按照此长度进行安装,可调节长度为 ± 100 mm。短螺杆长 1000 mm,按照此长度进行安装,可调节长度为 ± 100 mm。

任务 3.3　水平构件安装

任务陈述

　　竖向预制构件安装完毕后,需进行水平构件的安装工作。装配式混凝土结构水平构件主要是预制梁、预制楼板、预制阳台板、预制空调板、预制楼梯等。水平构件的安装需要搭设构件支撑体系,本项目主要采用单顶支撑。

知识准备

　　1. 水平构件的吊具与安装吊点位置

　　(1)常用吊具与安装方法。

　　① 常用吊具。对于水平构件的吊装,根据水平构件的长宽尺寸较大的特点和吊点位置,主要采用吊索、梁式吊具和平面吊具,如图 3 - 72 所示。

　　② 吊具的安装。根据吊点位置的不同,一般用吊索勾住吊点,吊索另一端与吊钩或吊具相连。不论何种吊装形式,均应保证吊索与吊具之间的夹角≥60°。

　　(2)构件上的吊点设置。叠合楼板吊点一般利用加强吊点处桁架筋形式,叠合梁吊点一般为预埋 ∩ 形吊钩的形式,普通预制梁、预制阳台、楼梯等构件吊点一般为内埋式吊钉,如图 3 - 73 ~ 图 3 - 76 所示。

图 3 - 72　采用平面吊具吊装的楼板

图 3 - 73　叠合楼板预埋∩形吊钩　　　　　图 3 - 74　桁架筋吊点

图 3 - 75　叠合梁预埋∩形吊钩　　　　　图 3 - 76　预制空调板的吊点

2. 水平构件的支撑类型和搭设工艺

（1）支撑的类型。水平构件主要有预制楼板、预制梁、楼梯、阳台板、空调板等。目前，水平构件中，采用预制楼板的项目占比较大。预制叠合楼板安装使用的水平临时支撑主要有普通钢管架支撑体系、可调独立支撑架体系、可调门式架支撑体系、组合式可调节支撑体系、免支撑角码支撑体系等形式。

① 普通钢管架支撑体系。即普通钢管扣件脚手架，采用传统现浇混凝土施工方式搭设承重架，如图 3-77 所示。

图 3-77　传统支模架支撑体系

② 可调独立支撑架体系。即采用可调独立支撑与钢管牵杆作为整个装配式建筑预制构件安装的承重体系，如图 3-78 所示。

图 3-78　可调独立支撑与钢管牵杆支撑体系

③ 可调门式架支撑体系。即采用可调门式支撑架与钢管牵杆作为装配式建筑构件安装的承重体系，如图 3-79 所示。

④ 组合式可调节支撑体系。采用组合式可调节支撑架同时支撑预制叠合梁和叠合板，该支撑体系的独立支撑单元可独立成型，结构稳定。可调独立支撑杆可根据需求组合，形成两高一低（中间跨梁板组合使用）、两低一高（边跨梁板组合使用）等形式，组合灵活方便实用，如图 3-80 所示。

⑤ 免支撑角码支撑体系。采用定型角码固定在预制柱、预制叠合梁顶部，来支撑预制

图 3 - 79 可调门式支撑架与钢管牵杆支撑体系

图 3 - 80 组合式可调节支撑体系

叠合梁、叠合板等构件,充分利用构件自身的强度与刚度,实现了装配式建筑预制构件的不搭设竖向支撑体系的安装方法,如图 3 - 81 所示。

图 3 - 81 免支撑角码支撑体系

（2）支撑的搭设注意事项。在装配式建筑水平构件中,可调独立支撑架体系(单顶支撑)具有安拆方便、作业面整洁、标高调整快捷等特点,受到装配式建筑施工项目现场作业人员的青睐。下面介绍单顶支撑的搭设要求。

① 严格按照设计图样和支撑设计方案进行支撑的搭设。搭设前应对支撑搭设相关人员进行安全技术交底。如果设计未明确搭设要求,施工单位需会同设计单位、构件生产单位共同做好搭设方案并报监理批准后实施。

② 严格控制单顶支撑的间距,避免随意加大间距。同时要保证整个支撑体系的稳定性。对于独立支撑,必须保证支撑下部三脚架的稳固。

③ 按要求调整单顶支撑的定位、标高,防止搭设出现高低不平现象。

④ 支撑顶部采用的楞木或铝梁,不可出现变形、腐蚀或不平直现象。

⑤ 支撑的立柱套管不允许使用弯曲、变形和锈蚀的材料,套管旋转螺母不允许使用开裂与变形的材料。

⑥ 单顶支撑搭设所要求的尺寸偏差应满足表 3 – 11 的要求。

表 3 – 11　单顶支撑搭设所要求的尺寸偏差要求及检查方法

项目		允许偏差/mm	检验方法
轴线位置		5	钢尺检查
层高垂直度	不大于 5 m	6	经纬仪、线坠或钢尺检查
	大于 5 m	8	
相邻两板的表面高低差		2	钢尺检查
表面平整度		3	2 m 靠尺和塞尺检查

（3）支撑搭设的安全保障措施。

① 单顶支撑搭设前必须对工人进行安全技术交底,搭设工人必须是通过考核的专业人员且必须持证上岗,不允许患高血压、心脏病的工人上岗。

② 搭设过程中,搭设工人需佩戴好安全防护用品。

③ 严格按照专项施工方案进行搭设,按照支撑平面布置进行点位布置。

④ 支撑搭设完成后,必须通过现场技术与管理各方验收合格后,方可进行下一工序。

⑤ 构件安装和后浇混凝土浇筑过程中,必须派专人巡查,随时监测支撑的变形、松动等情况。

3. 水平构件的安装工艺与流程

（1）预制梁安装。

① 工艺流程如下:

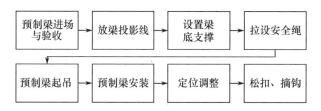

预制梁安装各工序基本操作要求：

a. 检查叠合梁外观质量有无破损。

b. 用钢丝绳连接梁吊装孔后将梁吊至其位置上方，下落，距离柱顶约 30 cm 处停止下落。

c. 调整梁位置，对准柱侧面的梁边线缓慢下落至相应标高，下落过程中注意避免梁钢筋和柱钢筋碰撞。

d. 梁落到位后，测量梁底标高是否准确，不准确的调整顶托高度，使梁底标高正确；同时观察梁平面位置是否准确，不准确的用撬棍微调梁位置，使梁边与控制线对齐。

e. 用水平尺测量梁的垂直度，若垂直度偏差较大则需要调整小横杆水平度使其垂直度在规范允许范围内。

f. 松扣，进行下一道梁的吊装。

② 施工注意点如下：

a. 梁控制线测量。通过楼层弹测的 50 线和柱定位线，在柱顶上弹出梁控制线和梁底标高线。

b. 梁底支撑安装。梁底支撑一般采用双排支撑体系，需按照支撑设计方案安放支撑位置和数量，必须保证支撑下部三脚架的稳固，支撑体系要平衡、稳定。对于长度大于 4 m 的预制梁，底部不得少于 3 个支撑点，大于 6m 的，不得少于 4 个。预制梁底标高可通过调整支撑螺杆来完成。

c. 梁吊装。吊装预制梁应采用专用的钢吊架，吊装路线上不得站人。将预制梁缓慢落在已安装好的底部支撑上，预制梁端应锚入柱内 15 mm。梁吊装就位后，两侧借助柱顶梁定位控制线准确定位梁边线和标高。安装完成后，需再次检查校正梁控制线及标高，并检查主梁上次梁缺口、预埋件等位置是否正确。

由于预制梁跟预制柱在节点处存在钢筋干涉问题，所以在绑扎钢筋时应该注意，提前套入梁下柱箍筋。

（2）预制叠合楼板吊装。

① 工艺流程如下：

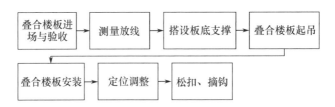

预制叠合楼板安装各工序基本操作要求如下：

a. 检查叠合板外观质量有无破损。

b. 采用四点吊装法，用钢丝绳连接叠合板桁架钢筋，吊运至其相应位置上空，下落，至操作面上方 300 mm 处停止下落，如图 3-82 所示。

c. 将板边与梁上墨线对准后缓慢下落至梁顶，下落过程中避免板伸出钢筋与梁钢筋碰撞卡牢；板落位后若位置有偏差，用撬棍微调，使板四边与梁上墨线对齐。

d. 检验板底标高是否正确，若偏差较大，则调整顶托，使板标高准确。

② 施工注意点如下:

a. 叠合楼板安装前应编制支撑方案,支撑架宜采用可调工具式支撑系统,架体必须有足够的强度、刚度和稳定性。叠合板底支撑间距不应大于 2 m,每根支撑之间高差不应大于 2 mm,标高偏差不应大于 3 mm,悬挑板外端比内端支撑宜调高 2 mm,如图 3-83 所示。

b. 叠合楼板安装前,应复核预制板构件端部和侧边的控制线以及支撑搭设情况是否满足要求。

c. 叠合楼板起吊时应先进行试吊,吊起后距地 600 mm停止,检查吊索、吊钩的受力情况。同时,调整叠合楼板保持水平,方可吊运至施工作业层。

d. 为了避免预制楼板吊装时,因受集中应力而造成叠合板开裂,预制楼板吊装宜采用专用吊架。叠合楼板

图 3-82　叠合楼板四点吊装

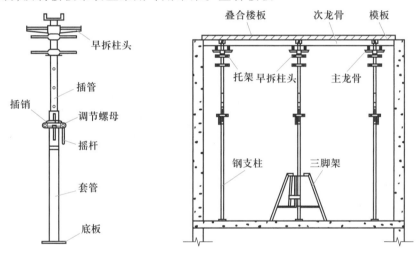

图 3-83　叠合楼板支撑设置

吊至作业层上空 200 mm 处略作停顿,由作业人员手扶楼板调整方向后,调整板位置使板锚固筋与梁箍筋错开,根据梁、墙上已放出的板边和板端控制线,准确就位,偏差不得大于 2 mm,累计误差不得大于 5 mm。叠合楼板安装时,应保证水电预埋管(孔)位置准确。

e. 叠合楼板安装就位后,应通过调节垂直支撑立杆来控制水平标高,要确保所有立杆全部受力。

f. 叠合楼板吊装顺序依次铺开,不宜间隔吊装。在混凝土浇筑前,应校正预制构件的外露钢筋,外伸预留钢筋伸入支座时,预留筋不得弯折。

g. 相邻叠合楼板间拼缝及预制楼板与预制墙板位置拼缝应符合设计要求并有防止裂缝的措施。施工集中荷载或受力较大部位应避开拼接位置。

h. 叠合楼板安装允许偏差见表 3-12。

表 3 - 12 叠合楼板安装允许偏差

序号	项目	允许偏差/mm	检验方法
1	预制楼板标高	±4	水准仪或拉线、钢尺检查
2	预制楼板搁置长度	±10	钢尺检查
3	相邻板面高低差	2	钢尺检查
4	预制楼板拼缝平整度	3	2 m 靠尺和塞尺检查

任务实施

1. 预制梁吊装施工

（1）支撑搭设与标高控制。

① 定位放线。预制墙体或柱安装完成后,由测量人员根据预制梁平面位置放出独立支撑定位线,同时根据预制梁平面布置图及轴网,利用经纬仪或全站仪在墙体上放出预制梁定位线和梁边控制线,如图 3 - 84 所示。

根据楼层 50 线位置,测出梁底和柱顶、墙顶的标高差,放出梁底标高控制线。

图 3 - 84 次梁定位边线

② 梁底支撑架搭设。根据梁支撑方案,确定支撑位置,准备足够的支撑和木方。预制梁一般采用双排支撑体系,以保证支撑稳固。每组支撑采用单顶立杆支撑 + 顶托 + 木方,预制梁底标高可通过调整支撑螺母来调节。

（2）吊具的选择与安装。根据预制梁尺寸和重量的不同,选择合适的吊索和吊具,一般预制梁吊装采用梁式吊具。将吊索端压扣式吊扣扣住吊点处的吊钉,吊索另一端与吊钩或吊具相连即完成吊扣的安装。安装完成后,检查吊索与吊具之间的夹角是否≥60°。

（3）构件吊装与就位。将预制梁缓慢起吊,吊离地面 600 mm 左右停止,检查吊索、吊钩的受力情况,确认无误后吊至作业层。在作业层上空 500 mm 处减缓速度下落,由操作人员根据梁定位控制线,引导预制梁就位。借助柱或墙板上的梁定位线精准定位,调平的同时上紧可调支撑螺母。

（4）标高与位置复核。根据预制墙体上水平控制线及梁边控制线,校核预制梁水平位置及竖向标高情况,通过调节竖向独立支撑,确保叠合梁满足设计标高和水平定位要求。如图 3 - 85 所示为某工程预制梁吊装施工现场。

(a) 叠合梁吊装落位　　　　　　　　(b) 梁底标高复核

(c) 梁位置微调　　　　　　　　　(d) 梁垂直度校正

(e) 梁吊装完成、卸扣

图 3 - 85　某工程预制梁吊装施工现场

2. 预制叠合楼板吊装施工

（1）支撑搭设与标高控制。

① 定位放线。预制墙体安装完成后，由测量人员根据叠合楼板板宽放出独立支撑定位线，同时根据预制叠合楼板分布图及轴网，利用经纬仪在墙体上放出板缝位置定位线，板缝定位线允许误差为 ±10 mm。

② 楼板底支撑架搭设。支撑架体应具有足够的承载能力、刚度和稳定性，应能可靠地承受混凝土构件的自重和施工过程中所产生的荷载及风荷载，支撑立杆下方应铺设垫板。确保支撑系统的间距及距离墙、柱、梁边的净距符合系统验算要求，上下层支撑应在同一直线上。在可调顶托上架设木方，调节木方顶面至板底设计标高，开始吊装预制楼板。

（2）吊具的选择与安装。根据预制叠合楼板尺寸和重量的不同，选择合适的吊索和吊具。叠合楼板使用吊索端吊钩勾住吊点桁架筋,吊索另一端与吊钩或吊具相连即完成安装,安装完成检查吊索与吊具之间的夹角是否≥60°,如图3-86所示。

（3）构件吊装与就位。叠合板吊装过程中,在作业层上空 500 mm 处减缓降落,由操作人员根据板缝定位线,引导楼板降落至独立支撑上。及时检查板底与预制叠合梁或剪力墙的接缝是否到位,预制楼板钢筋深入墙长度是否符合要求,直至吊装完成,如图3-87所示。

图3-86　叠合楼板平面吊具　　　　　　　　　　图3-87　叠合楼板吊装就位

（4）标高与位置复核。根据预制墙体上水平控制线及竖向板缝定位线,校核叠合板水平位置及竖向标高情况,通过调节竖向独立支撑,确保叠合板满足设计标高要求;调节叠合板水平位移,确保叠合板满足设计图纸水平分布要求。如图3-88所示为某工程叠合楼板吊装施工现场。

(a) 叠合楼板吊装　　　　　　　　　　　　(b) 叠合楼板就位

(c) 板位置、标高微调　　　　　　　　　　(d) 安装完成、卸扣

图3-88　某工程叠合楼板施工现场

任务拓展

1. 预制楼梯吊装施工工艺流程

（1）工艺流程如下：

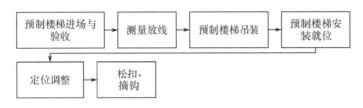

（2）各工序操作要求如下：

① 进场验收主要检查楼梯外观质量有无破损。

② 楼梯间平台梁、板施工完成后，测量并弹出对应梯段的楼梯构件和侧边控制线。

③ 试吊过程中，应调整索具长度，使楼梯平台部位处于水平位置，同时，检查楼梯的吊点位置和吊索情况，确保平稳吊装。

④ 楼梯采用四点吊法，用锁扣连接吊装孔后将楼梯吊运至其相应位置上方，缓慢下落至操作面 300 mm 处停止。

⑤ 将楼梯对准尺寸线后缓慢下降至楼梯梁上，灌浆孔与插筋要对牢。

⑥ 检验楼梯平面位置是否准确，若有偏差，则用撬棍将楼梯微调至准确位置。

⑦ 检验楼梯标高和水平度，将其调整至允许偏差范围内。

⑧ 松扣，进行下一跑楼梯的吊装。

（3）某工程预制楼梯吊装施工现场如图 3-89 所示。

2. 预制阳台板、空调板等构件吊装施工

预制阳台板、空调板等为悬挑构件，其安装有别于其他构件。安装完成后，预制阳台板叠合层与主体结构连接，空调板通过甩出钢筋与主体结构连接。因此，对于此类特殊构件，安装前需做好临时支撑专项方案，确保安装过程安全可靠。其次，要保证甩出钢筋的锚固长度和节点施工质量。临时支撑拆除必须当现浇混凝土部分达到设计强度时方可拆除。如图 3-90 所示为预制阳台吊装施工。

（1）施工工艺流程如下：

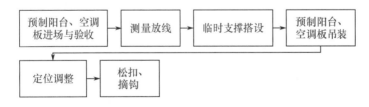

（2）施工要点如下：

① 预制阳台为异形构件，生产过程难度较大，尤其是脱模过程极易造成混凝土构件的损伤。因此需加强构件进场验收，确保尺寸、外观等符合设计要求。

② 悬挑构件支撑搭设应严格按照施工专项方案要求。

③ 预制阳台一般采用四点吊装方式，应合理选择吊具进行吊装。

(a) 测量放线

(b) 水平标高定位

(c) 楼梯板起吊

(d) 楼梯板吊至楼层

(e) 楼梯就位安装

(f) 水平调整

(g) 位置检查调整

(h) 安装完成卸扣

图 3 - 89   某工程预制楼梯吊装施工现场

(a) 预制阳台吊装

(b) 预制阳台上部筋施工

图 3 - 90　预制阳台吊装施工

④ 预制阳台和空调板均需通过伸出钢筋与主体结构相连,必须保证钢筋锚固长度和锚固节点的施工质量,确保后期使用安全。吊装就位后,做好主筋连接工作。

任务 3.4　套筒灌浆连接

任务陈述

灌浆作业是装配式混凝土建筑结构构件钢筋连接的重要施工环节。灌浆作业涉及结构安全,无论是套筒灌浆还是浆锚搭接的连接方式,均靠灌浆实现受力钢筋的有效连接。从浆料制备、检测到灌浆作业和养护全过程,必须保证施工质量。

知识准备

1. 灌浆作业标准

(1) 灌浆作业参考的国家、行业标准。

《装配式混凝土建筑技术标准》(GB/T 51231—2016)

《装配式混凝土结构技术规程》(JGJ 1—2014)

《钢筋套筒灌浆连接应用技术规程》(JGJ 355—2015)

《钢筋机械连接技术规程》(JGJ 107—2016)

《钢筋连接用灌浆套筒》(JG/T 398—2012)

《钢筋连接用套筒灌浆料》(JG/T 408—2013)

(2)灌浆作业国家标准的有关规定。

根据《装配式混凝土结构技术规程》的有关规定,灌浆作业需满足以下要求:

① 构件安装前应对预制构件上的套筒、预留孔的规格、位置、数量和深度进行检查,并清理好套筒、预留孔洞内的杂物。

② 检查被连接钢筋的规格、数量、位置和长度,当连接钢筋倾斜时,应进行调直。连接钢筋偏离套筒或孔洞中心线不宜超过 5 mm。连接钢筋中心位置存在严重偏差影响预制构件安装时,应会同设计单位制订专项处理方案,严禁随意切割、强行调整定位钢筋。

③ 钢筋套筒灌浆前,应在现场模拟构件连接接头的灌浆方式,每种规格钢筋应制作不少于 3 个套筒灌浆连接接头,进行灌浆质量及接头抗拉强度的检验。采用灌浆料拌合物制作的 40 mm×40 mm×160 mm 试件不应少于一组,接头试件和灌浆料试件应在标准养护条件下养护 28d。经检验合格后,方可进行灌浆作业。

④ 钢筋套筒灌浆连接接头应按检验批划分并及时灌浆。

⑤ 灌浆施工时,环境温度不应低于 5℃。当连接部位养护温度低于 10℃时,应采取加热保温措施,使结构构件灌浆套筒内的温度达到产品使用说明书的要求。有可靠经验时,也可采用低温灌浆料。

2. 灌浆作业工艺流程

分仓、清理并塞缝→拌制灌浆料→灌浆料检测→灌浆作业→灌浆完成、封堵出浆孔→试块留置→清理灌浆机

3. 座浆料、封浆料、灌浆料的配比及制作要求

装配式建筑预制构件连接时要使用专用合格的套筒灌浆料,严格按照灌浆料的初凝时间和灌浆速度确定每次灌浆料的拌制数量。既要保证每一灌浆分区的一次性完成,又不能造成灌浆料的浪费。

(1)灌浆料。钢筋连接用套筒灌浆料是以水泥为基本材料,配以细骨料,以及混凝土外加剂和其他材料组成的干混料,加水搅拌后具有良好的流动性、早强、高强、微膨胀等性能,填充于套筒和带肋钢筋间隙内,简称"套筒灌浆料"。

① 灌浆料性能指标。《钢筋连接用套筒灌浆料》(JG/T 408—2013)中规定了灌浆料在标准温度和湿度条件下的各项性能指标的要求。其中抗压强度值越高,对灌浆接头连接性能越有帮助;流动度越高对施工作业越方便,接头灌浆饱满度越容易保证。

钢筋套筒灌浆连接接头应采用单组分水泥基灌浆料,灌浆料的物理、力学性能应满足表 3-13 中的要求,同时应满足国家现行相关标准的要求。

② 灌浆料主要指标测试方法。灌浆料流动度试验应按下列步骤进行。

a. 称取水泥基灌浆材料,精确至 5 g;按照产品设计(说明书)要求的用水量称量好拌合用水,精确至 1 g。

表 3 - 13　钢筋连接用套筒灌浆料主要性能指标

项目		性能指标	试验方法
流动度/mm	初始值	≥300	GB/T 50448—2015
	30 min 实测值	≥260	
竖向自由膨胀率/%	3h	0.01 ~ 0.30	GB/T 50448—2015
	24h 与 3h 差值	0.02 ~ 0.50	
抗压强度/MPa	1d	35	GB/T 17671—1999
	3d	60	
	28d	85	
氯离子含量/%		≤0.03%	无
泌水率/%		0.0	GB/T 50080—2002
施工最低温度控制值		≥5℃	无
对钢筋腐蚀作用		无	GB 8076—2008

b. 湿润搅拌锅和搅拌叶,但不得有明水。将水泥基灌浆材料倒入搅拌锅中,开启搅拌机,同时加入拌合水,拌合水应在 10 s 内加完,如图 3 - 91 所示。

c. 按水泥胶砂搅拌机的设定程序搅拌 240 s。

d. 湿润玻璃板和截锥圆模内壁,但不得有明水;将截锥圆模放置在玻璃板中间位置。

e. 将水泥基灌浆材料浆体倒入截锥圆模内,直至浆体与截锥圆模上口平;徐徐提起截锥圆模,让浆体在无扰动条件下自由流动直至停止。

f. 测量浆体最大扩散直径及与其垂直方向的直径,计算平均值,精确到 1 mm,作为流动度初始值;应在6 min 内完成上述搅拌和测量过程。

g. 将玻璃板上的浆体装入搅拌锅内,并采取防止浆体水份蒸发的措施。自加水拌合起 30 min 时,将搅拌锅内浆体按 c ~ f 步骤进行试验,测定结果作为流动度 30 min 保留值。

图 3 - 91　灌浆料搅拌

(2)座浆料、封浆料。座浆料和封浆料多用于预制剪力墙、柱的底部接缝处,以替代该处的灌浆料,或为连接处灌浆分区做好分仓隔离。座浆料也应有良好的流动性、强度和微膨胀等性能。竖向预制构件不采用连通腔灌浆方式,构件就位前应设置座浆层,座浆材料的强度应满足设计要求。座浆材料的强度等级不应低于被连接构件混凝土的强度等级并应满足表 3 - 14 中的参数要求。

表 3 - 14　座浆砂浆性能要求

项目	性能指标	试验方法
流动度初始值/mm	130 ~ 170	GB/T 2419—2005
1d 抗压强度/MPa	≥30	GB/T 17671—1999

4. 灌浆料流动度检测要求

灌浆料流动度是保证灌浆连接施工的关键性能指标,灌浆施工环境的温、湿度差异都会影响灌浆的可操作性。在任何情况下,流动度低于要求值的灌浆料都不能用于灌浆连接施工,以防止构件灌浆失败造成事故。

为此,在灌浆施工前,应首先进行流动度的检测,在流动度值满足要求后方可施工,施工中注意灌浆时间应短于灌浆料具有规定流动度值的时间(可操作时间)。

每工作班应检查灌浆料拌合物初始流动度不少于 1 次,确认合格后,方可用于灌浆;留置灌浆料强度检验试件的数量应符合验收及施工控制要求。

5. 分仓与封边(缝)的基本要求

竖向构件采用连通腔灌浆连接时,连通腔区域为由一组灌浆套筒与安装就位后的构件间共同形成的一个封闭区域,除灌浆孔、出浆孔和排气孔外,应采用密封件或座浆料封闭次灌浆区域。

考虑灌浆施工的持续时间及灌浆的可靠性,连通腔灌浆区域不宜过大,每个连通腔灌浆区域内任意两个灌浆套筒的最大距离不宜超过 1.5 m。故宜进行灌浆作业区域的分割,既"分仓"灌浆作业,既能提高灌浆作业的效率,也可以保证灌浆作业的质量。灌浆作业分仓要求如下:

(1)常规尺寸的预制柱灌浆作业不需要分仓。

(2)预制剪力墙根据灌浆作业情况,一般按 1.5 m 范围划分连通灌浆区域。灌浆区域分隔如图 3-92 所示。

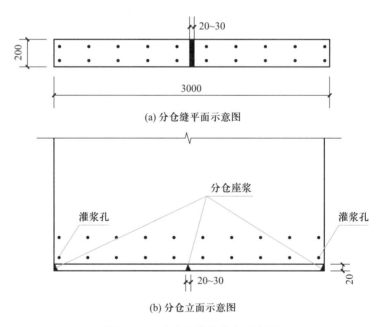

图 3-92 剪力墙灌浆分仓示意图

(3)分仓材料一般选用抗压强度大于 50 MPa 的座浆料。座浆分仓作业完成 24 h 后,可进行灌浆作业。

(4)采用分仓隔条施工时,应严格控制分仓隔条的宽度和其与主筋的距离。分仓隔条的宽度一般为 20~30 mm。距离竖向构件的主筋应大于 50 mm。

（5）常用的封缝方式有：座浆法、充气管封堵法、木模封缝法。如图 3-93 所示为采用专用分仓工具进行剪力墙分仓、封缝作业。

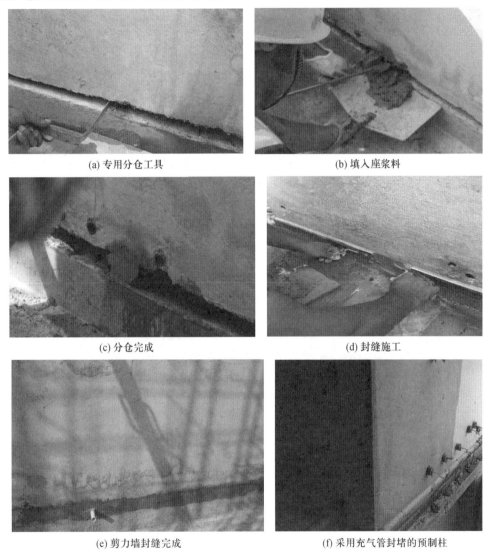

(a) 专用分仓工具   (b) 填入座浆料

(c) 分仓完成   (d) 封缝施工

(e) 剪力墙封缝完成   (f) 采用充气管封堵的预制柱

图 3-93 分仓、封缝作业

6. 灌浆作业的现场质量保证措施

灌浆作业是装配式混凝土结构施工的重要工序，必须做好以下工作，以确保灌浆作业质量，保证构件的连接质量。

（1）项目管理人员和技术人员必须熟悉灌浆作业的规范要求、质量标准、工艺流程和操作规程等，以更好地保证灌浆作业质量。

（2）项目现场必须制订详细的灌浆作业操作规程。

（3）必须做好灌浆作业人员的培训和考核，做到持证上岗。

（4）灌浆作业全过程应有专职检验人员负责旁站监督和施工质量检查，做好灌浆作业视频资料和可追溯全过程的灌浆质量检测记录,确保灌浆质量。

(5)采用经过检验合格的钢筋套筒和灌浆料配套产品。应按产品使用说明书的要求计量灌浆料和用水量,并搅拌均匀,每次拌制的灌浆料应进行流动度检测,灌浆料流动度应满足《装配式混凝土结构技术规程》和《钢筋套筒灌浆连接应用技术规程》的有关规定。

(6)施工作业人员必须是经过培训合格的持证上岗人员,并严格按技术要求进行灌浆作业。

7. 灌浆施工作业准备

灌浆施工准备过程中应注意检查以下内容:

① 接头钢筋:检查接头钢筋数量、直径、预留长度是否符合设计要求。

② 基层清理:检查座浆面、套筒内部和接头钢筋上的浮浆、铁锈等清理情况。

③ 封堵:检查根据分仓情况,是否按要求进行分段或控制好分仓数量,分仓缝和封堵浆料宽度是否符合要求。封堵完成后封堵部位的养护时间是否达标。

④ 界面浇水湿润:现场不得有明水。

⑤ 补救预案:检查灌浆作业补救预案。

8. 灌浆作业

灌浆施工须按施工方案执行灌浆作业。全过程应有专职检验人员负责现场监督并及时形成施工检查记录。

① 灌浆作业工艺流程。套筒连接灌浆施工流程如下:

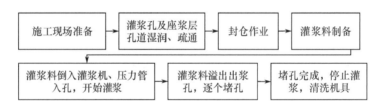

② 灌浆施工方法。竖向钢筋套筒灌浆连接,灌浆应采用压浆法从灌浆套筒下方灌浆孔注入,当灌浆料从构件上口和其他套筒的灌浆孔、出浆孔流出后应及时封堵,必要时可设分仓进行灌浆。

竖向构件宜采用连通腔灌浆,并合理划分连通灌浆区域,每个区域除预留灌浆孔、出浆孔与排气孔(有些需要设置排气孔)外,应形成密闭空腔,且保证灌浆压力下不漏浆;连通灌浆区域内任意两个灌浆套筒间距不宜超过1.5 m。采用连通腔灌浆方式时,灌浆施工前应对各连通灌浆区域进行封堵,且封堵材料不应减小结合面的设计面积。

竖向钢筋套筒灌浆连接用连通腔工艺灌浆时,采用一点灌浆的方式,即用灌浆泵从接头下方的一个灌浆孔处向套筒内压力灌浆,在该构件灌注完成之前不得更换灌浆孔,且需连续灌注,不得断料,严禁从出浆孔进行灌浆。当一点灌浆遇到问题而需要改变灌浆点时,各套筒已封堵的灌浆孔、出浆孔应重新打开,待灌浆料拌合物再次流出后进行封堵。竖向预制构件不采用连通腔灌浆方式时,构件就位前应设置座浆层或套筒下端密封装置。如图3-94、图3-95所示。

对水平钢筋套筒灌浆连接,应采用全灌浆套筒连接。灌浆作业应采用压浆法从灌浆套筒灌浆孔注入,当灌浆套筒灌浆孔、出浆孔的连接管或连接头处的灌浆料拌合物均高于灌浆套筒外表面最高点时应停止灌浆,并及时封堵灌浆孔和出浆孔。如图 3 - 96、图 3 - 97 所示。

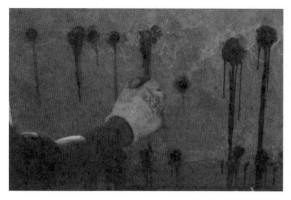

图 3 - 94　电动灌浆封堵灌浆孔

图 3 - 95　手动灌浆施工

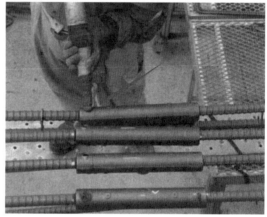

图 3 - 96　预制梁钢筋水平灌浆套筒连接

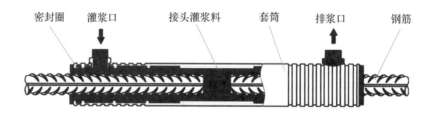

图 3 - 97　水平构件全灌浆套筒灌浆原理

③ 灌浆施工环境温度要求。灌浆施工时,环境温度应符合灌浆料产品使用说明书要求;环境温度低于 5℃ 时不宜施工,低于 0℃ 时不得施工;当环境温度高于 30℃ 时,应采取降低灌浆料拌合物温度的措施。

④ 灌浆施工异常的处置。当接头灌浆时出现无法出浆的情况时,应查明原因,采取补救施工措施;对于未密实饱满的竖向连接灌浆套筒,当在灌浆料加水拌合 30 min 内时,应首选在灌浆孔补灌;当灌浆料拌合物已无法流动时,可从出浆孔补灌,并应采用手动设备结合细管压力灌浆,但此时应制定专门的补灌方案并严格执行。如图 3 - 98 所示为采用手动设

备结合细管压力灌浆进行异常情况补灌。

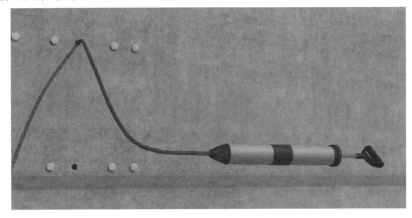

图 3 - 98　异常情况补灌

⑤ 灌浆料拌合物使用要求。灌浆料拌合物应在制备后 30 min 内用完。散落的灌浆料拌合物不得二次使用,剩余的灌浆料拌合物不得再次添加灌浆料、水后混合使用。

任务实施

1. 灌浆料制备

(1) 配合比计算。灌浆料的配合比及搅拌时间等根据灌浆料厂家提供的产品使用说明进行,根据灌浆料用量,称量规定比例的水,用搅拌工具将灌浆料搅拌至均匀。

a. 施工前应熟悉图纸及灌浆几何尺寸,根据灌浆部位的尺寸和套筒数量等计算灌浆料的需用量。

b. 称取水泥基灌浆材料,精确至 5 g;按照产品设计(说明书)要求的用水量称量好拌合用水,精确至 1 g。

(2) 灌浆料制作。

a. 湿润搅拌锅和搅拌叶,但不得有明水。将水泥基灌浆材料倒入搅拌锅中,开启搅拌机,同时加入拌合水,拌合水应在 10 s 内加完。

b. 灌浆料应用电动搅拌器充分搅拌均匀,从开始加水至搅拌结束应不少于 5 min,然后静置 2~3 min。如图 3 - 99 所示为灌浆料制备过程。

图 3 - 99　灌浆料制备过程

（3）流动度检查。

a. 湿润玻璃板和截锥圆模内壁，但不得有明水；将截锥圆模放置在玻璃板中间位置。

b. 将水泥基灌浆材料浆体倒入截锥圆模内，直至浆体与截锥圆模上口平；徐徐提起截锥圆模，让浆体在无扰动条件下自由流动直至停止。

使用钢卷尺测量浆体最大扩散直径及与其垂直方向的直径，计算平均值，精确到 1 mm，如图 3 − 100 所示。

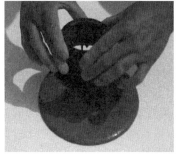

图 3 − 100　灌浆料流动度检测

（4）试块制作。采用三联试模制作灌浆料试块，如图 3 − 101 所示。试块制作完成后在标准养护条件下进行养护 28d。

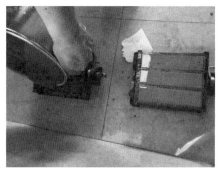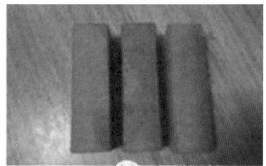

(a) 灌浆料试块制作　　　　　　　　　(b) 脱模后的灌浆料试块

图 3 − 101　灌浆料试块制作

2. 竖向构件灌浆施工

（1）孔位检查与清理。在正式灌浆前，应逐个检查各接头的灌浆孔和出浆孔内有无影响浆料流动的杂物，确保孔路畅通。套筒内不畅通会导致灌浆料不能填充满套筒，造成钢筋连接质量不符合要求。

检查方法：使用细钢丝从上部灌浆孔伸入套筒，如果可从底部顺利伸出，并且从下部灌浆孔可看见细钢丝，即畅通。如果钢丝无法从底部伸出，说明里面有异物，需要清除异物直到畅通为止。

（2）分仓与封边(缝)。

① 构件吊装。构件吊装前，先进行垫块标高找平，然后进行构件吊装。

② 封浆料制作。根据工作任务及封浆料说明配比计算所需封缝料用量，并领取对应用量的原料进行封缝料搅拌制作。制作过程需要注意原料的成本控制、配比及操作步骤。

③ 封边操作。首先放置封边内衬,然后操作封边设备(封缝枪)将构件四周进行封缝密封操作。

要求:填抹深度控制在 15 ~ 20 mm,确保不堵套筒孔,一段抹完后抽出内衬进行下一段填抹;段与段结合的部位、同一构件或同一仓要保证填抹密实;填抹完成后确认干硬强度达到要求(常温 24 h,约 30 MPa)后再灌浆;最后填写施工检查记录表。

④ 封边清理。封边操作完毕,配合质检人员查看封边质量,操作清理工具清理施工面的封缝砂浆。

(3)灌浆施工。

① 进行室温检测。

② 严格按照灌浆料产品使用说明书要求的料水比(拌合物比例为:1∶0.12 ~ 0.13,即干料∶水)用电子秤分别称量灌浆料和水,也可用刻度量杯计量水。

③ 先将 80% 左右的水倒入搅拌桶中,然后加入全部的灌浆料,用专用搅拌桶搅拌 1 ~ 2min,再将剩余水倒入搅拌桶中再搅拌 5 ~ 7min 至彻底均匀。搅拌均匀后,静置约 2 ~ 3 min,使浆内气泡自然排出后再使用。

把灌浆枪的枪嘴对准套筒下部的胶管,操作灌浆枪注入灌浆料,直至溢浆孔连续出浆且无气泡时,用橡胶塞进行封堵。待全部出浆口封堵完毕后,构件灌浆完毕。

(4)灌浆注意事项。

① 灌浆料要在自加水搅拌开始 20 ~ 30 min 内灌完,以尽量保留一定的操作应急时间,以免因时间过长,引起灌浆料凝结,造成断孔。

② 同一仓只能在一个灌浆孔灌浆,不能同时选择两个以上孔灌浆。

③ 灌浆时应连续、缓慢、均匀地进行,直至排气孔排出浆液后,立即封堵排气孔,中间不得间断,再将灌浆孔封闭,持压 30 s,再封堵下口。同一仓应连续灌浆,不得中途停顿。如果中途停顿,再次灌浆时,应保证已灌入的浆料有足够的流动性,还需要将已经封堵的出浆孔打开,待灌浆料再次流出后逐个封堵出浆孔。

④ 出浆孔流出浆料后,及时用专用橡胶塞封堵,待所有的灌浆套筒的出浆孔均排出浆体并封堵后,调低灌浆设备的压力,开始保压,小墙板保压 30 s,大墙板保压 1 min(保压期间随机拔掉少数出浆孔橡胶塞,观察到灌浆料从出浆孔喷涌出时,要迅速封堵),经保压后拔除灌浆管。拔掉灌浆管到封堵橡胶塞时间,间隔不得超过 1 s,避免灌浆仓内经过保压的浆体溢出灌浆仓,造成灌浆不实。

(5)灌浆接头充盈度检验。灌浆料凝固后,取下排浆孔封堵胶塞,检查孔内凝固的灌浆料上表面。灌浆料上表面应高于排浆孔下缘 5 mm 以上。

(6)灌浆质量检测与处理。灌浆完成后,在浆料凝结前,应巡视检查已灌浆的接头,如果发现有漏浆现象应及时处理。灌浆完成一天后应逐个对灌浆孔进行检查,发现有个别未注满的情况应进行补注。

(7)填写灌浆作业记录表。施工时经常抽检浆液的配合比,在记录表中填写抽检数据,灌浆时详细记录孔编号、施工时间、灌浆顺序、灌浆过程中的压力数值,杜绝灌浆过后补写施工记录。如表 3 - 15 所示为某工程灌浆施工记录表。

表 3 – 15　某工程灌浆施工记录表(1)

工程名称:　　　施工单位:　　　灌浆日期:　　年　月　日　天气状况:　　灌浆环境温度:　　℃

浆料搅拌	批次:　　　;干粉用量:　　　kg;水用量:　　kg(1);搅拌时间:　　　;施工员:									
	试块留置:是 □ 否 □ ;组数:　　组(每组 3 个);　　　规格:40 mm × 40 mm × 160 mm(长×宽×高):　　　　流动度:　　mm									
	异常现象记录:									
楼号	楼层	构件名称及编号	灌浆孔号	开始时间	结束时间	施工员	异常现象记录		是否补灌	有无影像资料

专职检验人员:　　　　　日期:

注:1. 灌浆开始前,应对各灌浆孔进行编号;2. 灌浆施工时,环境温度超过允许范围应采取措施;

　　3. 浆料搅拌后须在规定时间内灌注完毕;4. 灌浆结束应立即清理灌浆设备。

3. 水平构件灌浆施工

(1) 孔位检查与清理。

① 在正式灌浆前,应逐个检查各接头的灌浆孔和出浆孔内有无影响浆料流动的水泥浆等杂物,确保孔路畅通。检查方法同竖向构件套筒检查与清理要求。

② 检查灌浆孔与出浆孔位置,灌浆孔、出浆孔应在套筒水平轴线正上方 ±45°的锥体范围内,并安装有孔口超过灌浆套筒外表面最高位置的连接管或连接头,以保证灌浆后浆面高于套筒内壁最高点。

③ 检查连接钢筋插入灌浆套筒的长度,确保连接锚固长度达到设计要求。检查水平连接钢筋的轴线偏差,其轴线偏差不应大于 5 mm,超过允许值应予以处理。

(2) 套筒缝隙封堵。水平构件钢筋连接,采用全灌浆套筒连接,灌浆套筒各自独立灌浆。灌浆施工前,应确保灌浆套筒两端堵头的密封圈封堵严实。

(3) 灌浆施工及异常处理。每个灌浆套筒采用独立灌浆的形式,从灌浆孔注入灌浆料,至灌浆料从出浆孔流出。灌浆施工停止 30 s 后,如果发现灌浆料拌合物下降,应检查灌浆套筒两端的密封圈或灌浆料拌合物的排气情况,并及时补灌或采取其他措施。

补灌应在灌浆料拌合物达到设计规定的位置后停止,并在灌浆料凝固后再次检查其位置是否符合设计要求。

4. 工完料清

灌浆工作完成后,应及时回收多余废料,以免浆料硬化对环境造成污染。同时,要及时清理和清洗灌浆机械、灌浆料制备工具和仪器等,以备下次使用。每次搅拌应记录用水量,严禁超过设计用量。清洗完成后,工器具应及时回收。

任务拓展

套筒灌浆连接接头在一定条件下需要进行型式检验,其具体要求如下:

(1)型式检验条件。属于下列情况时,应进行接头型式检验:

① 确定接头性能时;

② 灌浆套筒材料、工艺、结构改动时;

③ 灌浆料型号、成分改动时;

④ 钢筋强度等级、肋形发生变化时;

⑤ 型式检验报告超过4年。

接头型式检验明确要求试件用钢筋、灌浆套筒、灌浆料应符合《钢筋套筒灌浆连接应用技术规程》(JGJ 355—2015)对于材料的各项要求。

(2)型式检验试件数量与检验项目:

① 对中接头试件9个,其中3个做单向拉伸试验、3个做高应力反复拉压试验、3个做大变形反复拉压试验;

② 偏置接头试件3个,做单向拉伸试验;

③ 钢筋试件3个,做单向拉伸试验;

④ 全部试件的钢筋应在同一炉(批)号的1根或2根钢筋上截取;接头试件钢筋的屈服强度和抗拉强度偏差不宜超过30 MPa。

(3)型式检验灌浆接头试件制作要求。型式检验的套筒灌浆连接接头试件要在检验单位监督下由送检单位制作,且符合以下规定:

① 3个偏置单向拉伸接头试件应保证一端钢筋插入灌浆套筒中心,一端钢筋偏置后钢筋横肋与套筒壁接触。图3-102所示为偏置单向拉伸接头的钢筋偏置示意图。

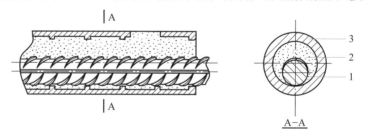

图3-102 偏置单向拉伸接头的钢筋偏置示意图

1—在套筒内偏置的连接钢筋;2—灌浆料;3—灌浆套筒

9个对中接头试件的钢筋均应插入灌浆套筒中心。所有接头试件的钢筋应与灌浆套筒轴线重合或平行,钢筋在灌浆套筒内的插入深度应为灌浆套筒的设计锚固深度。图3-103

所示为灌浆套筒抗拉试验试件。

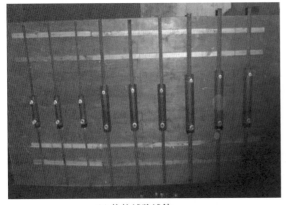

(a) 抗拉试验试件

(b) 试验后的试件

图 3 - 103　灌浆套筒抗拉试验试件

② 接头应按《钢筋套筒灌浆连接应用技术规程》的有关规定进行灌浆;对于半灌浆套筒连接,机械连接端的加工应符合《钢筋机械连接技术规程》(JGJ 107—2016)的有关规定。

③ 采用灌浆料拌合物制作的 40 mm × 40 mm × 160 mm 试件不应少于 1 组,并宜留设不少于 2 组。

④ 接头试件及灌浆料试件应在标准养护条件下养护。

⑤ 接头试件在试验前不应进行预拉。

灌浆料为水泥基制品,其最终实际抗压强度将是在一定范围内的数值,只有型式检验接头试件的灌浆料实际抗压强度在其设计强度的最低值附近时,接头才能反映出接头性能的最低状态,如果该试件能够达到规定性能,则实际施工中的同样强度的灌浆料连接的接头才能被认为是安全的。《钢筋套筒灌浆连接应用技术规程》要求型式检验接头试件在试验时,灌浆料抗压强度不应小于 80 N/mm^2,且不应大于 95 N/mm^2;如灌浆料 28d 抗压强度的合格指标(f_g)高于 85 N/mm^2,试验时的灌浆料抗压强度低于 28d 抗压强度合格指标(f_g)的数值不应大于 5 N/mm^2,且超过 28d 抗压强度合格指标(f_g)的数值不大于 10 N/mm^2 与 0.1f_g 二者的较大值。

(4) 套筒灌浆接头的型式检验试验方法。《钢筋套筒灌浆连接应用技术规程》对灌浆接头型式检验的试验方法和要求与《钢筋机械连接技术规程》的有关规定基本相同,但由于灌浆接头的套筒长度大约在 11 ~ 17 倍钢筋直径,远大于其他机械连接接头,进行型式检验的大变形反复拉压试验时,如按照《钢筋机械连接技术规程》规定的变形量控制,套筒本体几乎没有变形,要依靠套筒外的 4 倍钢筋直径长度的变形达到 10 多倍钢筋直径的变形量对灌浆接头来说过于严苛,经试验研究后将本项试验的变形量计算长度 L_g 进行了适当的折减,其中:

全灌浆套筒连接:$L_g = L/4 + 4d_s$　半灌浆套筒连接:$L_g = L/2 + 4d_s$

式中　L——灌浆套筒长度;d_s——钢筋公称直径。

型式检验接头灌浆料抗压强度符合规定,且型式检验试验结果符合要求,才可评为合格。

任务3.5 后浇混凝土施工

任务陈述

装配整体式混凝土结构在预制构件安装到位后,预制构件的连接区和叠合层采用混凝土后浇的形式将各类预制构件连接使之成为一个整体。装配式框架结构的梁柱核心区、预制梁之间的连接部位、预制叠合梁与叠合楼板的现浇层、预制楼板间的连接部位以及装配式剪力墙结构的预制墙板之间的连接处、预制墙板或梁与楼板连接处等部位均需通过后浇混凝土进行连接。以上连接部位需做好后浇混凝土施工工艺的界面处理、钢筋绑扎、模板支设、混凝土浇筑等内容,确保连接的可靠性。

知识准备

1. 装配整体式混凝土结构常见的后浇连接节点

装配整体式混凝土结构各预制构件主要通过叠合层或连接区的后浇混凝土连接形成整体。各连接区接缝构造主要包括板板连接、板梁连接、板墙连接、梁梁连接、墙墙连接、墙梁连接、梁柱连接等,节点施工需按设计要求或参考标准构造图集中的相关构造图,《装配式混凝土结构连接节点构造》(15G310 – 1、2)图集针对节点构造有详细的说明,下面简要介绍部分连接节点构造。

(1)叠合楼板拼缝构造如图 3 – 104、图 3 – 105 所示。

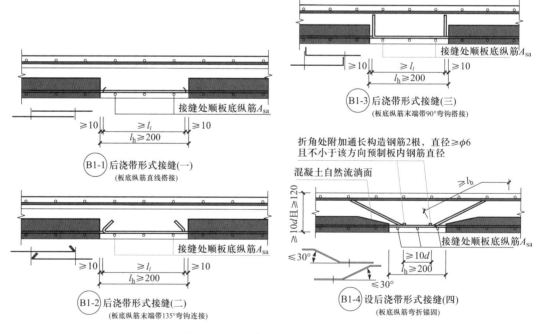

图 3 – 104 叠合楼板出筋接缝构造

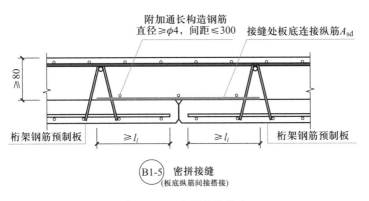

图 3-105　密拼接缝构造

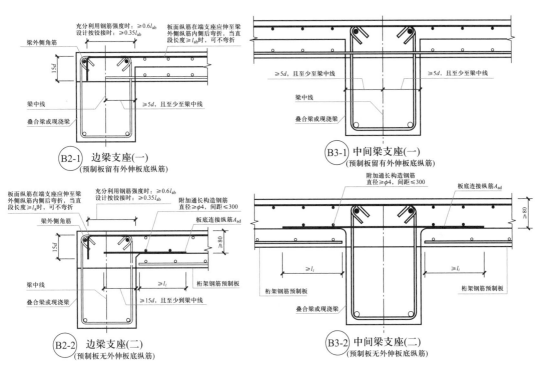

图 3-106　梁和楼板连接节点构造

（2）梁和楼板连接节点构造如图 3-106 所示。

（3）楼板与剪力墙连接节点构造如图 3-107 所示。

（4）主次梁连接节点构造如图 3-108、图 3-109 所示。

（5）梁与剪力墙连接节点构造如图 3-110 所示。

（6）剪力墙竖向接缝构造如图 3-111～图 3-113 所示。

2. 后浇节点现浇结合面处理要求

（1）连接区现浇结合面处理（图 3-114、图 3-115）。预制构件与后浇区域的结合面应做好键槽或粗糙面处理，一般在预制构件设计和生产过程中就会做好连接区界面的处理。如果没有做相关处理或有遗漏情况，则在施工现场可采用以下方式进行界面处理。

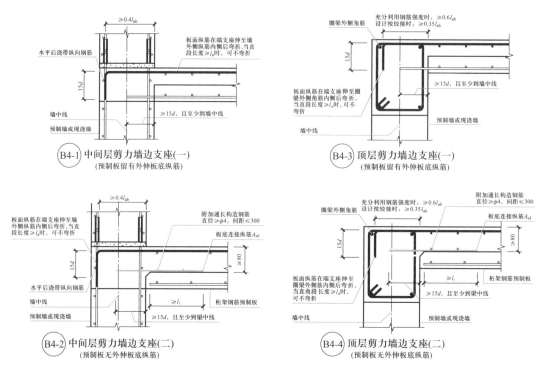

图 3－107　楼板与剪力墙连接节点构造

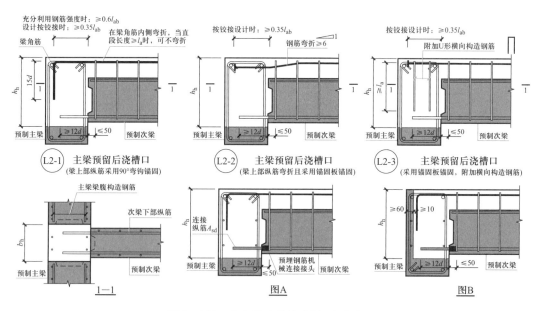

图 3－108　主次梁连接构造图(边节点)

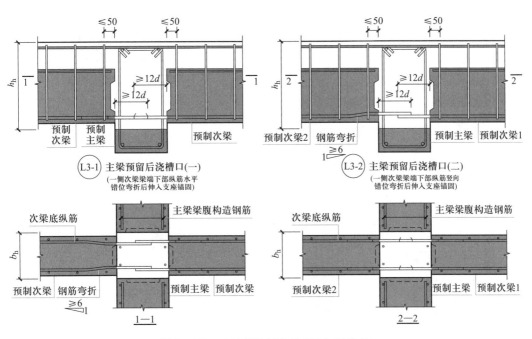

图 3 – 109　主次梁连接构造图(中间节点)

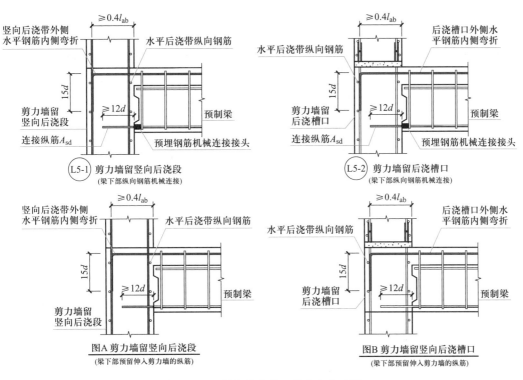

图 3 – 110　梁与剪力墙连接节点构造图

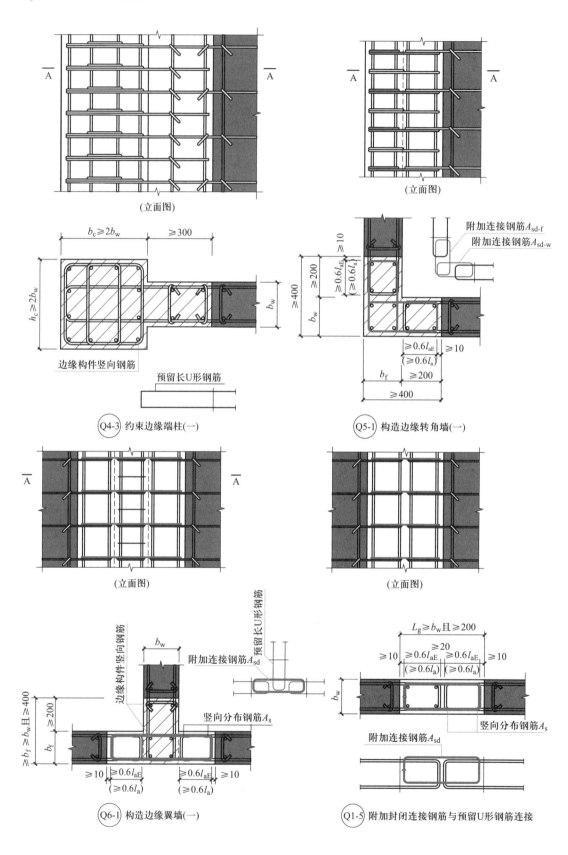

(立面图)　　(立面图)

$b_c \geqslant 2b_w$　$\geqslant 300$

附加连接钢筋 $A_{sd\text{-}f}$
附加连接钢筋 $A_{sd\text{-}w}$

$\geqslant 0.6l_{aE}$
$\geqslant 0.6l_a$
$\geqslant 10$

$h_c \geqslant 2b_w$　b_w

$\geqslant 400$　b_w　$\geqslant 200$

边缘构件竖向钢筋

预留长U形钢筋

$\geqslant 0.6l_{aE}$
$(\geqslant 0.6l_a)$　$\geqslant 10$

b_f　$\geqslant 200$

$\geqslant 400$

Q4-3　约束边缘端柱(一)　　Q5-1　构造边缘转角墙(一)

(立面图)　　(立面图)

预留长U形钢筋

边缘构件竖向钢筋

b_w

附加连接钢筋 A_{sd}

$L_g \geqslant b_w$ 且 $\geqslant 200$

$\geqslant 20$
$\geqslant 10$　$\geqslant 0.6l_{aE}$　$\geqslant 0.6l_{aE}$　$\geqslant 10$
　　　$(\geqslant 0.6l_a)$　$(\geqslant 0.6l_a)$

$\geqslant b_f \geqslant b_w$ 且 $\geqslant 400$　$\geqslant 200$　b_f

竖向分布钢筋 A_s

b_w

竖向分布钢筋 A_s

$\geqslant 10$　$\geqslant 0.6l_{aE}$　$\geqslant 0.6l_{aE}$　$\geqslant 10$
　　$(\geqslant 0.6l_a)$　$(\geqslant 0.6l_a)$

附加连接钢筋 A_{sd}

Q6-1　构造边缘翼墙(一)　　Q1-5　附加封闭连接钢筋与预留U形钢筋连接

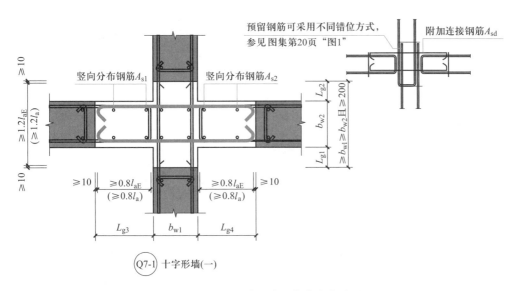

图 3 – 111　剪力墙竖向连接节点构造图

图 3 – 112　叠合楼板与墙连接

图 3 – 113　叠合楼板与叠合梁连接

图 3-114　主次梁交接处键槽与粗糙面　　　　　　图 3-115　外墙板间连接构造

① 剔凿键槽。没有预留键槽的构件,可采用角磨机在相关部位进行切割,剔凿出遗漏的键槽。

② 做粗糙面。采用剔凿法进行粗糙面处理,保证整面的剔凿面积和剔凿深度,完成后用水冲洗干净;采用稀释的盐酸溶液进行酸洗处理。酸洗时应做好安全防护措施,既要保证酸洗效果,也要避免发生烧伤事故。

（2）预留连接孔洞处理。采用螺栓连接或植筋连接的部位,应进行预埋件孔洞的清理和植筋孔的处理,保证连接钢筋的顺利连接。

3. 后浇区钢筋工程

（1）钢筋绑扎与连接要求。

① 钢筋的型号、规格、数量、位置、间距等应与设计图纸、图集、规范等一致。

② 后浇区钢筋的连接主要为绑扎搭接、钢筋套筒连接（机械套筒、灌浆套筒）、焊接连接等。一般板的钢筋采用绑扎连接,柱和梁的钢筋多采用套筒连接。

③ 板和墙采用钢筋网片形式,除靠近外围的两行钢筋交叉点需全部绑扎牢外,中间部位交叉点可采用梅花形交错绑扎,但必须保证钢筋位置不偏移。

④ 梁和柱的箍筋,应与受力筋垂直设置（设计有特殊要求除外）,箍筋弯钩接合处,应沿布置方向错开安放。

⑤ 构件钢筋的保护层厚度要满足设计要求,绑好的钢筋网与钢筋骨架应扎实牢固,不得有变形和松脱现象。

（2）受力钢筋的锚固要求。受力钢筋的锚固形式、锚固位置、锚固长度等应符合设计和规范要求。受力钢筋的连续区域、接头形式和接头长度等必须符合设计和规范要求。

（3）受力钢筋的定位。对于柱、墙等纵向钢筋,其伸出部分的定位对下一施工层的构件顺利吊装尤为重要。因此,要保证纵向受力钢筋的位置,必须采取相应的定位措施,确保后浇区域混凝土浇筑完成后,伸出钢筋位置不偏移,钢筋不歪斜。施工现场通常采用安放钢筋定位模板的方式,确保钢筋定位准确,如图 3-116、图 3-117 所示。

图 3－116　叠合楼板现浇层钢筋

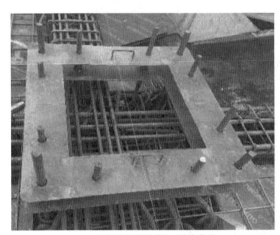

(a) 柱定位钢板安装，弹线定位

(b) 根据定位线调整钢板位置

(c) 采用电焊形式进行钢板定位

图 3－117　柱伸出钢筋定位模板安放

4. 后浇连接区混凝土施工

（1）隐蔽工程验收。

① 粗糙面或键槽。预制构件的连接区现浇结合面通常有粗糙面和键槽两种方式，需对混凝土粗糙面的质量，键槽的规格、数量、位置等进行检查验收。如不满足要求，则按结合面处理方式进行处理，合格后方可进入下一道工序。如图3-118、图3-119所示。

图3-118　叠合梁端头键槽与粗糙面处理

图3-119　剪力墙顶面、侧面、与楼板连接处键槽或粗糙面处理

② 钢筋工程验收。对后浇连接区钢筋的牌号、规格、数量、位置、间距，箍筋弯钩的弯折角及平直段长度，钢筋的连接方式、接头位置、接头数量、搭接长度等按设计图纸和规范进行验收。

③ 预埋及其他。对后浇区域的预埋件、预留管线的规格、数量、位置、固定措施等，抗剪钢筋的数量、位置，构件接缝处防水、防火等构造做法，保温及其节点施工情况应做隐蔽工程验收，如图3-120所示。

（2）模板支设。在装配式混凝土结构中，后浇部位的混凝土浇捣质量与模板的支设质量有紧密的联系。根据施工现场情况，后浇部位模板一般采用木模板、铝模板和钢模板等。考虑装配式混凝土结构后期的免抹灰施工，模板支设必须满足表面光滑平整、接缝严密、加固方式牢固可靠的要求。

模板要根据现场实际情况及尺寸进行加工制作，模板的加固方式需要提前在深化设计阶段进行预理固定模板用的预埋螺母或穿墙孔等的设计，并在工厂生产时进行预埋施工。

图 3 – 120 连接区预埋线管、线盒、配电箱

构件运至现场安装后,采用螺栓与预制构件上的预埋螺母进行连接对模板进行加固,或采用穿墙螺杆穿过预埋孔进行加固,如图 3 – 121 所示。

图 3 – 121 剪力墙连接处模板连接

（3）混凝土浇筑。

① 后浇部位的混凝土浇筑前应将浇筑部位内清理干净,凿除结合面的疏松混凝土,去除钢筋上的油污等杂物,并浇水湿润。

② 对于安装构件所用的斜支撑预埋锚固件,需按设计要求进行准确定位,并与楼板钢筋绑扎牢固。

③ 混凝土浇筑应分层分段连续进行,每层浇筑高度应根据结构特点、钢筋疏密程度等确定,一般分层高度为插入式振捣器作用部分长度的 1.25 倍,且不超过 500 mm。

④ 使用插入式振捣器应快插慢拔,插点要均匀,要提前将振捣棒插入柱内底部,采用分层浇筑应分层振捣,注意振捣时间,不得过振,尽量使混凝土中气泡逸出,保证混凝土振捣密实。振捣间距不宜大于振捣棒作用半径的 1.5 倍,振捣上一层时应插入下一层 50 mm。

⑤ 浇筑过程应时常观察预制构件、连接部位模板、预埋件、钢筋等有无移动、变形等情况,如发现问题应立即停止浇筑,并在已浇筑混凝土初凝前处理完毕方可继续施工。对于后浇区域钢筋较密,浇筑空间狭小的情况,应提前制订浇筑施工方案,保证混凝土的振捣密实。

⑥ 预制柱、梁混凝土强度等级不同时。梁柱节点处的混凝土强度等级应符合设计要求。楼板混凝土浇筑可分段进行,从同一端起分组作业,平行浇筑,连续施工,注意标高、板厚和表面平整度控制。

⑦ 混凝土浇筑完毕后,应及时做好后浇混凝土的养护。根据气候条件和周边环境情况,可采用淋水、覆膜等养护方式,加强混凝土的湿度和温度控制。要根据混凝土所用水泥品种和外加剂的特性确定养护时间。当混凝土强度小于 1.2MPa 时,不应进行后续施工。当混凝土强度小于 10 MPa 时,不应有对现浇部位有冲击力影响的操作,如吊运、堆放预制构件等。

5. 模板拆除

（1）后浇部位混凝土浇筑完成后,当竖向受力构件混凝土强度达到设计强度要求时,方可拆除模板。对于悬挑构件,混凝土强度必须达到设计强度的 100%,方可拆除模板。

（2）模板拆除过程中,应加强对预制构件和后浇部位混凝土的保护,避免造成损坏。

6. 临时支撑的拆除

（1）《装配式混凝土结构技术规程》中对临时支撑拆除的要求如下:

① 当构件连接部位后浇混凝土及灌浆料达到设计要求后,方可拆除临时固定措施;

② 叠合构件在后浇混凝土强度达到设计要求后,方可拆除临时支撑。

（2）当灌浆料和混凝土达到设计强度方可拆除临时支撑。判断混凝土强度除考虑养护时间外,应参考同条件养护的试块强度或回弹检测强度。

（3）支撑拆除前,应观察支撑构件的情况,确认无异常情况方可拆除。

（4）临时支撑拆除后,要码放整齐,同一部位的支撑可放在同一位置,以方便转运至新施工层作业,加快施工进度。

任务实施

1. 后浇部位清理

（1）预埋钢筋处理。

① 对于预制构件侧面的伸出筋,应做好调直、调正、油污清理、除锈、水泥浆清理等

工作。

② 需后期植筋的,一般在预制构件上设置预埋螺栓孔,现场需对螺栓孔进行清理后,根据后浇部位钢筋工程施工便利情况综合考虑。

③ 纵向受力构件顶部受力筋接头应使用专用模具做好定位,以便于下一施工层预制构件的吊装定位。

(2) 结合面处理。预制构件与后浇连接部分的界面一般采用留设粗糙面或键槽的形式。现场施工需对连接界面进行处理。清理松散混凝土、清理键槽或粗糙面上的水泥浆等,清理完成后,洒水湿润。

2. 竖向连接后浇混凝土施工

(1) 竖向连接构造识图。竖向构件的连接部位一般为剪力墙板之间、柱与梁之间的部位。识读竖向连接部位的构造图纸,明确以下内容:

① 纵向钢筋的规格、数量、连接方式,与预制构件伸出筋之间的位置关系等;

② 箍筋的形状、间距、规格等;

③ 钢筋锚固的方式和要求;

④ 后浇部位模板尺寸,模板固定方式、预埋螺母(预埋对拉螺栓孔)位置等;

⑤ 后浇部位预埋件、预埋管道等的位置、规格、数量。

(2) 钢筋绑扎与预埋施工。

① 根据构造图纸进行钢筋下料与加工;

② 纵向钢筋安装,安装时注意墙板伸出水平钢筋与纵筋的位置关系、后浇空间限制条件等,综合考虑后浇混凝土部分的钢筋安装做法。钢筋接头形式、接头位置应按图纸和相关技术规程的要求完成纵向钢筋的接长;

③ 按构造图要求安装箍筋套,并绑扎牢固;

④ 根据构造图安装后浇区域的预埋件、线管等,并固定牢靠,防止浇捣混凝土发生移位和松动;

⑤ 钢筋和预埋件安装完毕后,对隐蔽工程进行质量验收。

(3) 模板与支撑安装。根据后浇区域构造图纸,选用或制作模板。一般墙板间的混凝土后浇区域宜采用工具式定型模板支撑。安装模板前,需在预制构件上粘贴密封条,以保证混凝土浇筑时不漏浆。通过螺栓或预留孔洞拉结的方式,固定好模板,保证混凝土浇筑时不变形、不胀模。

模板安装过程如发现预制构件加工制作过程中遗漏预埋螺母,可提请监理工程师意见,经监理同意后可采取后期安装膨胀螺栓的方式。但必须提前做好钢筋位置探测,做好内部钢筋保护工作。

(4) 混凝土浇筑与养护。混凝土浇筑和养护要求参照本节知识准备的内容。

3. 水平连接后浇混凝土施工

(1) 水平连接构造识图。水平预制构件的连接构造主要包括梁板连接、梁梁连接、板墙连接和梁墙连接等,此外还有悬挑构件与其支座的连接等。识读水平连接构造图,明确以下图示内容:

① 水平连接节点各相邻预制构件的出筋情况,包括出筋位置、长度、钢筋规格等;

② 连接节点后浇区域的受力筋、箍筋、其他钢筋等的位置、数量、形状等;

③ 连接节点处需支设的模板尺寸及支设条件;

④ 连接构造后浇混凝土强度等级、预制构件连接界面情况;

⑤ 后浇混凝土支撑搭设的需求;

⑥ 后浇连接部位预埋构件的位置、数量和规格等。

（2）模板与支撑安装。

① 根据后浇混凝土连接区的位置和尺寸,按照支撑和模板搭设方案搭设支撑和模板。

② 针对后浇部位,模板支设前,做好预制构件与模板间拼缝处理,缝隙一般用胶带粘贴,避免浇筑混凝土时漏浆,同时保证后浇面与预制构件表面的平整度。

③ 水平连接区的后浇带、现浇梁模板一般采用多层胶合板,采用扣件式钢管支撑,梁侧模板可采用穿墙螺杆固定(图 3 – 122)。

④ 检查预制构件交接面键槽、粗糙面情况,不能达到要求的在现场及时处理。施工完毕,清除现场后浇区域模板内部的杂物。

图 3 – 122　叠合楼板后浇带模板

（3）钢筋绑扎与预埋施工。

① 根据构造图纸进行连接区域钢筋下料与加工;预制构件上伸出钢筋应做好油污清理和除锈等工作。

② 钢筋安装。

a. 叠合梁纵向钢筋安装,安装时注意箍筋的形式;开口箍筋形式先安装纵筋并绑扎定位,待闭口箍筋封闭时一同绑扎牢固。主次梁搭接、莲藕梁连接等区域箍筋应提前放入。

b. 叠合楼板连接检查出筋长度;叠合楼板叠合层需拉设上层钢筋网,需综合考虑楼板预埋线管的铺设;预埋应在叠合楼板吊装完毕后,按设计预埋管线图铺设。铺设完成应固定好管线,管线与线盒接口缝隙应封堵密实,防止混凝土浇筑过程水泥浆漏入线盒内部。

c. 楼板与支座的连接需考虑板钢筋进入支座的锚固要求。叠合楼板端预留钢筋进入预制剪力墙支座或叠合梁支座应 ≥5d,至少伸过支座中心线。

d. 钢筋接头形式、接头位置应按图纸和相关技术规程的要求完成纵向钢筋的接长。

③ 按钢筋网、钢筋骨架绑扎的要求将钢筋绑扎牢固,防止混凝土浇筑时钢筋松动和移位。

④ 根据构造图安装后浇区域的预埋件、线管等,并固定牢靠,防止浇捣混凝土发生移位和松动。

（4）混凝土浇筑与养护。混凝土浇筑前应对后浇部位洒水湿润,混凝土浇筑和养护要求参照本节知识准备的内容,浇筑过程中应经常检查模板和支撑的情况。用于后浇的混凝土,宜采用无收缩混凝土或砂浆,并应采取提高混凝土早期强度的措施,振捣过程不宜与预制构件碰触,但应保证振捣密实。

4. 模板与支撑的拆除

模板和支撑应在混凝土强度达到设计强度的要求后,方可拆除。在模板拆除过程中,应注意对后浇混凝土及预制构件的保护,不可生拉硬撬,避免造成后浇混凝土和预制构件的表面损伤。拆除的模板和支撑应及时分类回收。

5. 后浇混凝土质量验收

后浇混凝土模板拆除完成,应对预制构件连接部位的混凝土质量进行检查。具体检查内容如下:

（1）目测观察混凝土表观质量,看表面是否存在漏振、蜂窝、麻面、夹渣、露筋、裂缝等现象。

（2）采用卷尺和靠尺检查现浇部位,检查截面尺寸等,看是否存在胀模现象,如存在,根据实际情况做剔凿等处理。

（3）采用检测工具对现浇部位的垂直度、平整度进行检查。

（4）待混凝土达到一定龄期后,需做混凝土回弹强度检查。

任务拓展

1. 叠合梁现浇连接

（1）叠合梁构造。叠合梁一般安装就位后,其上部混凝土一般与叠合楼板叠合层同时浇筑,叠合梁上部箍筋形式根据施工工艺的不同分开口箍筋和封闭箍筋两种形式,如图3-123所示。根据叠合梁截面形式一般分为矩形断面和凹口形断面两种。

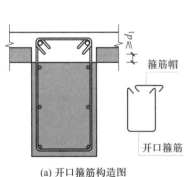

（a）开口箍筋构造图　　　　（b）开口箍筋叠合梁　　　　（c）封闭箍筋叠合梁

图3-123　叠合梁上部箍筋形式

（2）叠合梁构造要求。为提高叠合梁后浇层与梁连接的整体性能,叠合梁与叠合层后浇混凝土之间的结合面一般采用粗糙面的形式,梁端头一般设置键槽和粗糙面相结合的方式。粗糙面的凹凸深度一般不应小于6 mm,主梁叠合层的厚度一般不宜小于150 mm,次梁后浇叠合层厚度一般不宜小于120 mm。采用凹口形式,凹口深度不宜小于50 mm,凹口边厚度不宜小于 60 mm,如图 3 – 124 所示。

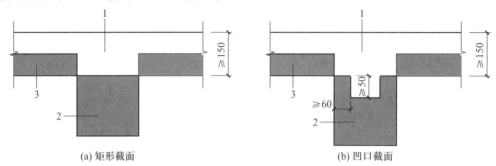

(a) 矩形截面　　　　　　　　　　　(b) 凹口截面

图 3 – 124　叠合梁截面构造

1—后浇混凝土叠合层;2—预制梁;3—预制板

(3)叠合梁后浇部分施工工艺。

① 上部钢筋安装。叠合梁上部钢筋施工时,所有钢筋交错点均应绑扎牢固,如图 3 – 125 所示。

图 3 – 125　叠合梁上部钢筋

② 箍筋设置要求。抗震等级为一、二级的叠合框架梁,梁端箍筋加密区宜采用封闭箍,若采用组合封闭箍时,开口箍上方应做成 135°弯钩,弯钩长度为 10d。

2. 后浇混凝土强度对下一层施工的影响

在装配式混凝土结构施工过程中,现浇混凝土部分必须达到一定的强度后方可进行构件的安装。通常现场施工过程中,需加强对现浇混凝土部分的保护,必须保证在构件安装时,不能因为构件重力等原因对现浇混凝土部分造成损坏,从而影响工程结构质量。

实际施工过程,一般竖向构件安装可在混凝土浇筑完成 24 h 后即可进行,但安装过程中应安放好垫块或方木,以保证对现浇混凝土的保护。对于水平构件,只要保证下层构件的有效支撑未拆除即可进行其上层水平构件的安装施工。

小结

通过本项目的学习,学生应掌握以下内容,具备以下能力:

1. 掌握装配式混凝土结构主体结构施工条件准备的基本内容;能够看懂吊装施工图并按吊装施工要求,在合理的条件下做好构件验收、机械检查、作业面测量放线、试吊装等工作。

2. 掌握竖向构件、水平构件的安装施工工艺流程;能按构件吊装工艺流程开展主体结构构件的吊装施工作业。

3. 掌握套筒灌浆连接施工工艺流程;能够制备灌浆料、检测灌浆料流动度,并制作试件。能够进行分仓封缝操作和套筒灌浆操作。

4. 掌握连接节点后浇混凝土施工工艺流程。能看懂构造节点图,合理安排后浇节点的结合面清理、钢筋绑扎、模板和支撑搭设以及混凝土浇筑工作。

习题

1. 简述预制构件现场安装需配备的劳保用品及使用要求。

2. 简述预制构件吊装常用施工设备与工具。

3. 简述装配式混凝土结构施工工艺流程。

4. 预制构件进场检验内容和验收标准有哪些?

5. 常用的吊具有哪些? 预制构件起吊应注意哪些事项?

6. 简述竖向构件(预制剪力墙、预制柱)施工工艺流程。

7. 简述水平构件(预制梁、预制楼板)施工工艺流程。

8. 灌浆料制备工艺要求和检测要求有哪些?

9. 简述剪力墙套筒灌浆施工工艺。

10. 构件连接区施工应做好哪些准备?

项目 4 围护墙和内隔墙施工

本项目包括外挂围护墙安装、内隔墙安装、接缝防水施工三个任务,通过三个任务的学习,学习者应达到以下目标:

任务	知识目标	能力目标
外挂围护墙安装	1. 熟悉吊具选择、吊点设置要求。 2. 掌握构件安装对位及临时固定要求。 3. 掌握构件垂直度调整要求	1. 能够选择吊具,完成构件与吊具的连接。 2. 能够进行预埋件安装埋设。 3. 能够安全起吊构件,吊装就位,进行位置、标高和垂直度的校核与调整。 4. 能够进行构件的连接安装操作。 5. 能够进行工完料清操作
内隔墙安装	1. 熟悉吊具选择、吊点设置及连接件安装要求。 2. 掌握构件安装对位及临时固定要求。 3. 掌握构件封缝和防裂要求	1. 能够进行连接件安装。 2. 能够进行墙板现场分割。 3. 能够进行安装就位操作,进行位置、标高和垂直度的校核与调整。 4. 能够进行封缝和防裂处理。 5. 能够进行工完料清操作
接缝防水施工	1. 熟悉施胶工机具的种类及使用要求。 2. 掌握劳保用品的正确佩戴标准。 3. 掌握封缝处基层处理要求。 4. 掌握封缝的具体施工流程,包括美纹纸粘贴、泡沫棒填充、刷涂底漆、打胶密封、刮平压实密封胶、修正密封凹型边缘等	1. 能够进行施胶工机具的选择。 2. 能够检查缝宽和缝深,完成墙体基材(墙缝处)清洁、干燥和两侧防污胶带粘贴。 3. 能够按设计完成背衬材料及防粘材料的填充。 4. 能够进行底涂液涂刷。 5. 能够根据产品说明书拌制双组分封缝胶。 6. 能够完成打胶操作,处理丁字接头、十字接头处的缝隙。 7. 能够进行工完料清操作,做好成品保护

某市绿筑产业园宿舍楼项目位于××工业园区内,园区总用地约 20 万 m^2,建筑面积约

242

13 万 m²，其中用地北部的三栋宿舍楼采用预制装配式集成建筑模式建造。绿筑产业园宿舍楼项目共 3 栋，每栋六层，建筑面积约 1.3 万 m²，主体结构采用交错钢桁架结构体系，楼板采用预制叠合板体系，外墙板为预制混凝土外挂墙板，内墙为 ALC 板材，建筑预制率超过 90%，如图 4-1 所示。

　　重点：外墙板安装对位及临时固定，外墙板的连接安装操作，内隔墙安装对位及临时固定要求，内隔墙封缝和防裂要求以及接缝防水的具体施工流程。

　　难点：安全起吊构件，吊装就位，进行位置、标高和垂直度的校核与调整；构件的连接安装操作；内隔墙板现场分割，内隔墙安装就位操作；按设计完成背衬材料及防粘材料的填充；打胶操作，处理丁字接头、十字接头处的缝隙。

图 4-1　某市绿筑产业园宿舍楼项目效果图

▷ 任务 4.1　外挂围护墙安装

 任务陈述

　　某企业职工宿舍楼项目为装配式宿舍楼，该楼为钢框架结构，外围护墙系统采用外挂墙板形式。现有预制混凝土外挂墙板、吊具、塔吊等，现需要预制构件安装班组完成该项目外挂墙板的吊运、安装到指定位置，并进行挂点的连接安装等工作。

知识准备

　　预制外挂墙板（图 4-2）应用非常广泛，可以组合成预制混凝土幕墙，也可以局部应用；不仅用于装配式混凝土建筑，也可用于现浇混凝土建筑。预制混凝土外挂墙板有普通混凝土墙板和夹心保温墙板两种类型。普通混凝土墙板是单叶墙板；夹心保温墙板是三叶墙板，两层钢筋混凝土板之间夹着保温层。预制混凝土外挂墙板通常是通过吊装的方式将其运送到安装位置，然后根据设计的连接方式将其安装到主体结构上。

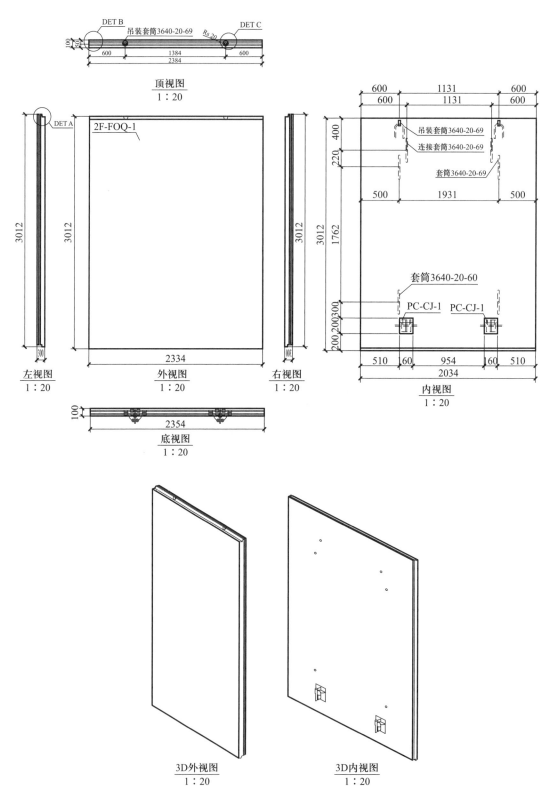

图 4 – 2 预制外挂墙板深化设计图

1. 吊点设置与吊装设备的选择

预制混凝土外围护墙板的重量、附属配件的重量以及墙板的外形尺寸,决定了吊点和吊具的选择。

(1)吊点的设置。在预制混凝土外围护墙板吊运过程中,为避免外围护墙板倾覆、翻倒、变形损坏,应根据外围护墙板的形状特点、重心位置,正确选择起吊点,使吊点与预制外围护墙重心在同一条铅垂线上,保证外围护墙板在吊运过程中有足够的稳定性以免发生事故。

预制混凝土外围护墙板通常在构件制作时,已经按图预埋了起吊埋件(起吊埋件的类型主要有吊钉、套筒两大类),起吊埋件的位置及强度是经过计算确定的。所以,在吊装过程中应使用吊装埋件作为连接预制混凝土外围护墙板的吊点。在吊装前应检查起吊埋件是否完好,必要时可加保护性辅助吊索。

(2)吊具的选择。装配式构件由于不同的形状和重心位置,在吊装运输时需要选择合适的吊具(如图 4 - 3 所示)。

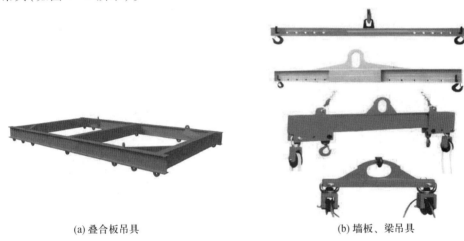

(a) 叠合板吊具　　　　　　　　　(b) 墙板、梁吊具

图 4 - 3　装配式构件专用吊具

外挂墙板吊装埋件通常有吊钉、预埋套筒和预埋吊环等,在吊装前应根据埋件的规格型号,选择匹配的吊具。如吊钉应选择鸭嘴扣吊具,预埋套筒可选吊环、带螺纹的钢丝绳吊具等,预埋吊环可以选用卸扣等,如图 4 - 4 所示。

吊装用吊具应按国家现行有关标准的规定进行设计、验算或试验检验。

吊具应根据预制构件形状、尺寸及重量等参数进行配置,吊索水平夹角不宜小于 60°,且不应小于 45°;对尺寸较大或形状复杂的预制构件,宜采用有分配梁或分配桁架的吊具。

2. 外围护墙的连接

安装在主体结构上,起围护、装饰作用的非承重预制混凝土外墙板,简称外挂墙板。

(1)外挂墙板的连接要求。外挂墙板与主体结构的连接应符合下列规定:

① 连接节点在保证主体结构整体受力的前提下,应牢固可靠、受力明确、传力简捷、构造合理。连接节点的设置不应使主体结构产生集中偏心受力,应使外墙板实现静定受力。

② 连接节点应具有足够的承载力。承载能力极限状态下,连接节点不应破坏;当单个连接节点失效时,外墙板不应掉落。

(a) 吊钉

(b) 鸭嘴扣件

(c) 预埋套筒

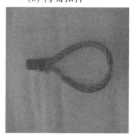

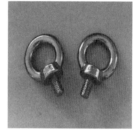

(d) 带螺纹的吊环、钢索

(e) 吊环

(f) 卸扣

图 4 - 4 外墙板吊具示意图

③ 外墙板可采用平动或转动的方式与主体结构产生相对变形。外墙板应与周边主体结构可靠连接并能适应主体结构不同方向的层间位移,必要时应做验证性试验。连接部位应采用柔性连接方式,连接节点应具有适应主体结构变形的能力,以保证外墙板应能适应主体结构的层间位移,连接节点尚需具有一定的延性,避免承载能力极限状态和正常施工极限

状态下应力集中或产生过大的约束应力。

④ 节点设计应便于工厂加工、现场安装就位和调整,减少采用现场焊接形式和湿作业连接形式。

⑤ 连接件的耐久性应满足使用年限要求。

(2) 外挂墙板的连接构造。外挂墙板与主体结构之间可以采用多种连接方法,应根据建筑类型、功能特点、施工吊装能力以及外挂墙板的形状、尺寸以及主体结构层间位移量等特点,确定外挂墙板的连接类型,以及连接件的数量和位置。

目前,外挂墙板与主体结构的连接节点主要采用柔性连接的点支承的方式。点支承的外挂墙板可区分为平移式外挂墙板和旋转式外挂墙板两种形式,如图 4-5 所示。它们与主体结构的连接节点,又可以分为承重节点和非承重节点两类。一般情况下,外墙挂板与主体结构的连接宜设置 4 个支承点:当下部两个为承重节点时,上部两个宜为非承重节点;相反,当上部两个为承重节点时,下部两个宜为非承重节点。应注意,平移式外挂墙板与旋转式外挂墙板的承重节点和非承重节点的受力状态和构造要求是不同的,因此设计要求也是不同的。

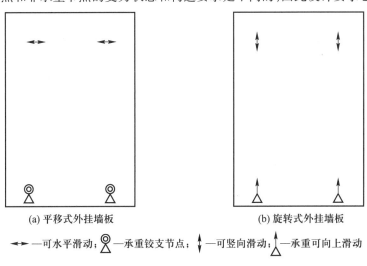

(a) 平移式外挂墙板　　　　　　　　(b) 旋转式外挂墙板

◆──►—可水平滑动;⊚△—承重铰支节点; ↕—可竖向滑动;△—承重可向上滑动

图 4-5　外挂墙板及其连接节点形式示意图

(3) 外挂墙板的安装支座。外挂墙板为坐式承力结构,下挂点如图 4-6 所示,下挂点构造如图 4-7 所示。

图 4-6　外墙板下挂点图

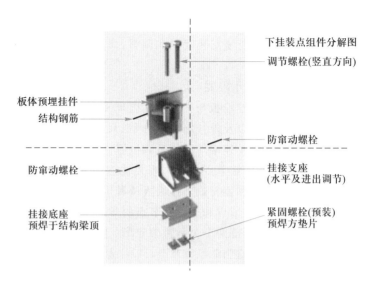

图 4 - 7　下挂点构造图

① 安装时先检查挂接底座位置,紧固螺栓是否预装,方垫片与螺栓是否预焊。

② 竖直方向调节螺栓在吊装板块前预装,螺栓底外露 25 mm。

③ 底座无误后安装外挂墙板支座,调整进出尺寸后吊装 PC 墙板,控制水平板缝为 15 mm,用水准仪测定标高控制线标高,通过竖向螺栓微调高度,使墙板标高控制线标高符合设计要求。

④ 用靠尺测定外挂墙板的垂直度,通过水平螺栓微调,使墙板的垂直度符合要求。

⑤ 防窜动螺栓在板块调整完毕后安装,没有空间安装的位置直接点焊固定支座和预埋挂件。

外墙板上挂装连接节点如图 4 - 8 所示,上挂装点构造如图 4 - 9 所示。上挂装点只承受风荷载,按顺序穿入螺杆锁紧螺母即可,注意控制板块进出尺寸。

图 4 - 8　外挂墙板上连接节点

3. 外挂墙板安装的工艺流程

施工准备→外墙板进场验收→放线→安装吊钩→安装缆风绳、起吊→试吊→吊运→静停→就位安装→封缝防水。

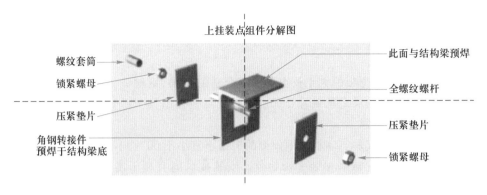

图 4-9　上挂装点构造图

（1）施工准备。

① 外挂墙板施工前，应按照吊装方案，对相关人员进行技术、安全交底。

② 主体结构预埋件应在主体结构施工时按设计要求埋设；外挂墙板安装前应在主体结构和预埋件验收合格的基础上进行复测，对存在的问题应与施工、监理、设计单位进行协调解决。主体结构及预埋件施工偏差应满足设计及规范要求。

（2）外墙板进场验收。构件应严格按要货计划配套进场，现场堆放如图 4-10 所示，查验外墙板的质量合格证明文件。验收合格后直接吊装或放置在待吊装位置，避免二次搬运；不合格的构件不得安装使用。

图 4-10　现场堆放

确认待吊装构件编号、质量，在平板拖车上找到将要吊装的板，并复核板质量、编号、尺寸、重量等，安装用连接件及配套材料应进行现场报验，复试合格后方可使用。

（3）放线。在已完成拆模的楼面设置构件的进出和左右控制线、标高控制线作为平面及竖向位置调节的依据。

① 设置楼面轴线垂直控制点，楼层上的控制轴线用垂线仪及经纬仪由底层原始点直接向上引测。

② 每个楼层设置标高控制点，在该楼层柱上放出 1000 mm 标高线，利用 1000 mm 标高线在楼面进行第一次墙板标高抄平（利用垫块调整标高），在预制外挂墙板上放出距离结构

标高 1000 mm 的水平墨线,进行第二次墙板标高抄平。

③ 外挂墙板安装前,在墙板内侧弹出竖向与水平线(左右线和进出线),安装时与楼层上该墙板控制线相对应。

(4)安装吊钩。根据板的大小及重量选定合适的钢梁、钢丝绳、吊钩,并按照要求将吊钩安装在吊钉上,吊钩须满足承载力要求。同时需要检查吊具,特别是检查绳索是否破损,吊钩卡索板是否安全可靠。

(5)安装缆风绳、起吊。墙板与钢丝绳的夹角不宜小于60°且不应小于45°。如果墙板与钢丝绳的夹角小于45°或者吊装平衡钢梁。安装揽风绳有利于墙板在落位时,避免因墙板落位摆动时发生碰撞。

(6)试吊。

① 每次起吊,先吊至距地 200~300 mm,确保平衡状态后,方可继续提升。

② 再次检查吊钩是否牢固,板面有无破损,并检查塔吊运行及制动是否能正常运转,若有问题必须立即处理。吊装如图 4-11 所示。

(7)吊运。按照吊装线路将构件吊至安装位置,吊装线路必须在防坠隔离区内。

(8)静停。根据"慢起、稳升、缓降"原则,将外墙板缓慢落在正确位置。在作业层上空 500 mm 处静停 30 秒(图 4-12),施工人员手扶外墙板调整方向,校核外墙板预埋件位置,准备安装。

图 4-11 吊装　　　　　　　　　　　　　图 4-12 静停

(9)就位安装。

① 先初拧下部固定点,复核标高、尺寸等,再初拧上部固定点(图 4-13、图 4-14)。

图 4-13 初拧下部固定点

图 4 – 14　初拧上部固定点

② 根据之前控制线,调整预制构件的水平、垂直及标高,待均调整到误差范围内后将螺栓紧固到设计要求,先终拧下部固定点,再终拧上部固定点。

③ 活动支座拧紧后会影响节点的活动性,因此将螺栓拧紧到设计要求即可。固定件固定后,点焊固定连接件与固定螺栓,防止螺栓松动。

任务实施

外挂墙板是装配式外墙系统的重要组成部分。外挂墙板吊装主要工序为施工前准备、定位划线,外挂墙板吊装,外挂墙板位置、垂直度等调整,外挂墙板的终固定、摘钩、工完料清。具体实施步骤如下:

1. 施工前准备

(1) 安全防护准备。工作开始前首先进行安全防护准备,正确佩戴安全帽,正确穿戴劳保工装、防护手套等。

(2) 装配式施工图识读。识读装配式建筑施工图和吊装施工方案,明确外挂墙板的安装位置、外挂墙板的重量,连接挂点的施工要求等信息,接受指导教师进行技术和安全交底。

(3) 现场设备安全检查。检查吊具和吊装机具,确认吊具是否安装牢固可靠,如安装不满足要求,请安装到位。试操作行车,确认起吊设备运行是否正常。

(4) 构件质量检查。构件应严格查验外墙板的质量合格证明文件。检查构件的外观质量,验收合格后才能进行吊装施工,不合格的构件不得安装使用。

(5) 清扫施工现场。检查场地周边及操作工位的卫生,选取清扫工具,清扫场地卫生。

2. 构件安装位置现场放样

选取卷尺、钢尺、石笔、墨斗等定位划线工具,根据施工图和吊装施工方案(任务书),在施工场地钢柱内侧距边 300 mm 处放出测量控制线,在要吊装的外挂墙板上放出 1000 mm 标高控制线。

3. 构件吊装与就位

(1) 吊具选择和吊点设置。根据吊装施工方案(任务书)和构件图的相关信息,特别是构件的重量和吊装埋件的规格、位置,选取相应的吊具、吊索及其他工具。依据《装配式混凝土建筑技术标准》(GB/T 51231—2016)的相关规定和吊装施工方案的说明,以及吊装埋件位置,正确选择分配梁的吊口,将吊具与分配梁可靠连接。

（2）吊具连接。

① 再次试运行塔吊,确定塔吊运行正常。

② 运行塔吊,使吊臂到达吊具所在位置并放下吊钩。

③ 将吊具与吊钩可靠连接。

④ 缓慢提升吊钩,起吊吊具。

⑤ 运行塔吊,将吊具输送至构件堆放区。

（3）构件吊装。根据吊装施工方案(任务书)在堆放区选择正确的外围护墙板。核对外围护墙板上标识的构件信息,再次确定起吊重量是够合理。核对无误后,将吊具与外围护墙板进行可靠连接。

（4）试吊。

① 缓慢起吊外挂墙板至距地 200 ~ 300 mm。

② 再次检查吊钩是否牢固,板面有无破损。

（5）起吊。

① 确认无误后,缓慢起吊外挂墙板,起吊到一定高度后,水平移动外挂墙板到安装位置。

② 注意:在起吊过程中,行车不能同时进行水平移动和竖向提升的操作。必须竖向提升操作完成后,再进行水平移动。

（6）静停。

① 根据"慢起、稳升、缓降"原则,将外墙板缓慢落在正确位置。

② 在作业层上空 500 mm 处静停 30 秒,施工人员手扶外墙板调整方向。

（7）安装就位。缓慢下降构件,施工人员手扶外墙板调整构件的水平位置,使外挂墙板下部与主体结构的挂点相连接。

安装就位后,对上部挂装节点进行初拧临时固定。

4. 构件位置、垂直度调整

（1）选择检查设备。选择钢尺、卷尺、铅锤、靠尺和水准仪等检测工具。

（2）检测并调整。

① 用水准仪测量外挂墙板上标高控制线高度,如有偏差,调节下挂节点的调节螺栓,使外挂墙板的竖向位置符合安装要求,轴线偏差不大于 3 mm,相邻两块板表面竖直高低差不大于 2 mm。

② 用铅锤或靠尺测量外挂墙板的垂直度,如有偏差,调节上挂节点螺栓,使外挂墙板的垂直度偏差不大于 3 mm,符合安装要求。

③ 用钢尺测量梁柱与外挂墙板的板缝宽度是否满足设计要求,偏差不超过 2 mm,如不满足要求,进行微调。

（3）终拧。外挂墙板安装调整完成后,对上下挂节点进行终拧,完成外挂墙板的安装。注意,螺栓拧紧至设计要求即可。活动支座拧紧后会影响节点的活动性,如拧紧超过设计要求,会改变外挂板的受力状态,影响结构的受力。

（4）脱钩。安装完成后,将吊具脱钩,行车复位。

5. 工完料清

（1）拆解复位考核设备,拆除构件并将构件存放回原位置。

（2）工具入库,并对工具进行清理维护,清理施工场地垃圾。

（3）操作清理设备进行施工面清理。

任务拓展

1. PC 外墙板安装的质量控制

（1）主控项目。

① 对工厂生产的预制构件,进场时应检查其质量证明文件和表面标识。预制构件的质量、标识应符合设计要求及现行国家相关标准规定。

② 预制构件和装配式结构分项工程的外观质量不应有严重缺陷,且不应有影响结构性能和安装、使用功能的尺寸偏差。

③ 预制构件采用焊接或螺栓连接时,连接材料的性能及施工质量应符合《钢结构设计规范》(GB 50017—2017) 和《钢结构工程施工质量验收标准》(GB 50205—2020) 的有关规定。

④ 装配式结构预制构件连接接缝处防水材料应符合设计要求,并具有合格证、厂家检测报告及进场复试报告。外墙板接缝的防水性能应符合设计要求。

⑤ 预制构件表面预贴饰面砖、石材等饰面与混凝土的黏结性能应符合设计和国家现行有关标准的规定。

（2）一般项目。

① 预制构件外观质量不应有一般缺陷,对出现的一般缺陷应要求构件生产单位按技术处理方案进行处理,并重新检查验收。

② 预制构件粗糙面的外观质量、键槽的外观质量应符合设计要求。

③ 预制构件表面预贴饰面砖、石材等饰面及装饰混凝土饰面的外观质量应符合设计要求或国家现行有关标准的规定。

④ 预制构件上的预埋件、预留孔洞、预埋管线等规格型号、数量应符合设计要求。

⑤ 预制构件安装尺寸偏差应符合表 4 - 1 规定。

表 4 - 1　预制构件安装尺寸允许偏差和检验方法

项目	允许偏差/mm	检查方法
轴线位置	3	钢尺检查
单块外墙板垂直度	3	2 m 靠尺
外墙板外表面平整度	2	2 m 靠尺及塞尺检查
相邻两块板表面高低差(竖直)	2	2 m 靠尺及塞尺检查
相邻两板对接对缝偏差(水平)	±2	钢尺检查
连接件位置偏差	±2	钢尺检查

⑥ 预制板类、墙板类构件外形尺寸偏差和检验方法应分别符合《装配式混凝土建筑技

术标准》(GB/T 51231—2016)等规范的规定。

⑦ 装饰构件的装饰外观尺寸偏差和检验方法应符合设计要求,当设计无具体要求时,应符合《装配式混凝土建筑技术标准》等规范的规定。

⑧ 装配式结构分项工程的施工尺寸偏差及检验方法应符合设计要求,当设计无要求时,应符合《装配式混凝土建筑技术标准》等规范的规定。

⑨ 装配式建筑的饰面外观质量应符合设计要求,并应符合现行国家标准《建筑装饰装修工程质量验收标准》(GB 50210—2018)的有关规定。

2. PC 外墙板安装的注意事项

(1) 装配式结构施工应制订专项施工方案。安装施工前,应复核吊装设备的吊装能力。应按现行行业标准《建筑机械使用安全技术规程》(JGJ 33—2012)的有关规定,检查复核吊装设备及吊具处于安全操作状态,并核实现场环境、天气、道路状况等是否满足吊装施工要求。每天应根据当天的作业内容进行班前安全技术交底。

(2) 运输车辆须按吊装顺序和要货计划装车、运输,吊装时严格按吊装顺序起吊相应编号的预制构件,预制构件供应应满足吊装施工要求,直接从车上起吊,避免材料的二次吊装。预制构件吊装就位后,应及时校准并采取临时固定措施。PC 外墙板安装后,应对安装位置、安装标高、垂直度进行校核与调整。PC 外墙板与吊具的分离在校准定位完成后进行。

(3) 不合格的 PC 外墙板不得吊运就位,要在吊装前认真检查。

(4) 吊装用内埋式螺母、吊杆、吊钩应有制造厂的合格证明书,表面应光滑,不应有裂纹、刻痕、剥裂、锐角等现象存在,否则严禁使用。吊装用的钢丝绳、吊装带、卸扣、吊钩、吊索、横吊梁(桁架)等吊具应有明显的标识:编号、限重等,经检查、验收合格后在其额定范围内使用,每周检查至少一次。

(5) 根据构件特征、重量、形状等选择合适的吊装方式和配套的吊具,吊具应根据预制构件形状、尺寸及重量等参数进行配置,吊索水平夹角不宜小于60°,且不应小于45°;对尺寸较大或形状复杂的预制构件,宜采用分配梁或分配桁架的吊具。

(6) 现场吊装时,应用对讲机指挥,起重机臂下不得站人。吊装时要遵循"慢起、稳升、缓降"原则,吊运过程应平稳;每班作业时先试吊一次,测试吊具与塔吊是否异常;每次起吊瞬间应停顿15秒,确保平衡状态后,方可继续提升;异形构件必须设计平衡用的吊具或配重,达到平衡后方可提升。

(7) 构件应采用垂直吊运,严禁斜拉、斜吊;吊起的构件应及时安装就位,不得悬挂在空中;吊运和安装过程中,都必须配备信号司索工,对构件进行移动、吊升、停止、安装时的全过程应用远程通信设备进行指挥,信号不明不得吊运和安装。

(8) 构件吊装前,对预埋件、临时防护等进行再次检查,配齐装配工人、操作工具及辅助材料。

(9) 吊装时应观测吊装安全距离、吊车支腿处地基变化情况及吊具的受力情况。

(10) 应选择有代表性的单元进行试安装,安装经验收后再进行正式施工。吊装工每次应有安全的站立位置。

(11) 吊装范围严禁有人停留、工作或通过,应待吊物降落至作业面 1m 以内方准靠近。

(12) 吊装作业不宜夜间施工,在风级达到 5 级及以上或大雨、大雪、大雾等恶劣天气时,应停止露天吊装作业。重新作业前,应先试吊,检查确认各种安全装置的灵敏可靠后才能进行作业。PC 板吊装工人必须与塔吊班组配合,禁止野蛮施工。

（13）高空作业人员应正确使用安全防护用品,吊装各项工作要固定人员不准随便换人,以便工人熟练掌握技能。

（14）PC 外墙板上预留的起吊点(螺栓孔)必须全部利用到位且螺栓必须拧紧,严禁吊装工人贪图快速减少螺栓。

（15）在吊装区域、安装区域设置临时围栏、警示标志,临时拆除安全设施(洞口保护网、洞口水平防护)时也一定要取得安全负责人的许可,离开操作场所时需要对安全设施进行复位。工人不得在吊装范围下方穿越。

（16）进入施工现场必须戴安全帽,操作人员要持证上岗。所有人员吊装期间进入操作层必须佩戴安全带。

任务 4.2　内隔墙安装

 任务陈述

隔墙是分隔建筑物内部空间的墙,隔墙不承重,一般要求轻、薄,有良好的隔声性能,对于不同功能房间的隔墙有不同的要求。现有轻质内隔墙板、专用砂浆、各类工具等,需要施工班组完成该项目轻质内隔墙的分割、连接安装、填缝防裂等工作。

知识准备

内隔墙的基本要求是自身质量小,以减小对地板和楼板层的荷载,厚度薄,以增加建筑的使用面积,同时根据具体环境要求要具有隔声、耐水、耐火等性能。考虑到房间的分隔随着使用要求的变化而变更,因此隔墙应尽量便于拆装。目前,装配式建筑常用隔墙采用轻质板材隔墙(图 4 – 15)。

图 4 – 15　轻质内隔墙施工现场示意图

1. 轻质隔墙板简介

轻质隔墙板是一种新型节能墙材料,是外型像空心楼板一样的墙材,但是两边都有公母榫槽,安装时只需要将板材立起,用砂浆或者金属卡槽将其连接固定就行。

轻质隔墙板的尺寸规格是长 2440 mm,宽 610 mm,厚度根据建筑工程的需要分为很多种,通常为 75 mm、90 mm、100 mm、120 mm、125 mm、150 mm、175 mm 等规格。

（1）轻质隔墙板优点。

① 轻质隔墙板具有保温隔热、隔声、呼吸调湿、防火、快速施工、降低墙体成本等优点。

② 轻质隔墙板的重量只有实心砖墙的 1/8,强度达到了 C30,热传导率只有实心砖墙的 1/3,声波传导率只有实心砖墙的 1/4,自动调整室内空气湿度,节约工业废渣所侵占的土地,杜绝工业废渣对空气及水源的污染,节约墙体成本的 15% ~ 20%,提高施工工效 3 ~ 5 倍。

③ 轻质隔墙板的生产过程都是经流水线浇筑、整平、科学养护而成,生产自动化程度高,规格品种多。

（2）轻质隔墙板的缺点。轻质隔墙板材虽然优点多,但也有不足之处,它的缺点,就是质地脆弱,韧性、抗打击不够强,在搬运过程中容易破损。因此在使用过程中,不要让重物撞击,运输时要妥善处理,避免从高空掉落。

（3）轻质隔墙板的分类。轻质隔墙板按其材料配方分类,种类很多,但目前常用的主要有复合型内隔墙板、增强型发泡水泥无机复合内隔墙板、蒸压轻质混凝土内隔墙板、陶粒混凝土内隔墙板。

① 复合型内隔墙板(图 4 – 16)。采用纤维水泥平板或纤维增强硅钙板等作为面板与夹芯层材料复合制成。板内芯材为聚苯颗粒和水泥,面板一般采用纤维水泥平板、纤维增强硅钙板、玻镁平板、石膏平板等。

复合型内隔墙板具有重量轻、防火、保温、隔声性能好、防冻、增加使用面积、寿命长等特点,加工性能好,可锯、刨、钻、粘、接,减少湿作业、施工快、无需抹灰,可直接装饰,可组装成单层、双层内隔墙,可根据设计要求,分别用分户隔墙、分室隔墙,走廊隔墙和楼梯间隔墙。

② 增强型发泡水泥无机复合内隔墙板(图 4 – 17)。用约束发泡工艺,以抗裂砂浆和增强网组成的增强面层与芯层材料通过自挤压发泡复合而成,其中,芯层材料是以普通硅酸盐水泥、粉煤灰、复合发泡剂、抗裂纤维等为主要用料,通过化学发泡形成的泡沫混凝土隔墙板。

图 4 – 16　复合型内隔墙板

图 4 – 17　增强型发泡水泥无机复合内隔墙板

　　增强型发泡水泥无机复合内隔墙板密度小,面密度≤50 kg/m³,在建筑物的内外墙体、屋面女儿墙、楼面、立柱等建筑结构中采用该种材料,可使建筑物自重降低25%左右,因此,在建筑工程中采用泡沫混凝土具有显著的经济效益。

　　③ 蒸压轻质混凝土内隔墙板(图4-18)。简称ALC板,是高性能蒸压加气混凝土的一种。ALC板是以粉煤灰(或硅砂)、水泥、石灰等为主原料,经过高压蒸汽养护而成的多气孔混凝土成型板材。ALC板既可做墙体材料,又可做屋面板,是一种性能优越的新型建材。ALC板最早在欧洲出现,日本、欧洲等地区已有四十多年的生产、应用历史。

　　ALC板容重轻,强度高,立方体抗压强度≥4 MPa,单点吊挂力≥1200 N,保温隔热性好,不仅可以用于保温要求高的寒冷地区,也可用于隔热要求高的夏热冬暖地区,满足节能标准的要求;由大量均匀的、互不连通的微小气孔组成的多孔材料,具有很好的隔声性能,100厚的ALC板平均隔声量40.8 dB;耐火、耐久性能好;抗冻、抗渗水性能好;软化系数高。可根据设计要求,分别用分户隔墙、分室隔墙,走廊隔墙、楼梯间隔墙、厨房隔墙等。

　　④ 陶粒混凝土内隔墙板(图4-19)。是以普通硅酸盐水泥为胶结料,陶粒、工业灰渣等轻质材料为骨料,加水搅拌成浆料,内配置钢筋网片形成的条形板材。

图4-18　蒸压轻质混凝土内隔墙板

图4-19　陶粒混凝土内隔墙板

　　陶粒混凝土内隔墙板为国家环保总局认证的绿色环保建材,传热系数≤0.22,有良好的隔热保温功能;墙板不会出现板材因吸潮而松化、返卤、变形、强度下降等现象,可用于厨房、卫生间、地下室等潮湿区域;内部组成材料及其板与板之间的凹凸槽连接都具有良好的吸声和隔声功能,200 mm厚系统可达到55 dB,优于传统砌体工程200 mm厚墙体;其板与板拼接成整体,经测试抗冲击性能是一般砌体的1.5倍;用钢结构方法固定,可作层高、跨度大的间隔墙体;整体抗震性能高于普通砌筑墙体的10倍,能满足抗震强度8级以上建筑要求,且有良好强度及整体性能,即使在大跨度、斜墙等特殊要求部位中应用,可以直接打钉或膨胀螺栓进行吊挂重物,如空调机、吊柜等,单点吊挂力在1000 N以上。可根据设计要求,分别用于分户隔墙、分室隔墙、走廊隔墙、卫生间隔墙、厨房隔墙和楼梯间隔墙。

2. 轻质隔墙板的连接

　　轻质隔墙板的连接方式主要分为干作业连接和湿作业连接两大类:干作业连接是通过各类连接件(U形卡、管卡、直角钢件、角钢、L形配件、条形连接件、勾头螺栓、S钢板、灌封钢筋等)限位、钢钉或射钉等固定的方式进行连接。湿作业连接是砂浆连接或部分现浇连接。轻质隔墙板的连接方式要符合《内隔墙 – 轻质条板（一）》（10J113 – 1）、《蒸压轻质加气混凝土板（NALC）构造详图》（03SG715 – 1）的要求。

（1）底部连接。

① 条板与楼地面连接（图 4 – 20）。轻质隔墙板（条板）定位后，用 200 mm 长的 φ6 钢筋斜向打入，将墙板与地面连接。

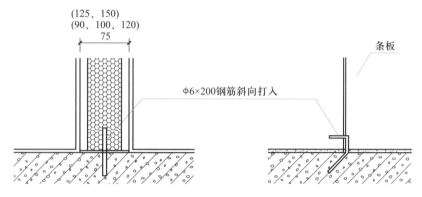

图 4 – 20　条板与楼地面连接示意图

② 轻质隔墙板与楼地面 L 形卡连接（图 4 – 21）。轻质隔墙板安装就位后，在墙板的端部间距不大于 600 mm 设置 L 形卡固定，用射钉或专用钢钉，将 L 形卡与墙板和楼地面连接，起到固定作用。

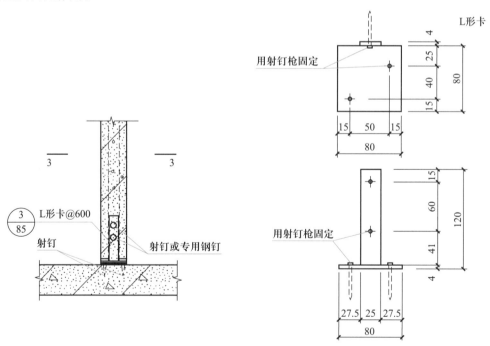

图 4 – 21　轻质隔墙板与楼地面 L 形卡连接示意图

③ 轻质隔墙板与楼地面 U 形卡连接（图 4 – 22）。轻质隔墙板安装就位后，在墙板的端部间距不大于 600 mm 设置 U 形卡固定，用射钉或专用钢钉，将 U 形卡与楼地面连接，U 形卡同时固定相连两块墙板。

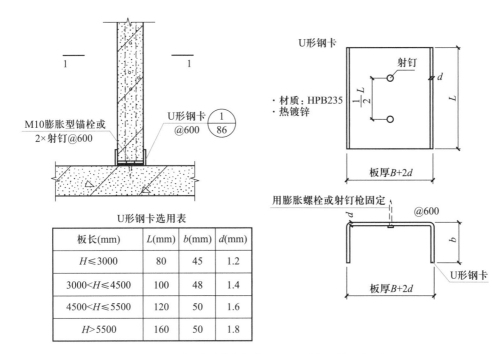

图 4 - 22　轻质隔墙板与楼地面 U 形卡连接示意图

（2）顶部连接。

① 条板与梁、板连接（图 4 - 23）。轻质隔墙板（条板）上部凹榫槽内抹专用水泥胶结剂，安装就位后，用 200 mm 长的 φ6 钢筋斜向打入，将墙板顶部与梁底、楼板底部连接。

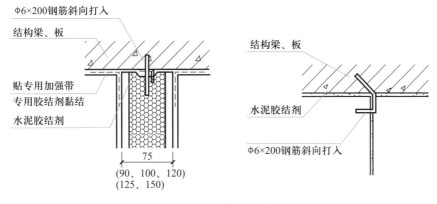

图 4 - 23　条板与梁、板连接示意图

② 轻质隔墙板与梁、板底面用 L 形卡连接（图 4 - 24）。轻质隔墙板上部凹榫槽内抹专用水泥胶结剂，安装就位后，在墙板的端部间距不大于 600 mm 设置 L 形卡固定墙板两侧，用射钉或专用钢钉，将 L 形卡与梁底面、楼板底面连接，起到固定作用。

③ 轻质隔墙板与梁、板底面用 U 形卡连接（图 4 - 25）。轻质隔墙板上部凹榫槽内抹专用水泥胶结剂，安装就位后，在墙板的端部间距不大于 600 mm 设置 L 形卡固定墙板两侧，用射钉或专用钢钉，将 L 形卡与梁底面、楼板底面连接，起到固定作用。

（3）轻质隔墙与墙、柱连接。

① 轻质隔墙与混凝土墙、柱用 L 形卡连接（图 4 - 26）。轻质隔墙与墙柱连接可采用两

个 L 形卡或者采用 L 形专用卡对墙板进行固定。安装时,根据板厚选对应规格的 L 形专用卡,用射钉或专用钢钉固定,然后将外墙板一端安装就位。

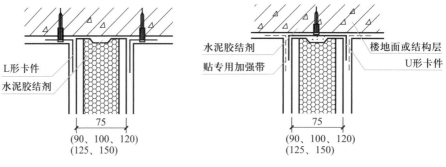

图 4 - 24 轻质隔墙与梁、板底面用 L 形卡连接示意图

图 4 - 25 轻质隔墙与梁、板底面用 L 形卡连接示意图

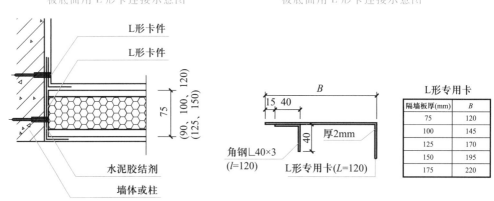

图 4 - 26 轻质隔墙与混凝土墙、柱用 L 形卡连接示意图

② 轻质隔墙与外墙板砂浆连接(图 4 - 27)。轻质隔墙墙板与预制外墙板之间预留 5 mm 宽竖向接缝,缝隙可采用内填 XPS 板外侧用聚氨酯发泡填充封闭,也可用聚合物保温砂浆直接连接。

③ 轻质隔墙相互连接。两块轻质隔墙板相连接,其中一块轻质隔墙板上安装 U 形卡并用射钉固定,在板连接处 10 mm 缝隙用水泥胶结剂填充。轻质隔墙板拼缝两侧各留设深度 10 mm、宽度 100 mm 的凹槽,待墙板安装连接完成后,凹槽内用专用胶结剂黏贴 200 mm 宽的阴、阳角专用加强带,并抹 1:2 水泥砂浆与墙板表面平齐(图 4 - 28、图 4 - 29),丁字连接可参照十字连接方式安装。

(4)内隔墙连接的抗裂措施。内隔墙连接处开裂是内隔墙施工中存在的质量通病,防止内隔墙接缝开裂,可采取以

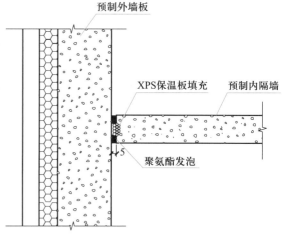

图 4 - 27 轻质隔墙与外墙板砂浆连接示意图

下措施：

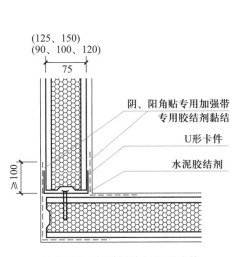

图 4-28　轻质隔墙板 L 形连接

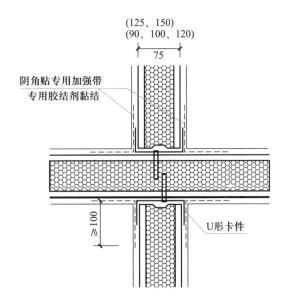

图 4-29　轻质隔墙板十字连接

① 条板生产过程中，必须具备完善、有效的质量保证体系，能够全过程控制原材料采购、板材生产等各个环节，同时应对购进原材料进行复检。

② 严格控制原材料及配套材料的质量。

a. 用于生产轻质条板的胶凝材料、骨料、增强材料、水、外掺料（包括外加剂、发泡剂、粉煤灰等）应符合国家现行国家标准或行业标准。

b. 填充用的水泥砂浆或细石混凝土、条板接缝的密封、嵌缝、黏结材料（如：聚合物水泥浆、弹性胶结料、泡沫密封胶、聚合物水泥砂等）及条板的防裂盖缝材料（如：防裂纸带、胶带或挂胶玻璃纤维网格布或带、聚丙烯纤维水泥砂浆等）的技术要求均应符合相应材料标准的规定。

c. 预埋件应做防腐处理。垫块可用水泥砂浆制成。

d. 配合安装使用的镀锌钢卡和普通钢卡、销钉、拉接钢筋、钢板预埋件等应符合建筑用钢材标准的规定。钢卡厚度不宜小于 2 mm，普通钢卡应做防锈处理。

e. 条板接缝的密封、嵌缝、黏结材料的性能应与条板材料性能相适应。

f. 现场配制的用于条板与条板嵌缝、条板与主体结构的黏结，以及条板吊挂件、预埋件开洞后填实补强的黏结材料、专用砂浆，应满足工程设计要求及相应材料标准的规定并符合环保要求。

g. 减少轻质条板的干缩率，应使其含水量满足规范要求；并增大墙板的强度，以便抵抗墙板失水而产生的干缩应力。

③ 严格控制施工工艺。

a. 隔墙板安装前，应根据工地现场情况编制轻质隔墙板安装施工专项方案，经监理、业主审核后实施。

b. 安装企业应对安装工人进行培训，培训合格后方可上岗。做到文明施工、安全施工。

c. 安装企业应建立墙板安装质量保证体系，严格质量管理，可设专人对各工序进行验收并保存验收记录,特别是隐蔽项目(管、线施工等)、预埋件、拉结钢筋做法、防水层、防潮层的验收记录。

d. 按排板图及安装工艺安装条板。

e. 管、线安装的位置应按排板图施工,不得随意开槽、凿洞。铺设管线应妥善在预埋件或板的实心部位上。电器连接盒、插座四周应用黏结材料填实、粘牢,其表面应与隔墙面平。暗管、暗线安装完毕验收合格后,水泥隔墙条板应采用1:3水泥砂浆分层抹灰回填密实,使表面平整。板面应采用聚合物水泥浆粘贴耐碱玻璃纤维网格布等修补防裂。管线安装应在隔墙条板安装7 d后进行。

④ 堵缝施工工艺。

a. 选板检尺:挑选尺寸、平整度均合格的板材,或切割成要求的尺寸备用。

b. 隔墙条板施工时,要清除条板企口及衔接面上的灰尘,刷水备用,但不得用水冲淋,同时应防止条板被水浸湿。

c. 在条板的母槽两侧和接口处的边缘刮满厚度不小于20 mm的填缝砂浆,调整好位置一次性挤压安装完成,并保证灰口处挤出砂浆;如需再调整位置,必须再满填砂浆以保证灰缝饱和。

d. 在墙板与主体墙衔接部位,在两侧的接口处必须清灰并刷弹性乳液(水:乳液=1:1)满抹填缝砂浆,灰缝饱和,对齐按装;安装好后将灰缝处理干净并刷乳液(同上),用填缝腻子找平后粘贴宽度50~100 mm的弹性抗裂玻纤网外刮填缝腻子顺平。

e. 对于大开间隔墙板超5 m以上的安装长度,应在3 m处留伸缩缝,缝宽5 mm左右,7~10 d后进行二次堵缝和所有接缝处粘贴弹性抗裂玻纤网,方法同以上"d"项。

f. 为避免门、窗框上部倒八字裂缝,可在门、窗框(小于1800 mm)上方横板安装,板长超过门、窗框至少100 mm。

g. 对于以后开裂的缝隙处理:清除开裂缝隙周围的灰和布,灰缝拓宽至3~5 mm,清灰—刷乳液—填缝—粘弹性抗裂玻纤网布后刮填缝腻子顺平,布宽不小于100 mm。

3. 轻质复合墙施工工艺

(1)抬板、放线(图4-30)。把墙板运入现场,然后根据板的厚度,采用人或机器把板抬到墙板的安装部位上。安装前,首先要在安装部位弹基线,基线与楼板底或梁底基线垂直,以保证安装墙板的平整度和垂直度,并标记门洞位置。

图4-30　放线

（2）上浆（图 4 - 31）。上浆前要先除灰,用湿布或专业工具抹干净墙板凹凸槽的表面粉尘,并刷水湿润,再将专业填缝聚合物砂浆抹在安装墙的凹槽和地面基线内,使墙面平整。

图 4 - 31　上浆

（3）装板（图 4 - 32）。将墙板搬到上好砂浆的拼装位置上,用撬棍将墙板从底部撬起,用力使板与板之间靠紧,使多余的砂浆聚合物从接缝间挤出,然后刮除凸出墙板面的浆料,一定要保证板与板之间接缝浆饱满。

图 4 - 32　装板

（4）锯板（图 4 - 33）。墙板的整板规格为宽度 610 mm,长度 2440 mm,当墙板端宽度或高度不足一块整板时,应使用补板。根据要求用手提切割机切割成所需补板的宽度和高度。把锯好的墙板安装到所需位置上,然后用木楔将其临时固定。

（5）固定（图 4 - 34）。安装矫正后用木楔临时固定墙板与楼板顶部和底部、相邻两块墙板。墙板上下连接等,除用聚合物水泥砂浆黏结外,还应用 200 ~ 250 mm 长 φ6 或 φ8 钢

263

图 4 - 33 锯板

筋做加强处理,即把钢筋插入大于 100 mm 墙板内,125 mm 厚以上的板,必须打入两根钢筋。

图 4 - 34 固定

(6)校对(图 4 - 35)。墙板初步固定好后,要用专业撬棍进行校正,用 2m 的直靠尺检查平整和垂直度。

(7)勾缝处理(图 4 - 36)。在用接缝料安装好墙板后,要刮去凸出墙板面的接缝砂浆,并勾出接缝口,一般不低于板面 4 ~ 5 mm,让墙板与墙板之间的接缝更加平整、牢固。

(8)灌浆(图 4 - 37)。墙板安装工序完成 7d 后,开始将保养好的墙体用专业聚合物浆料填充上下缝和板与板之间的接缝,并将木楔拨出并用砂浆填平。

灌浆的注意事项:

① 要用刮刀将嵌缝材料均匀饱满地嵌入勾出的墙板接缝口上。

图 4 - 35　校对

图 4 - 36　勾缝处理

图 4 - 37　灌浆

② 要等浆料完成 6~8 h 后才能开始下一道工序接缝处理。

（9）埋设管线。墙板内埋设管线、开关插座盒时，由水电安装单位，根据设计要求，一次性在墙板上画出全部强弱电和给排水的线管槽、箱、盒的位置。开槽时，应先弹好要开槽的尺寸宽度，并用小型手提切割机割出框线，再用人工轻凿墙，严禁暴力开凿开洞。

在埋设管线工序上，要注意以下问题：

① 不得在同一位置两面同时开槽开洞，且应在墙体养护最少 3 d 后进行。如遇墙体两侧同一位置同时布线管、箱体、开关盒时，应在水平向或高度方向错开 150 mm 以上，以免降低墙体隔声性能。

② 当在条板隔墙上横向开槽、开洞敷设电气暗线、暗管、开关盒时，隔墙的厚度不宜小于 90 mm，开槽长度不应大于条板宽度的 1/2。

③ 线管的埋设方式和规范要按相关要求进行，管线水平走向不应大于 350 mm，线管埋设好后用聚合物水泥砂浆按板缝处理方式分层回填处理。

（10）装门框门套。处理好的墙板能满足各类门框门套安装，根据设计安装好门套门窗。

（11）接缝（防裂带粘贴）处理（图 4-38）。接缝处理应在门、窗框、管线安装完毕不少于 7 d 后进行。先清理接缝部位，补满破损空隙，清洁表面；然后进行接缝的防裂带粘贴施工，同时还要遵循以下几个步骤：

图 4-38 接缝处理

① 粘贴防裂带前应清除接缝表面的粉尘。

② 先用 50 mm 以上宽的防裂穿孔纸带，用白乳胶粘贴在缝口上，并用刮刀顺着接缝处压实，刮去多余的白乳胶和除去防裂带下的气泡。

③ 等灌浆浆料保养及完全干透后，再用 100 mm 以上宽的防裂纤维网格，用白乳胶粘贴在缝口上，并用刮刀顺着接缝处压实，刮去多余的白乳胶。

④ 等接缝网格带及穿孔纸带完全干透后，便可按设计要求对墙体进行饰面施工。

注意：穿孔纸带使用前必须浸湿，浸泡时间为 30~60 s。如不用水浸湿纸带，它会吸收水，产生面胀起泡；浸泡时间太长容易刮断，浸泡的纸带要用食指和中指夹住拉一次，以便刮去过多的水分。

4. ALC 板施工工艺

（1）ALC 板施工原理。通过对 ALC 板材的入场运输、加工、板材架立、板材拼接进行严格控制，根据隔墙电槽位置对板材排板进行优化，以达到板材外观完整整洁，拼缝严密牢靠，垂直度、平整度合格的要求。

（2）工艺流程。ALC 板施工工艺流程如图 4 – 39 所示。

（3）操作要点。

① 清理基层、放线。ALC 板固定端为板顶和板底，清理基层时，顶板和底板均需清理，并利用激光扫平仪将顶板和底板均弹上线。

② 安装 U 形卡。ALC 板顶部固定为 U 形卡固定，缝隙处使用专用勾缝剂处理，U 形卡宜设置在两板拼接处，按板宽间距 600 mm 设置（图 4 – 40、图 4 – 41），U 形卡应事先做除锈处理并刷防锈漆防锈。

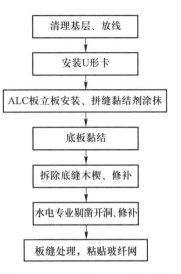

图 4 – 39　ALC 板施工工艺流程图

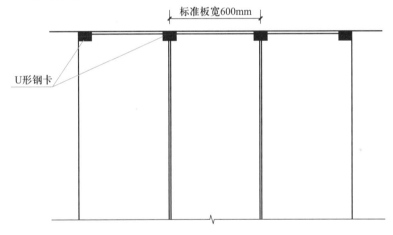

图 4 – 40　U 形卡固定立面图

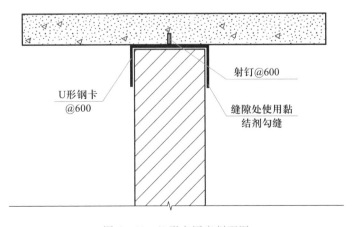

图 4 – 41　U 形卡固定剖面图

③ ALC 板立板安装、拼缝黏结剂涂抹。

a. 立板前根据现场情况对板材排版进行优化,板材安装前其两端均需留出 10～15 mm 空隙,以便进行板材调整挪动,拼缝密实饱满,不得出现空洞。

b. 立板安装时首先对板材顶部及侧部涂抹黏结剂,然后卡入顶端 U 形卡,底部调整好位置后用木楔顶实加固,最后在拼缝处补灰。

c. 板上留洞小于 600 mm 时,考虑 ALC 板易破损及其固定方式,板材排板宜将洞口设置在两板拼缝处,即可减少单块板材破损面积,亦可优化留洞处受力情况。

d. 板上留洞大于 600 mm 时,在洞口上部加设横向隔墙板过梁(图 4－42)。

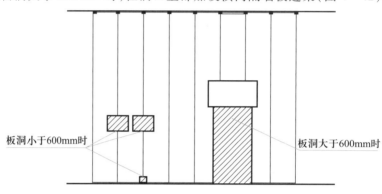

图 4－42　洞口留设示意图

④ 底板黏结。板底先由木楔顶实加固,当隔墙板位置调整到位后底部塞灌 1∶3 水泥砂浆。

⑤ 拆除底缝木楔、修补。隔墙板拼缝黏结剂及端部填充部分达到强度要求后拆除木楔,并修补木楔处漏洞。

⑥ 水电专业剔凿开洞。剔凿前对洞口尺寸放线,避免开洞过大导致板材碎裂。

⑦ 拼缝处理。等灌浆浆料保养及完全干透后,再用 100 mm 以上宽的防裂纤维网格,用白乳胶粘贴在缝口上,并用刮刀顺着接缝处压实,刮去多余的白乳胶。

任务实施

内隔墙是内墙系统的重要组成部分。本任务以 ALC 内隔墙安装为例,介绍其施工前准备、施工准备、内墙板安装、墙板顶底部处理、拼缝处理、工完料清等主要工序。具体实施步骤如下:

1. 施工前准备

工作开始前首先进行施工前准备:

(1)正确佩戴安全帽,正确穿戴劳保工装、防护手套等。

(2)正确佩戴安全绳。

(3)正确检查施工设备,如射钉枪等的安全性等。

(4)对施工场地进行卫生检查及清扫。

(5)装配式施工图识读。识读装配式建筑施工图,明确内墙 ALC 墙板的拼装位置,明确 ALC 墙板的切割尺寸等。

（6）ALC 内墙板安装工具的选择。根据 ALC 内墙板安装施工过程所需工具,从工具库中领取如下工具,如水平仪、射钉枪、钢钉、撬棍、手翻车、橡皮锤、切割机、板锯、搅拌机、靠尺、弹线盒、抹刀等,见表 4 - 2。

表 4 - 2　ALC 墙板安装工具列表

水平仪	射钉枪	钢钉
撬棒	手翻车	橡皮锤、多用斧
切割机	灰桶和搅拌机	靠尺
板锯	弹线盒	抹刀

（7）清扫施工现场。检查场地周边及操作工位的卫生,选取清扫工具,清扫场地卫生。

2. 施工准备

（1）测量放线。根据施工排板图,在顶部混凝土梁、两侧混凝土柱或剪力墙、底部混凝土楼板上弹出墙板、门窗洞口控制线。用以控制整个墙面的垂直度、平整度、门窗洞口的位置及标高。

（2）墙板就位。拆除墙板上的临时固定卡,检查墙板的外观质量,有无运输过程中的破损。利用手翻车从堆放的墙板中依次翻出需要安装的墙板。

3. 内墙板安装

（1）切割拼板，固定配件。根据拼板图用切割机或板锯将墙板切割成所需要的尺寸。注意切板的时候不能切到下层的墙板。在墙板上固定配件。

（2）安装墙板。利用手翻车竖起墙板，用撬棍一边推动墙板，一边撬起墙板的同时，调整墙板的垂直度和安装位置。用靠尺检验墙板的垂直度和平整度，使墙板的安装误差控制在 3 mm 以内。

（3）固定墙板。

a. 每块墙板安装后，下端用橡皮锤将木楔打入底面缝隙，使墙板上部顶紧。墙板上端用射钉枪将 U 形卡钉在混凝土上，并用 U 形卡将墙板固定。

b. 按专用砂浆的配合比调配砂浆，在墙板侧边均匀抹上砂浆与其他墙板黏结。

c. 墙板按图依次安装，做到每安装一块，调整一块，固定一块。

（4）检查。整个墙面板安装完成后，应检查墙面板安装质量，对超过允许偏差的墙面用磨砂板修正。

4. 墙板顶底部处理

（1）底板灌缝黏结。墙板下方用 1∶3 水泥砂浆灌缝，灌缝应饱满。24 h 后，拔出木楔，并用 1∶3 水泥砂浆修补木楔孔洞。

（2）PE 棒嵌填。根据板缝宽度合理选择 PE 棒的规格，墙板两侧与混凝土柱、顶部与梁或楼板以及墙板与其他材料接触的地方采用 PE 棒嵌填。PE 棒填充后应充分压实。

（3）打 PU 发泡剂。PE 棒嵌填的部位还应打 PU 发泡剂，待 PU 发泡剂固化后，用美工刀修裁平整。

5. 拼缝处理

（1）粘贴玻纤网格布。清理板间拼缝，在板间拼缝、板侧与柱连接缝隙处粘贴玻纤网格布，可有效防止墙体开裂。

（2）饰面处理。按饰面要求进行相应的饰面处理，如抹灰、涂刷墙体涂料等。

6. 工完料清

（1）工具入库，并对工具进行清理维护，清理施工场地垃圾。

（2）操作清理设备进行施工面清理。

任务拓展

装配式内隔墙种类形式很多，但都应符合《建筑轻质条板隔墙技术规程》（JGJ/T 157—2014）的规定。建筑轻质条板隔墙施工应符合如下规定：

1. 一般规定

（1）条板隔墙工程质量验收应检查下列文件和记录：

① 条板隔墙施工图、设计说明及其他设计文件。

② 条板制品和主要配套材料出厂合格证、性能检验报告及现场验收记录和实验报告。

③ 隔墙分项工序施工记录、隐藏工程验收记录。

④ 施工过程中重大技术问题的处理文件、工作记录和工程变更记录。

（2）条板隔墙工程应对下列隐蔽工程项目进行验收：

① 隔墙中预埋件、吊挂件、拉结筋等的安装验收记录。

② 配电箱、开关盒及管线开槽、敷设、安装现场验收记录。

③ 双层复合隔墙中隔声、防火、保温等填充材料的设置验收记录。

（3）条板隔墙工程质量验收应符合《建筑装饰装修工程质量验收规范》及《建筑轻质条板隔墙技术规程》的有关规定。

2. 工程验收

（1）检验批质量合格应符合下列规定：主控项目和一般项目的质量经抽样检验合格；要具有完整的施工操作依据、质量检查记录。

（2）检查数量：每个检验批至少抽查10%，但不得少于3间，不足3间时应全数检查。

（3）隔墙条板的品种、规格、性能、外观应符合设计要求。有隔声、保温、防火、防潮等特殊要求的工程，板材应有满足相应性能等级的检测报告。

检验方法：观察，检查产品合格证书、进场验收记录和性能检测报告。

（4）条板隔墙安装所需预埋件、连接件的位置、规格、数量和连接方法应符合设计要求。

检验方法：观察，尺量检查；检查隐蔽工程验收记录。

（5）条板之间、条板与建筑结构间结合应牢固、稳定，连接方法应符合设计要求。

检验方法：观察，手扳检查。

（6）条板隔墙安装所用接缝材料的品种及接缝方法应符合设计要求。

检验方法：观察，检查产品合格证书和施工记录。

（7）条板安装应垂直、平整、位置正确，转角应规正，板材不得有缺边、掉角、开裂等缺陷。

检验方法：观察，尺量检查。

（8）条板隔墙表面应平整、接缝应顺直、均匀，不应有裂纹、裂隙。

检验方法：观察，手摸检查。

（9）隔墙上开洞、槽、盒应位置准确、套割方正、边缘整齐。

检验方法：观察。

（10）条板隔墙安装的允许偏差和检验方法应符合表4-3的规定。

表4-3　条板墙体安装允许偏差和检验方法

项目	允许偏差/mm	检验方法
墙体轴线位移	4	用经纬仪或拉线和尺检查
表面平整度	3	用2 m靠尺和楔形塞尺检查
立面垂直度	3	用2 m垂直检测尺检查
接缝高低	2	用直尺和楔形塞尺检查
阴阳角垂直	3	用2 m垂直检测尺检查
阴阳角方正	3	用方尺及楔形塞尺检查
门窗洞中心偏差	3	用钢尺检查
门窗洞口尺寸偏差	4	用钢尺检查

（11）当条板隔墙安装质量不符合要求时，应按下列规定进行处理：

① 经返工重做的检验批，应重新进行验收。

271

② 经部分返修后,能满足使用要求的工程,可按技术方案和协商文件验收。

③ 经返工重做,重新验收仍不满足要求的工程,不予验收。

任务 4.3　接缝防水施工

任务陈述

接缝防水施工是建筑施工中非常重要的一个环节,因为防水效果的好坏直接影响建筑物的功能、使用年限和耐久性。对于装配式建筑,特别是采用预制外墙板的装配式建筑,接缝处的密封防水更是需要重点注意的环节。现需要施工班组完成该项目背衬材料及防粘材料的填充、底涂液涂刷、打胶等工序施工,并清理工作面。

知识准备

1. 接缝防水施工构造

预制混凝土外挂墙板是目前国内 PC 建筑中运用最多的一种形式,预制外挂墙板表面平整度好,整体精度高,同时又可以将建筑物的外窗及外立面的保温及装饰层直接在工厂预制完成。预制外挂墙板应用非常广泛,不仅用于装配式混凝土建筑,也用于现浇混凝土建筑,还可用于钢结构建筑中。

预制外挂墙板是分块进行拼装的,不可避免地会遇到连接接缝的防水处理问题,目前在实际运用中普遍采用的预制外墙板接缝防水形式主要有以下几种:

(1) 内浇外挂的预制外墙板(即 PCF 板)的防水形式。这种墙板防水形式主要采用外侧排水空腔及打胶,内侧依赖现浇部分混凝土自防水的接缝防水形式,如图 4-43、图 4-44 所示。

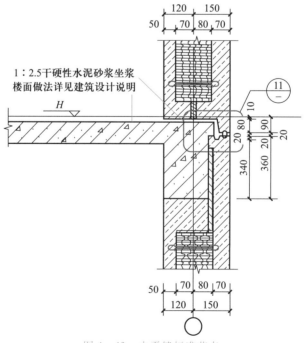

图 4-43　水平缝标准节点

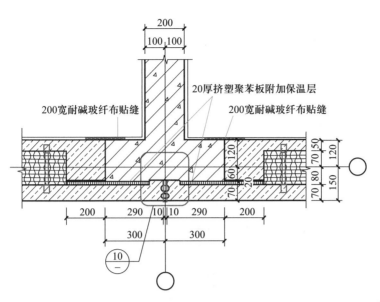

图 4-44　竖直缝处标准节点

（2）外挂式预制外围护墙板采用的封闭式带减压空腔的防水形式。这种墙板防水形式主要有 3 道防水措施,最外侧采用高弹力的耐候防水硅胶,中间部分为物理空腔形成的减压空间,内侧使用预嵌在混凝土中的防水橡胶条上下互相压紧来起到防水效果,在墙面之间的十字接头处在橡胶止水带之外再增加一道聚氨酯防水,其主要作用是利用聚氨酯良好的弹性封堵橡胶止水带相互错动可能产生的细微缝隙,对于防水要求特别高的房间或建筑,可以在橡胶止水带内侧全面施工聚氨酯防水,以增强防水的可靠性。每隔 3 层左右的距离在外墙防水硅胶上设一处排水管,可有效地将渗入减压空间的雨水引导到室外。构造如图 4-45、图 4-46 所示。

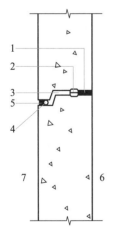

图 4-45　外挂墙板水平缝企口构造示意图
1—防火封堵材料;2—气密条;3—空腔;
4—背衬材料;5—密封胶;6—室内;7—室外

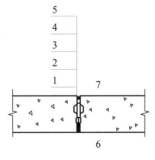

图 4-46　外挂墙板垂直缝槽口构造示意图
1—防火封堵材料;2—气密条;3—空腔;
4—背衬材料;5—密封胶;6—室内;7—室外

2. 接缝防水的材料

接缝防水的施工工艺主要需要用到底涂液、填充材料和防水封缝材料。

（1）底涂液。底涂液是以硅氧烷为主要原料的无色、含溶剂液体,是较为常见的一种辅助处理剂。在密封胶施工过程中预先涂在基材上,固化后形成牢固的薄层,该薄层作为密封胶与基材之间的过渡层,它与密封胶以及基材之间的黏结力优于密封胶与基材之间的黏结力,从而增强了密封胶与基材之间的黏结性能。不同的防水密封胶应选用对应的底涂液,特别是双组分密封胶应选用特定的底涂液(图 4 – 47)。

图 4 – 47　底涂液

（2）填充材料。在接缝防水施工中,常用发泡聚乙烯棒(图 4 – 48)做缝隙的填充材料。发泡聚乙烯棒是一种防水、绝热、缓冲材料。具有质轻、柔软、保温、隔热、吸水率低、回弹性好、耐化学腐蚀和耐老化等功能。

（3）美纹纸。美纹纸是一种装饰、喷涂用纸(又称分色带纸),广泛应用于室内装饰、家用电器的喷漆及高档豪华轿车的喷涂,如图 4 – 49 所示。

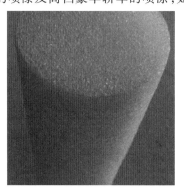

图 4 – 48　发泡聚乙烯棒

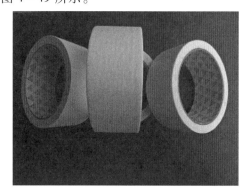

图 4 – 49　美纹纸

（4）防水封缝材料。

① 防水密封材料是外墙封缝防水的关键,目前常用的防水密封胶(图 4 – 50)按使用方法可分为湿气固化型(单组分)防水密封胶和混合反应固化型(双组分)防水密封胶两大类。湿气固化型(单组分)防水密封胶是与空气中的水汽反应固化,使用方便,但固化反应较慢;混合反应固化型(双组分)防水密封胶是密封材料与固化剂反应,固化快、性能好,但使用时需要配制密封胶,工艺较为复杂。

② 防水密封材料按化学成分,可分为聚氨酯胶、硅酮胶。聚氨酯胶密封胶性能可调范

围宽、适应性强、耐磨性能好、机械强度大、黏结性能好、弹性好,具有优良的复原性,可用于动态接缝。硅酮胶黏结力强,拉伸强度大、耐候性优于聚氨酯胶,但不可涂饰。

　　③ 密封胶作为维持和保全建筑物的重要材料,其选定也需要非常慎重,密封胶的选定与建筑物所处的环境密切相关,需要选择对环境(台风时的刮风下雨、地震、日夜的温差、紫外线的照射)耐候性较高的产品,且需与 PC 板材本身保持良好的黏结性能。

　　④ 密封胶材质及性能必须符合现行的标准:《混凝土接缝用建筑密封胶》(JC/T 881—2017);《建筑密封胶分级和要求》(GB/T 22083—2008)。

图 4 - 50　密封胶

3. 封缝施工艺及要求

(1) 封缝工具见表 4 - 4。

表 4 - 4　封缝工具列表

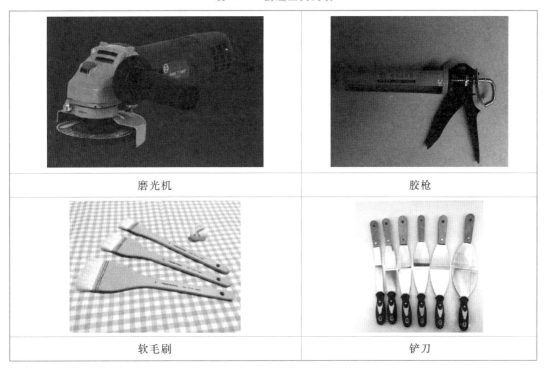

磨光机	胶枪
软毛刷	铲刀

（2）封缝施工工艺流程如图 4–51 所示。

（3）接缝防水施工要求。接缝防水施工应符合《预制混凝土外挂墙板应用技术标准》（JGJ/T 458—2018）的要求。施工完成后，密封胶嵌填应饱满、密实、均匀、顺直、表面平滑，其厚度应满足设计要求。

（4）外墙板接缝防水性能检验。装配式结构的墙板接缝防水施工质量是保证装配式外墙防水性能的关键，施工时应按设计要求进行选材和施工，并采取现场淋水试验检验验证。

外墙板接缝防水应按批检验。每 1000 m² 外墙面积应划分为一个检验批，不足 1000 m² 时也应划分为一个检验批；每个检验批每 100 m² 应至少抽查一处，每处不得少于 10 m²。进行现场淋水试验时，淋水流量不应小于 5 L/（m·min），淋水试验时间不应少于 2 h，检测区域不应有遗漏部位。淋水试验结束后，检查背水面有无渗漏，并填写外墙淋水实验记录表，见表 4–5。

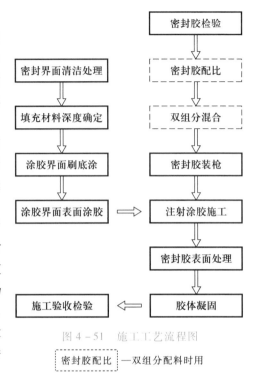

图 4–51　施工工艺流程图

密封胶配比—双组分配料时用

表 4–5　外墙淋水实验记录表

编号：

工程名称		试验日期	
施工单位		试水方法	淋水试验

工程实验部位及检查记录表	1. 工程试验部位： 2. 喷淋试验记录： 表 1　稳定加压顺序表 （见下表） 注：喷淋装置以 5 L（m²·min）的淋水量均匀地喷淋到试件表面上，压力绝对值 500 Pa，加压速度为 100 Pa/s，压力差时间为 3 s，泄压时间不小于 1 s，压力回零后开启扇开关 5 次。

表 1　稳定加压顺序表

加压顺序	1	2	3	4	5	6	7
检测压力值/Pa	250	350	500	700	1000	1500	2000
持续时间/min	10	5	5	5	5	5	5

续表

工程实验部位及检查记录表	表 2　波动加压顺序表

表 2　波动加压顺序表

加压顺序	1	2	3	4	5	6	7
检测压力值/Pa							
持续时间/min	10	5	5	5	5	5	5

注:喷淋装置以 5 L(m²·min)的淋水量均匀地喷淋到试件表面上,压力绝对值为 500 Pa,加压速度为 100 Pa/s,压力差时间为 3 s,泄压时间不小于 1 s,压力回零后开启扇开关 5 次。

试验结论	

试验人员	项目专业质检员	项目经理	专业监理工程师

任务实施

接缝防水施工模块主要工序为施工前准备,施工准备,背衬材料及防粘材料的填充,底涂液涂刷,打胶、刮胶操作,工完料清。具体实施步骤如下:

1. 施工前准备

工作开始前首先进行如下施工前准备工作:

(1)正确佩戴安全帽,正确穿戴劳保工装、防护手套等。

(2)正确佩戴安全绳。

(3)正确检查施工设备,如施工吊篮的安全性等。

(4)对施工场地进行卫生检查及清扫。

2. 施工准备

(1)装配式施工图识读。识读装配式建筑施工图,明确接缝防水施工作业的范围,防水等级和相关要求。

(2)施胶工器具和材料的选择。根据接缝防水施工过程所需工具,从工具库中领取相应工具,如胶枪、铲刀、美纹纸、软毛刷等。

(3)检查缝宽、缝深。测量接缝的宽度及深度,确认是否符合设计标准,接缝内是否有浮浆等残留物(图 4－52)。

(4)墙体基材清洁、干燥。接缝混凝土表面应清洁、干燥、无油污和灰尘。打胶施工前,应用铲刀铲除板缝中的浮浆等,铲除干净后,用毛刷再进行清扫,直到将板缝清理干净。但不得采用剔凿的方式清理接缝残渣或增加接缝宽度。如果板缝潮湿,必须用吹风机等将其吹至干燥才能施胶(图 4－53)。

图 4 - 52　测量接缝宽度　　　　　　　　图 4 - 53　清理板缝

3. 背衬材料及防粘材料的填充

（1）填充背衬材料。根据板缝宽度合理选择背衬材料（发泡聚乙烯棒）的规格,发泡聚乙烯棒填充应嵌入板缝后预留约 10 mm 注胶空间,并应充分压实,与接缝两侧基层之间不得留有空隙,发泡聚乙烯棒进入接缝的深度和密封胶的厚度一致。填充完成后,再次检查缝隙深度与宽度,确认接缝宽度和深度符合设计要求（图 4 - 54）。

图 4 - 54　嵌填发泡聚乙烯棒

（2）防污染粘材料粘贴。选择适当规格的美纹纸,美纹纸粘贴要连续平整,并与板边对齐并且粘贴牢固（图 4 - 55）。

4. 底涂液涂刷

根据使用的防水密封胶说明选择底涂液,底涂液必须使用防水密封胶的配套产品;底涂液涂刷必须均匀、到位,防止漏刷。

5. 打胶、刮胶操作

（1）密封胶调制。单组分防水密封胶可直接施胶;双组分防水密封胶,使用前应先进行拌和,具体要求如下:

① 制作密封胶时必须严格按厂家说明书的配合比准确计量。

② 双组分密封胶应随拌随用,使用搅拌机进行材料搅拌,材料要混合均匀。搅拌时间和搅拌温度根据产品说明书设置,不得随意增加或减少搅拌时间。搅拌均匀的密封胶应在适用期内用完。

（2）打胶操作。将密封胶装入胶枪,用胶枪均匀地打入板缝中。打胶时应根据接缝的宽度选用口径合适的挤出嘴,注意注入角度,注胶应从底部开始注入,使胶饱满,无气泡,同

图 4 – 55　贴美纹纸

时注意不要污染墙面。外挂墙板十字接缝处各 300 mm 范围内的水平缝和垂直缝应一次施工完成。

（3）刮胶操作。嵌填密封胶后,应在密封胶表干前用专用工具对胶体表面进行修整刮平,刮胶应注意角度,以达到理想效果。刮胶过程中要注意不得污染墙面。如造成污染应及时清理,以防胶固化以后难以清理,造成外墙面污染。

（4）清理墙面。打胶完成后应及时除去美纹纸,去除美纹纸过程中,应注意不要污染其他部位,同时留意已修饰过的胶面,如有问题应马上修补。

6. 工完料清

（1）拆解复位施工设备,清除板缝内密封胶并将施工设备复位。

（2）工具入库,并对工具进行清理维护,清理施工场地垃圾。

（3）操作清理设备进行施工面清理。

🔖 **任务拓展**

封缝防水在装配式外墙板施工中十分重要,除了外墙板封缝之外,建筑施工还用到了各种密封胶。建筑常用密封胶的种类及用途如下:

（1）幕墙玻璃接缝密封胶:是用于黏结密封幕墙玻璃接缝的密封胶,目前基本是硅酮型密封胶。外观为单组分支装可挤注的黏稠流体,挤出后不下垂、不变形,颜色以黑色为主。用于长期承受日光、雨雪和风压等环境条件的交变作用、承受较大接缝位移的幕墙玻璃 – 玻璃接缝的黏结密封,也可用于建筑玻璃的其他接缝密封。按位移能力及模量分为 4 个级别。

（2）建筑窗用密封胶:是用于窗洞、窗框及窗玻璃密封镶装的密封胶。外观为单组分支装可挤注的黏稠流体,挤出后不下垂、不变形。颜色有透明、半透明、茶色、白色、黑色等。产品按模量及位移能力大小分为 3 个级别。该类密封胶主要用于接缝密封,不承受结构应力。适应要求的密封胶可以是硅酮、改性硅酮、聚氨酯、聚硫型等,洞口 – 窗框密封可以是硅化丙烯酸型或丙烯酸型。

（3）混凝土建筑接缝密封胶：是用于混凝土建筑屋面、墙体变形缝密封的密封胶。外观为单组分支装可挤注黏稠流体。由于构件材质、尺寸、使用温度、结构变形、基础沉降影响等使用条件范围宽，对密封胶接缝位移能力及耐久性要求差别较大，产品包括 25 级至 7.5 级的所有 6 个级别。按流动性分为 N 型（用于垂直接缝，挤出后不下垂、不变形）、S 型（用于水平接缝能自流平）。主要包括中性硅酮密封胶、改性硅酮、聚氨酯、聚硫型，还包括丙烯酸、硅化丙烯酸、丁基型密封胶、改性沥青嵌缝膏等，后三种主要用于建筑内部接缝密封。

（4）防霉密封胶：是自身不长霉菌或能抑制霉菌生长的密封胶。外观为单组分支装可挤注黏稠流体。

小结

通过本项目的学习，学生应掌握以下内容，具备以下能力：

1. 掌握构件安装对位及临时固定要求、构件垂直度调整要求。能够选择吊具，完成构件与吊具的连接；能够进行预埋件安装埋设；能够安全起吊构件，吊装就位，进行位置、标高和垂直度的校核与调整；能够进行构件的连接安装操作。

2. 掌握构件安装对位及临时固定要求、构件封缝和防裂要求。能够进行连接件安装、墙板现场分割；能够进行安装就位操作，位置、标高和垂直度的校核与调整；能够进行封缝和防裂处理。

3. 掌握劳保用品的正确佩戴标准、封缝处基层处理要求；掌握封缝的具体施工流程，包括美纹纸粘贴、泡沫棒填充、刷涂底漆、打胶密封、刮平压实密封胶、修正密封凹型边缘等。能够进行施胶工机具的选择；能够检查缝宽和缝深，完成墙体基材（墙缝处）清洁、干燥和两侧防污胶带粘贴；能够按设计完成背衬材料及防粘材料的填充、底涂液涂刷；能够根据产品说明书拌制双组分密封胶；能够完成打胶操作，处理丁字接头、十字接头处的缝隙。

习题

1. 简述外挂墙板与主体结构的连接要求。
2. 简述外挂墙板的安装流程。
3. 简述外挂墙板挂装点的构造。
4. 简述 PC 外墙板安装的质量控制要求。
5. 简述外墙板吊装时的安全注意事项。
6. 简述内隔墙板缝的抗裂措施。
7. 简述 ALC 墙板施工工艺流程。
8. 简述轻质隔墙板的安装质量要求。
9. 简述外挂墙板水平缝防水构造。
10. 简述封缝施工的工艺流程。
11. 简述防水封缝的施工要求。

参考文献

[1] 中华人民共和国国家标准. GB 50204—2015 混凝土结构工程施工质量验收规范. 北京:中国建筑工业出版社,2015

[2] 中华人民共和国行业标准. JGJ 355—2015 钢筋套筒灌浆连接应用技术规程. 北京:中国建筑工业出版社,2015

[3] 中华人民共和国建筑工业行业标准. JG/T 163—2013 钢筋机械连接用套筒. 北京:中国标准出版社,2013

[4] 中华人民共和国建筑工业行业标准. JG/T 408—2019 钢筋连接用套筒灌浆料. 北京:中国标准出版社,2019

[5] 国家建筑标准设计图集. 16G116 - 1 装配式混凝土结构预制构件选用目录(一). 北京:中国计划出版社,2016

[6] 中华人民共和国住房和城乡建设部. JGJ/T 258—2011 预制带肋底板混凝土叠合楼板技术规程. 北京:中国建筑工业出版社,2011

[7] 中华人民共和国住房和城乡建设部. JGJ 1—2014 装配式混凝土结构技术规程. 北京:中国建筑工业出版社,2014

[8] 山东省建设发展研究院. DB37/T 5020—2014 装配整体式混凝土结构工程预制构件制作与验收规程. 北京:中国建筑工业出版社,2014

[9] 山东省建筑科学研究院. DB37/T 5019—2014 装配整体式混凝土结构工程施工与质量验收规程. 北京:中国建筑工业出版社,2014

[10] 中华人民共和国住房和城乡建设部住宅产业化促进中心. 装配式混凝土结构技术导则. 北京:中国建筑工业出版社,2015

[11] 装配式混凝土结构工程施工编委会. 装配式混凝土结构工程施工. 北京:中国建筑工业出版社,2015

[12] 济南市城乡建设委员会建筑产业化领导小组办公室. 装配整体式混凝土结构工程施工. 北京:中国建筑工业出版社,2015

[13] 济南市城乡建设委员会建筑产业化领导小组办公室. 装配整体式混凝土结构工程工人操作实务. 北京:中国建筑工业出版社,2015

[14] 国家建筑标准设计图集. 15G310 - 1 ~ 2 装配式混凝土结构连接节点构造. 北京:中国计划出版社,2015

[15] 国家建筑标准设计图集. 15G365 - 1 预制混凝土剪力墙外墙板. 北京:中国计划出

版社,2015

　　［16］国家建筑标准设计图集.15G365-2 预制混凝土剪力墙内墙板.北京:中国计划出版社,2015

　　［17］国家建筑标准设计图集.15G366-1 桁架钢筋混凝土叠合板:60 mm 厚底板.北京:中国计划出版社,2015

　　［18］国家建筑标准设计图集.15G367-1 预制钢筋混凝土板式楼梯.北京:中国计划出版社,2015

　　［19］国家建筑标准设计图集.15G368-1 预制钢筋混凝土阳台板、空调板及女儿墙.北京:中国计划出版社,2015

　　［20］国家建筑标准设计图集. 15G107-1 装配式混凝土结构表示方法及示例:剪力墙结构.北京:中国计划出版社,2015

　　［21］国家建筑标准设计图集.15J939-1 装配式混凝土结构住宅建筑设计示例:剪力墙结构 .北京:中国计划出版社,2015

　　［22］张波等.建筑产业现代化概论.北京:北京理工大学出版社,2016

　　［23］肖明和等.装配式建筑混凝土构件生产.北京:中国建筑工业出版社,2018

　　［24］肖明和等.装配式建筑施工技术.北京:中国建筑工业出版社,2018

　　［25］住房和城乡建设部科技与产业化发展中心.中国装配式建筑发展报告:2017.北京:中国建筑工业出版社,2017

　　［26］林文峰等.装配式混凝土结构技术体系和工程案例汇编.北京:中国建筑工业出版社,2017

　　［27］中华人民共和国住房和城乡建设部.GB/T 51232—2016 装配式钢结构建筑技术标准.北京:中国建筑工业出版社,2017

　　［28］中华人民共和国住房和城乡建设部.GB/T 51231—2016 装配式混凝土建筑技术标准.北京:中国建筑工业出版社,2017

　　［29］中华人民共和国住房和城乡建设部.GB/T 51233—2016 装配式木结构建筑技术标准.北京:中国建筑工业出版社,2017

　　［30］肖明和等.装配式建筑概论.北京:中国建筑工业出版社,2018

　　［31］肖明和等.装配式建筑识图与深化设计.北京:北京理工大学出版社,2019

读者意见反馈

为收集对教材的意见建议,进一步完善教材编写并做好服务工作,读者可将对本教材的意见建议通过如下渠道反馈至我社。

咨询电话　　400 - 810 - 0598

反馈邮箱　　gjdzfwb@ pub. hep. cn

通信地址　　北京市朝阳区惠新东街 4 号富盛大厦 1 座　高等教育出版社总编辑办公室

邮政编码　　100029